PLC 기반 제어 실습

생산자동화

김일호 저

본서의 구성

- MPS 제어 장치의 구성 및 기능
- FND PLC 제어 프로그램
- DC 모터 창고 제어
- 전기 공압 PLC 제어
- MPS 제어 장치 초기 동작
- MPS 제어 장치 기본, 응용 동작
- MPS 제어 장치 PLC 제어 프로그램
- 시퀀스 PLC 제어
- 부록

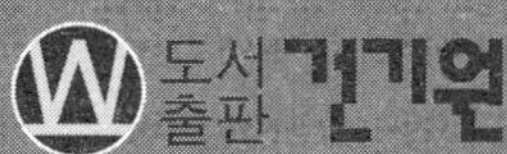

생산자동화 PLC 제어

- PLC 제어 기초
- 공압 PLC 제어
- MPS 제어장치 PLC 제어
- 센서 PLC 제어
- DC 모터 PLC 제어
- 생산자동화 PLC 제어
- 시퀀스 제어 + PLC 제어
- 타임차트에 의한 PLC 제어
- 생산자동화 프로젝트 PLC 제어

도서출판 건기원

본서의 특징

1. GLOFA-G7M-DR30A PLC에 의한 프로그램
2. MASTER-K80S 에 의한 프로그램
3. MELSEC FX_{3U}-32M에 의한 프로그램
4. 최근 기출문제 풀이 해석
5. 기초에서 고급까지 PLC 프로그램을 마스터 가능
6. GLOFA, MELSEC, XGT

머 리 말

PLC 전문가를 희망하며 첫 걸음을 시작합니다. 산업현장에서의 자동화분야에 PLC의 중추적 역할을 보아오면서 PLC에 관한 전문인력의 필요성과 함께 그에 필요한 PLC 전문 서적의 부재에 길을 열고자 합니다. PLC 기종 선정으로 GLOFA 기종을 선정 했지만 앞으로 점차 MELSEC, XGT, GIMENS 등으로 확대해 기술하고 C언어에 의한 PLC 제어 기술도 추후 기술하고자 합니다.

MPS 제어장치에 대한 PLC 기술만 구현하여도 PLC전문가로 시작하기에 부족함이 없다고 생각합니다. MPS 제어장치에는 전기, 전자, 센서, 솔밸브, DC 모터 등 생산자동화에 필요한 기본 구성을 충분히 갖추고 있기 때문에 PLC 전문가로서의 기본 준비가 충분한 제어장치입니다.

그러나 자동화 산업의 발전에 발맞추어 서보 모터제어, 스태핑 모터제어, PLC의 통신 기술 등을 익혀서 활용한다면 PLC 전문가로서 충분히 활동 가능하다고 생각합니다. 이 책을 접하는 모든 사람들이 PLC 제어 기술의 전문가로 거듭나기를 필자는 서원 합니다.

저자 씀

CONTENT

목 차

01 MPS 제어장치의 구성 및 기능

02 FND PLC 제어 프로그램

03 DC 모터 창고제어

04 전기 공압 PLC 제어

CONTENT

CONTENT

chapter

01

MPS 제어장치의 구성

MPS PLC
PLC MPS
MPS PLC
PLC MPS
MPS PLC
PLC MPS
MPS PLC
PLC MPS

MPS 제어장치의 구성

01 MPS 제어장치의 구성 및 기능

1-1. MPS 제어장치 구성

MPS 제어장치는 제품 공급, 이송장치, 검사 센서, 제품의 금속 비금속 분류 및 창고에 적재 4가지 공정으로 이루어진다. 제품의 검사는 근접 센서 와 용량센서를 사용하여 금속 및 비금속 모두를 검출할 수 있도록 하였으며, 스토퍼 실린더에 광파이버 센서를 사용하여 여러 종류의 센서 사용방법을 습득할 수 있도록 구성하였다.

제품을 수납할 창고기구에는 3개의 위치 검출용 리미트 스위치가 설치되어 있으며, 엔코더 센서를 부착하여 정밀한 위치제어가 가능하도록 구성하였다. 장치의 전면부에 각종 제어신호를 터미널 단자와 잭으로 인출하여, PLC나 Processor와 같은 외부 제어기와의 접속이 용이하도록 구성하였다.

1-2. MPS 제어장치의 각부명칭

그림 1-1은 MPS 실험 장치의 전체 구성으로, 기구 운전에 필요한 각종 기구를 Board에 모두 배치하여 외부에 별도의 장치 없이 제어기만 접속하여 실험할 수 있도록 구성하였다.

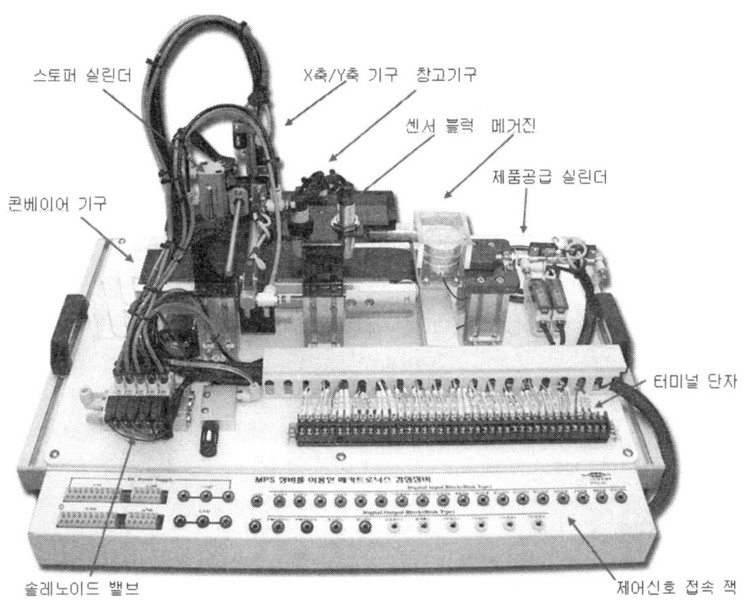

그림 1-1 MPS 제어장치그림

1-3. 매거진 및 제품공급실린더

그림 1-2는 매거진 및 제품공급실린더에 대한 그림으로서, 제품 매거진에 적재되어 있는 제품을 컨베이어에 공급하는 동작을 한다.

매거진에는 광파이어 센서를 부착하여 매거진 내에 제품의 유무를 확인할 수 있도록 하였으며, 제품공급실린더에 AUTO 스위치를 부착하여 실린더의 상태를 파악할 수 있도록 구성하였다.

광파이어 센서와 AUTO 스위치는 NPN TYPE으로 결선하여, 센서가 동작하면 GND의 신호가 출력되도록 한다.

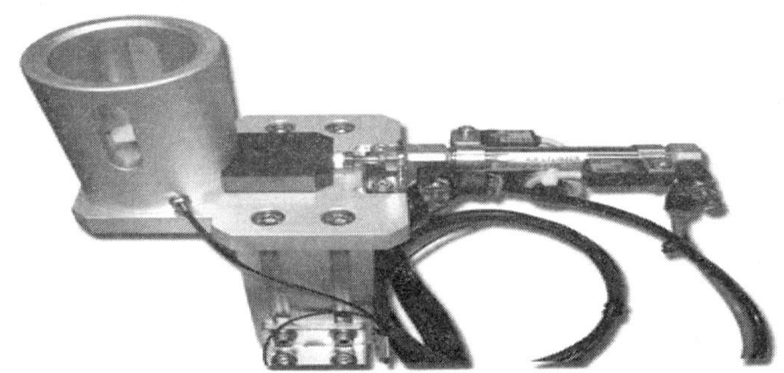

그림 1-2 매거진 및 제품공급실린더

1-4. 컨베이어

그림 1-3은 컨베이어 기구에 대한 그림으로서, 제품공급실린더에서 공급된 제품을 이송하는 동작을 한다.

컨베이어의 폭은 50mm, 길이는 280mm이며, 동력은 DC24V의 소형 Geared Motor를 사용하여 저소음과 고 토크를 실현하였다.

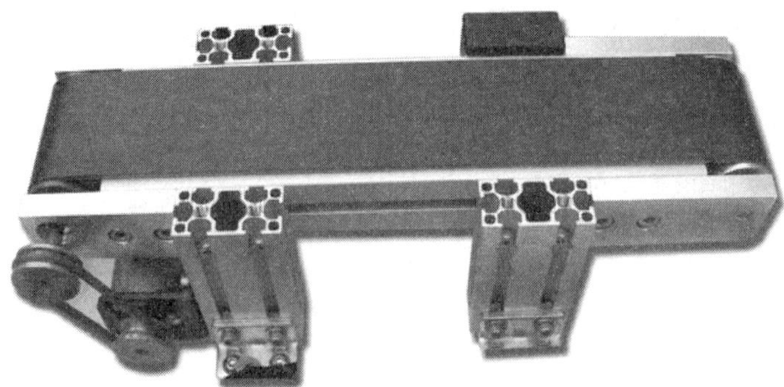

그림 1-3 컨베이어

1-5. 제품 판별용 센서 및 스토퍼 실린더

■ 제품 판별용 센서

그림 1-4는 제품 특성 판별용 센서에 대한 그림으로서, 컨베이어를 통해 이송되는 제품의 특성을 파악하는 센서이다. 근접 센서와 용량센서를 사용하여 제품의 특성을 세밀하게 검출할 수 있도록 하였으며, 근접 센서는 제품의 자성, 비자성 여부를 검출하는 센서로 자성제품에 대해 신호를 출력한다.

용량 센서는 금속, 비금속 모든 제품을 검출하여 신호를 출력한다. 근접 센서와 용량 센서는 NPN Type을 사용하였으며, 센서가 동작하면 GND의 신호가 출력된다.

■ 스토퍼 실린더

그림 1-5는 스토퍼 실린더에 대한 그림으로서, 특성이 판별된 제품을 창고에 적재하기 위해 컨베이어 라인에서 정지시키는 실린더이다.

스토퍼 실린더의 기구에 광파이버 센서를 부착하여 제품의 도착여부를 파악할 수 있도록 하였다. 스토퍼 기구는 크기를 최소화하기 위해 박형-복동 실린더를 사용하였으며, Auto 스위치를 부착하여 실린더의 상태를 파악할 수 있도록 하였다. Auto 스위치는 NPN Type으로 결선하여, 스위치가 동작하면 GND의 신호가 출력되도록 하였다.

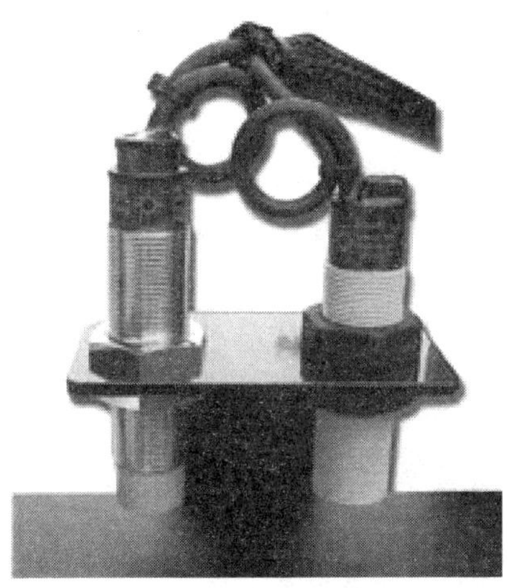

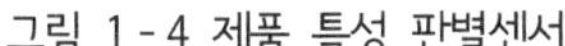

그림 1-4 제품 특성 판별센서

그림 1-5 스토퍼 실린더

1-6. 제품적재용 실린더

그림 1-6은 제품 적재용 기구에 대한 그림으로서, 스토퍼 실린더에 의해 정지되어 있는 제품을 창고위치로 이송하는 동작을 한다. 제품 적재용 기구는 X축과 Y축, 흡착패

드로 구성되어 있으며, X축과 Y축은 복동 실린더를 사용하였으며, 제품의 흡착을 위해 흡착패드가 설치되어 있다.

X축 실린더와 Y축 실린더에 Auto 스위치를 부착하여 실린더의 상태를 파악할 수 있도록 하였으며, Auto 스위치는 NPN Type으로 결선하여, 스위치가 동작하면 GND의 신호가 출력되도록 하였다.

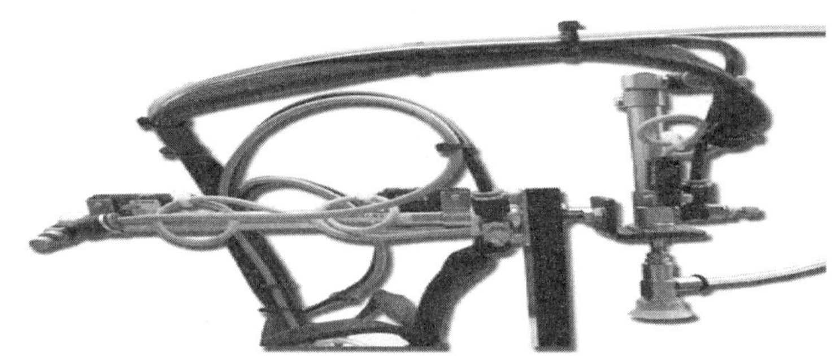

그림 1-6 제품 적재용 실린더

1-7. 창고

그림 1-7은 창고 기구에 대한 그림으로서, 특성이 파악된 제품을 적재하는 창고이다. 창고는 3칸으로 구성되어 있으며, Screw와 LM Guide의 기구에 부착된 선반이 좌/우로 이동할 수 있도록 하였다.

창고 기구에는 위치 판별용 리미트 스위치가 3개 설치되어 있으며, Screw에 엔코더 센서가 설치되어 있어 정밀한 위치 제어가 가능하도록 하였다. 리미트 스위치와 엔코더 센서는 NPN Type으로 결선하여 센서가 동작하면 GND의 신호가 출력되도록 하였다.

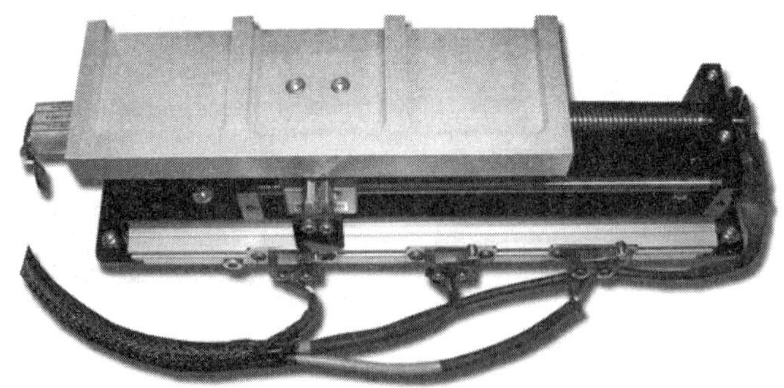

그림 1-7 창고

1-8. 솔레노이드 밸브 및 제품

■ 솔레노이드 밸브

그림 1-8은 솔레노이드 밸브 블럭에 대한 그림으로서, 부품 공급 부, 스토퍼 기구, 제품 적재용 기구에 사용된 각종 실린더를 구동 위한 솔레노이드 밸브가 부착되어 있다. 제품공급부와 제품 적재부에 사용된 실린더 및 흡착패드는 단동 솔레노이드 밸브를 사용하였으며, 스토퍼 실린더는 복동 솔레노이드 밸브를 사용하였다.

솔레노이드 밸브는 DC24V용을 사용하였으며, Sink Type으로 결선하여 제어기에서 GND신호를 공급하면 솔레노이드 밸브가 동작한다.

■ 제품

그림 1-9는 MPS 실험 장치에 사용되는 제품에 대한 그림으로서, 특성이 다른 2종의 제품으로 이루어져 있다.

그림 1-8 솔레노이드 밸브

그림 1-9 제품

1-9. MPS 제어부 입력 출력 단자

그림 1-10은 MPS 실험 장치의 터미널 단자와 잭에 대한 그림으로서, 장치에 설치된 각종 센서 신호와 기구 제어신호가 터미널 단자와 잭으로 인출되어 외부의 제어기와의 접속이 쉽도록 구성하였다.

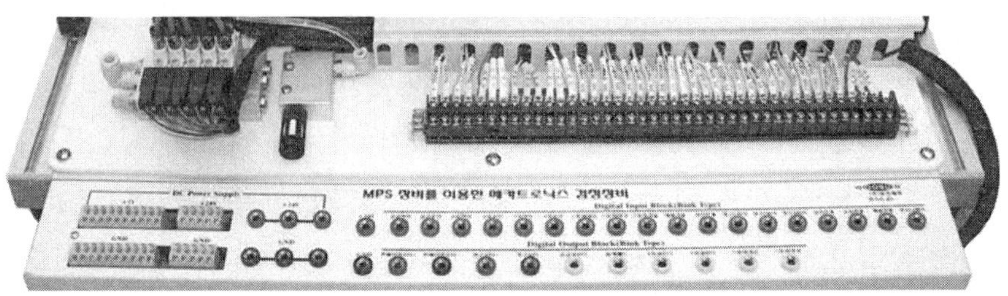

그림 1 - 10 MPS장비 입력 출력 단자

chapter

02

FNB PLC 제어

MPS PLC
PLC MPS
MPS PLC
PLC MPS
MPS PLC
PLC MPS
MPS PLC
PLC MPS

FNB PLC 제어

02 FND PLC 제어 프로그램

2-1. BIT 단위출력 PLC 프로그램

■ 동작설명

초기상태에는 디스플레이 유닛[FND]에 0을 표시한다.

(가) 스위치 1번을 ON_OFF 할 때마다 디스플레이 유닛[FND]의 숫자가 1씩 업 카운트 [UP_COUNT]한다. 1 - 2 - 3 - 4 - 5 - 6 - 7 - 8 - 9 - 0

(나) 스위치 2번을 ON_OFF 할 때마다 1초 단위로 디스플레이 유닛[FND]의 숫자가 1씩 업 카운터[UP_COUNT] 한다. 1 - 2 - 3 - 4 - 5 - 6 - 7 - 8 - 9 - 0

(다) 스위치 3번을 ON_OFF 하면 디스프레이 유닛[FND]의 숫자가 초기화[0]이 된다.

■ FND PLC 프로그램 (1)

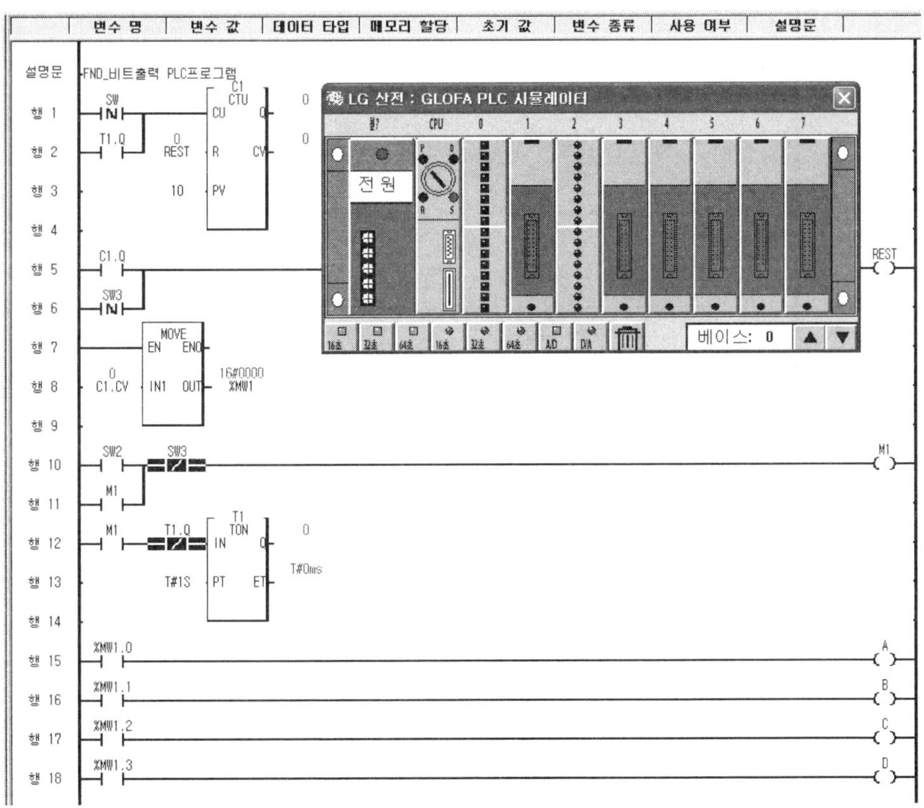

그림 2-1 BIT 단위출력 PLC 프로그램

■ PLC 프로그램 입·출력 리스트

	변수 명	데이터 타입	메모리 할당	초기 값	변수 종류	사용 여부	설명문
1	A	BOOL	%QX0.2.0		VAR	*	
2	B	BOOL	%QX0.2.1		VAR	*	
3	C	BOOL	%QX0.2.2		VAR	*	
4	C1	FB Instance	<자동>		VAR	*	
5	D	BOOL	%QX0.2.3		VAR	*	
6	M1	BOOL	<자동>		VAR	*	
7	REST	BOOL	<자동>		VAR	*	
8	SW	BOOL	%IX0.0.0		VAR	*	
9	SW2	BOOL	%IX0.0.1		VAR	*	
10	SW3	BOOL	%IX0.0.2		VAR	*	
11	T1	FB Instance	<자동>		VAR	*	

2-2. WORD 단위 PLC 출력 프로그램

■ FND PLC 프로그램 (2)

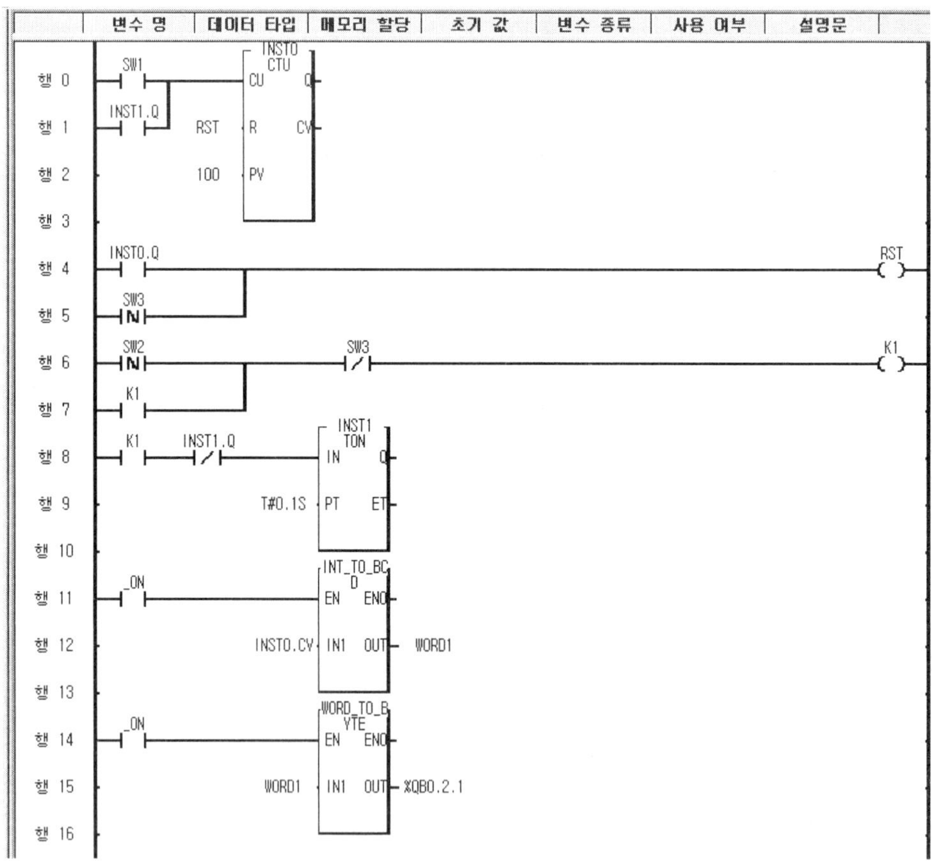

그림 2-2 WORD 단위 출력 PLC 프로그램

■ FND PLC 프로그램 (3)

MUX명령어를 활용하여 FND를 1 – 2 – 3 – 4 – 5 – 6 – 7 – 8 – 9 – 0을 동작하고 10 – 11 – 12 – 13 – 14 – 15 – 16 – 17 – 18 – 18 – 20 숫자를 자유롭게 동작시킬 수 있다.

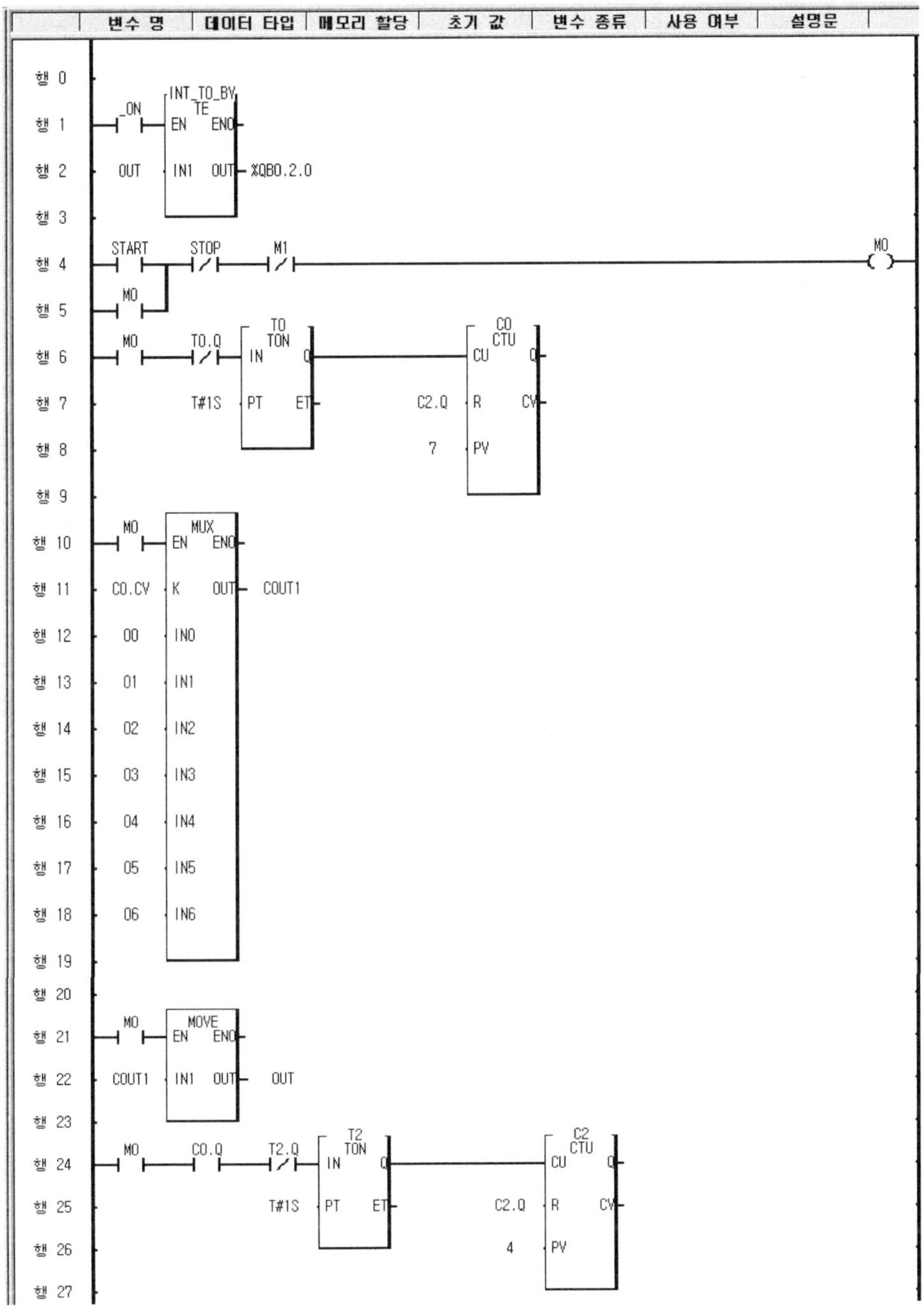

변수 명	데이터 타입	메모리 할당	초기 값	변수 종류	사용 여부	설명문

```
행 0
행 1   _ON ─┤ ├─ [INT_TO_BYTE] EN  ENO
행 2   OUT      IN1  OUT ─ %QB0.2.0
행 3
행 4   START ─┤ ├─ STOP ─┤/├─ M1 ─┤/├──────────────── M0 ( )
行 5   M0 ─┤ ├─
행 6   M0 ─┤ ├─ T0.Q ─┤/├─ [T0 TON] IN  Q ──── [C0 CTU] CU  Q
행 7            T#1S         PT  ET      C2.Q    R   CV
행 8                                     7       PV
행 9
행 10  M0 ─┤ ├─ [MUX] EN  ENO
행 11  C0.CV      K   OUT ─ COUT1
행 12  00         IN0
행 13  01         IN1
행 14  02         IN2
행 15  03         IN3
행 16  04         IN4
행 17  05         IN5
행 18  06         IN6
행 19
행 20
행 21  M0 ─┤ ├─ [MOVE] EN  ENO
행 22  COUT1      IN1  OUT ─ OUT
행 23
행 24  M0 ─┤ ├─ C0.Q ─┤ ├─ T2.Q ─┤/├─ [T2 TON] IN  Q ──── [C2 CTU] CU  Q
행 25                      T#1S         PT  ET      C2.Q    R   CV
행 26                                               4       PV
행 27
```

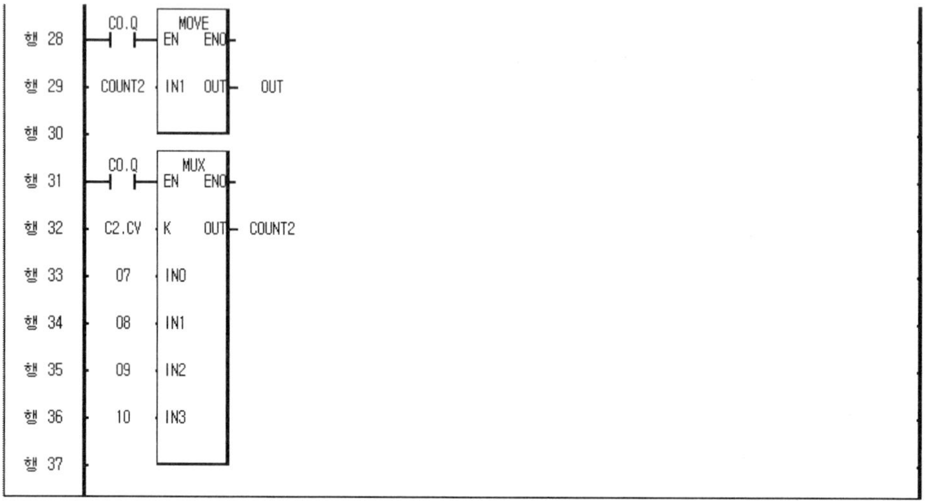

행 28 C0.Q MOVE EN ENO
행 29 COUNT2 IN1 OUT OUT
행 30
행 31 C0.Q MUX EN ENO
행 32 C2.CV K OUT COUNT2
행 33 07 IN0
행 34 08 IN1
행 35 09 IN2
행 36 10 IN3
행 37

그림 2-3 FND PLC 프로그램(3)

■ FND PLC 프로그램(4)

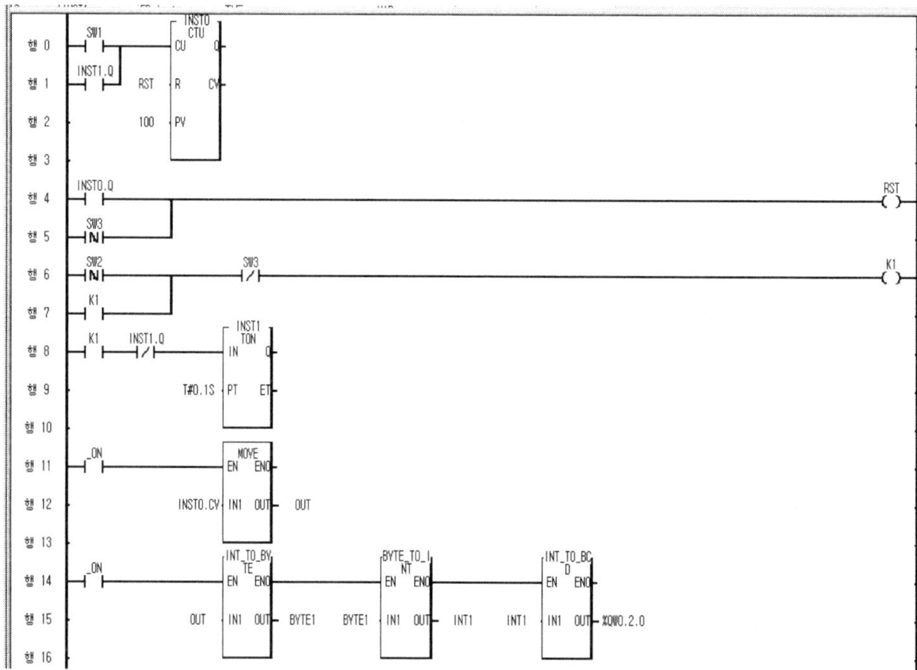

그림 2-4 FND PLC 프로그램(4)

■ FND PLC 프로그램(5)

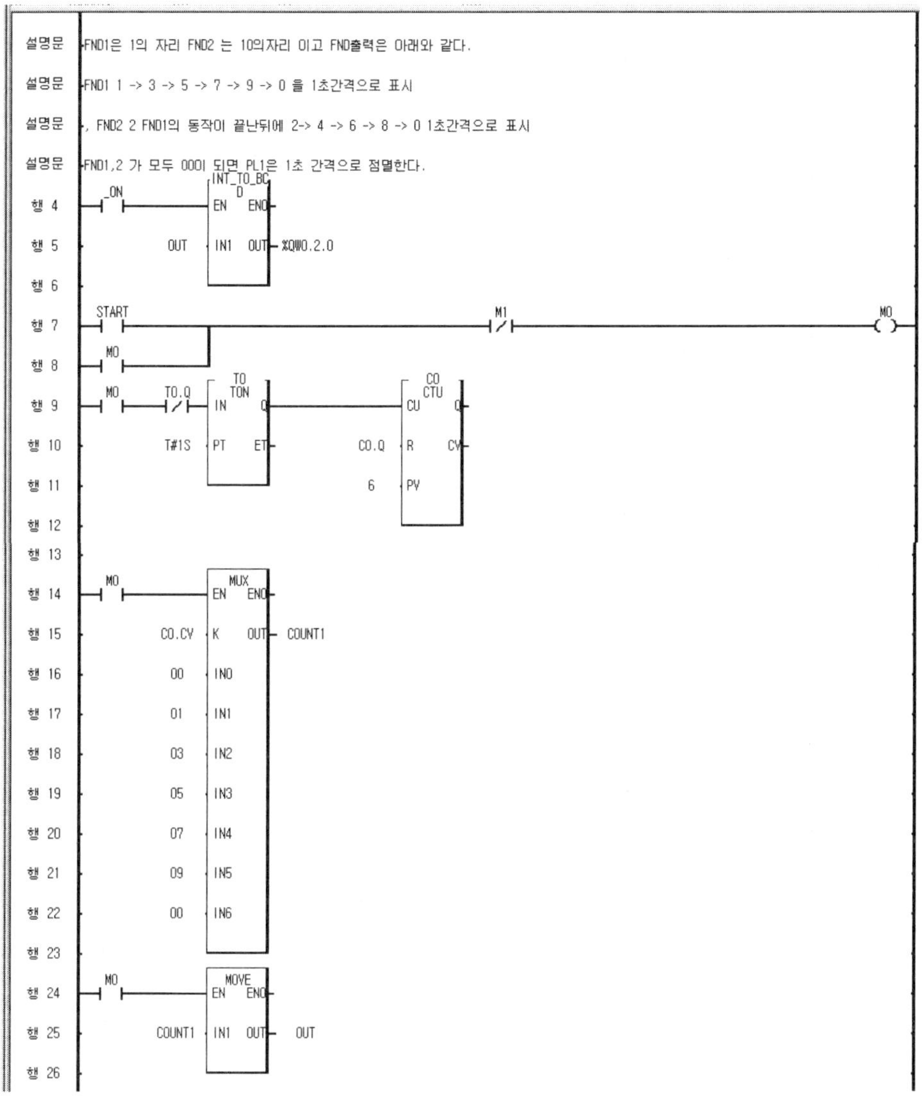

```
설명문  FND1은 1의 자리 FND2 는 10의자리 이고 FND출력은 아래와 같다.
설명문  FND1 1 -> 3 -> 5 -> 7 -> 9 -> 0 을 1초간격으로 표시
설명문  , FND2 2 FND1의 동작이 끝난뒤에 2-> 4 -> 6 -> 8 -> 0 1초간격으로 표시
설명문  FND1,2 가 모두 00이 되면 PL1은 1초 간격으로 점멸한다.
행 4    _ON ─┤ ├─── [INT_TO_BCD] EN  ENO
행 5         OUT ── IN1  OUT ── %QW0.2.0
행 6
행 7    START ─┤ ├───────────── M1 ─┤/├──────────── M0 ( )
행 8    M0 ─┤ ├─
행 9    M0 ─┤ ├── T0.Q ─┤/├── [T0 TON] IN  Q ──── [C0 CTU] CU  Q
行 10        T#1S ── PT  ET            C0.Q ── R   CV
행 11                                  6 ── PV
행 12
행 13
행 14   M0 ─┤ ├─── [MUX] EN  ENO
행 15        C0.CV ── K    OUT ── COUNT1
행 16        00 ── IN0
행 17        01 ── IN1
행 18        03 ── IN2
행 19        05 ── IN3
행 20        07 ── IN4
행 21        09 ── IN5
행 22        00 ── IN6
행 23
행 24   M0 ─┤ ├─── [MOVE] EN  ENO
행 25        COUNT1 ── IN1  OUT ── OUT
행 26
```

MEMO

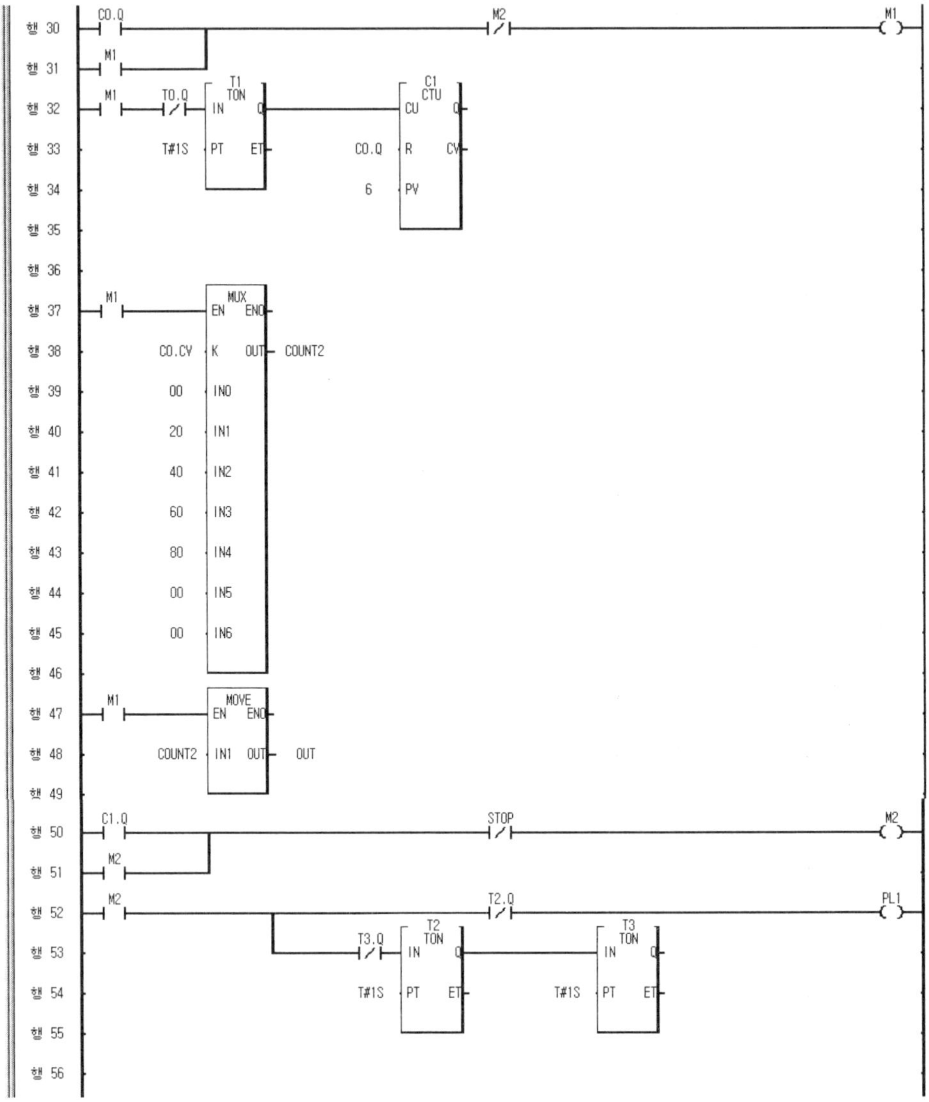

```
행 30  C0.Q                                   M2                    M1
행 31  M1
行 32  M1   T0.Q   [T1 TON  IN  Q]          [C1 CTU  CU  Q]
행 33        T#1S        PT  ET        C0.Q       R   CV
행 34                                     6       PV
행 35
행 36
행 37  M1          [MUX  EN  ENO]
행 38        C0.CV       K   OUT  COUNT2
행 39        00          IN0
행 40        20          IN1
행 41        40          IN2
행 42        60          IN3
행 43        80          IN4
행 44        00          IN5
행 45        00          IN6
행 46
행 47  M1          [MOVE  EN  ENO]
행 48        COUNT2      IN1  OUT  OUT
행 49
행 50  C1.Q                                   STOP                  M2
행 51  M2
행 52  M2                                     T2.Q                  PL1
행 53               T3.Q  [T2 TON  IN  Q]           [T3 TON  IN  Q]
행 54               T#1S        PT  ET       T#1S         PT  ET
행 55
행 56
```

그림 2-5 FND PLC 프로그램(5)

MEMO

■ FND PLC 프로그램(6)

사용자 정의를 활용한 FND 출력을 동작시킬 수 있다.

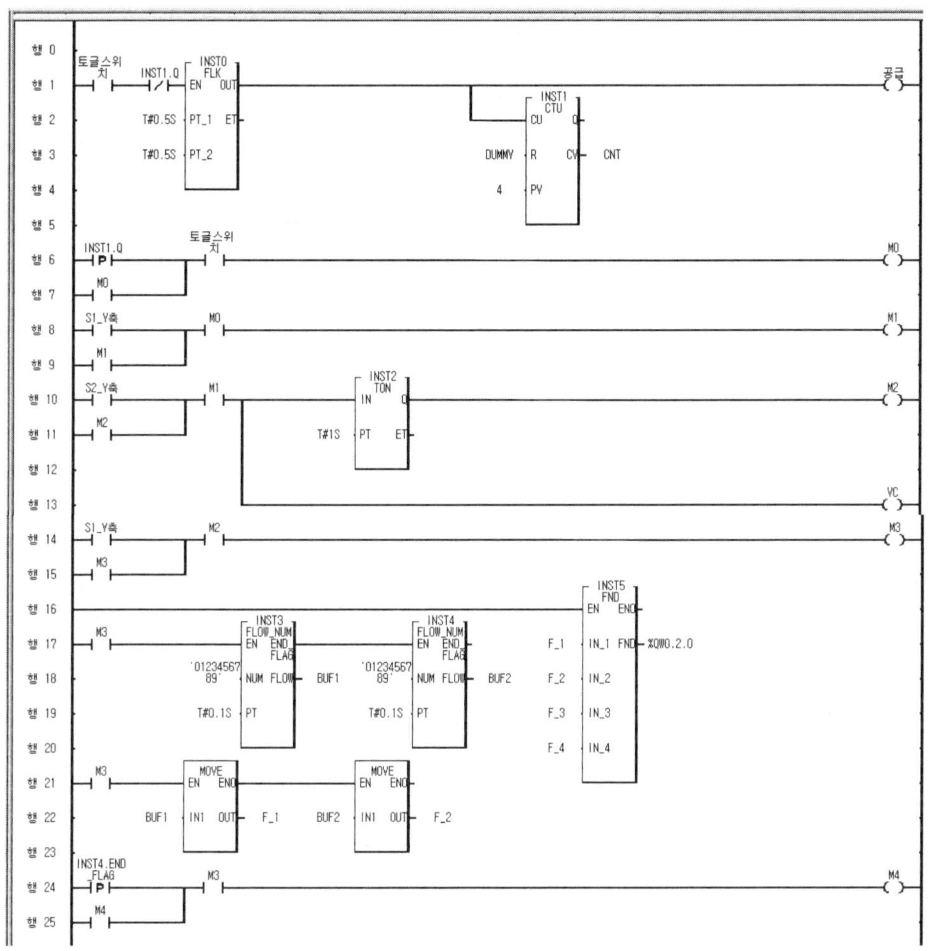

그림 2-6 FND PLC 프로그램(6)

MEMO

■ FND PLC 프로그램(7)

창고제어에 대한 FND 순차 동작을 표시한다.

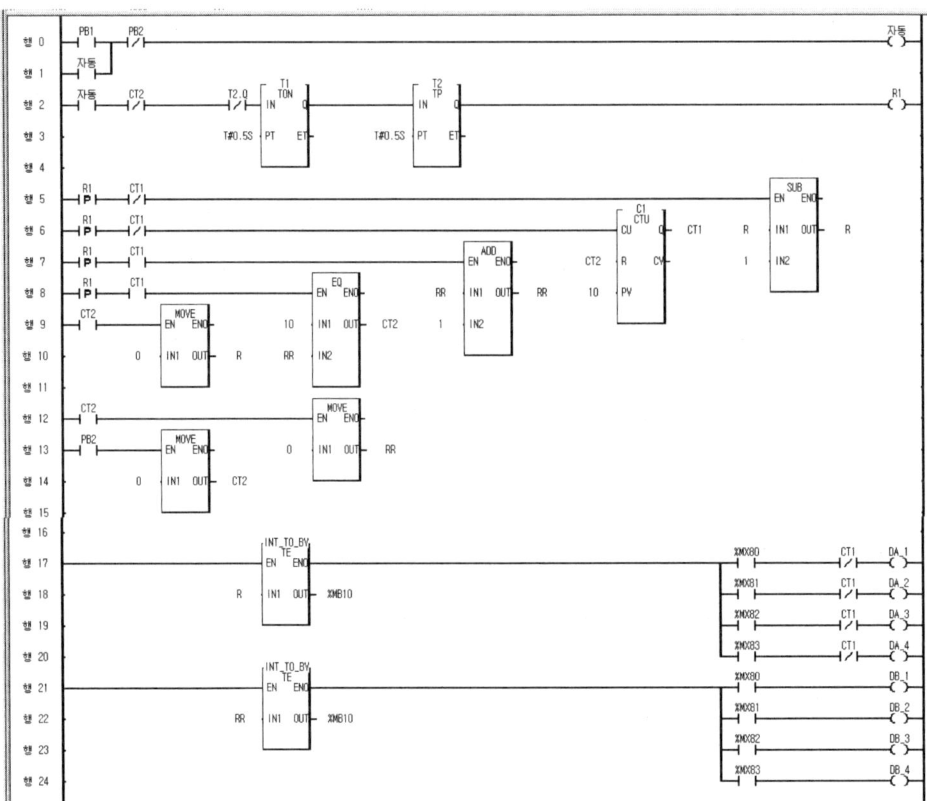

그림 2-7 FND PLC 프로그램(7)

MEMO

■ FND PLC 프로그램 (8)

```
설명문  TG1 토글스위치 접점(ix0.0.0)을 누르면 T1,T2 타이머가 0.5초 간격으로 점멸
행 1    TG1  T2.Q  T1 TON IN  Q      T2 TON IN  Q
행 2    T#0.5S PT  ET      T#0.5S PT  ET
행 3
설명문  TG1 토글스위치가 ON이 아닐경우에는 C1카운터 Reset
행 5    TG1                                   C1RESET ( )
설명문  c1카이머의 역활은 T1타이머가 0.5초간격으로 동작하는 신호를 받아서 FND1이라는 정수값을 증가 시키는 역활을 합니다.
설명문  FND가 두개이기때문에 20까지만 카운트하게 하였습니다.
행 8    C1.Q  T1.Q  C1 CTU CU  Q
행 9    C1RESET R  CV  FND1증가값
행 10   20 PV
행 11
설명문  LT의 역활은 10보다 작을때 (_10이하)라는 내부 접점을 ON시키는 역활을 합니다. GE는 10과 같거나 클때겠지요?
행 13   LT EN ENO      GE EN ENO
행 14   FND1증가값 IN1 OUT _10이하   FND1증가값 IN1 OUT _10이상
행 15   10 IN2         10 IN2
행 16
설명문  (_10이하)접점에 의하여 Int_to_BCD변환 펑션으로 정수를 BCD로 변환합니다. 10이하는 qx0.2.0~qx0.2.3까지겠지요?
행 18   _10이하  INT_TO_BCD EN ENO
행 19   FND1증가값 IN1 OUT %QW0.2.0
행 20
설명문  10이상일 경우에는 나눈몫 펑션을 이용하여 값을 구해서 다시 거기에 곱하기로 10을 곱하여 qx0.2.4 ~ qx0.2.7까지 BCD출력을 하도록 합니다.
행 22   _10이상  MOD EN ENO      MUL EN ENO      INT_TO_BCD EN ENO
행 23   FND1증가값 IN1 OUT FND1나눈값   FND1나눈값 IN1 OUT FND2증가값   FND2증가값 IN1 OUT %QW0.2.0
행 24   10 IN2         10 IN2
행 25
```

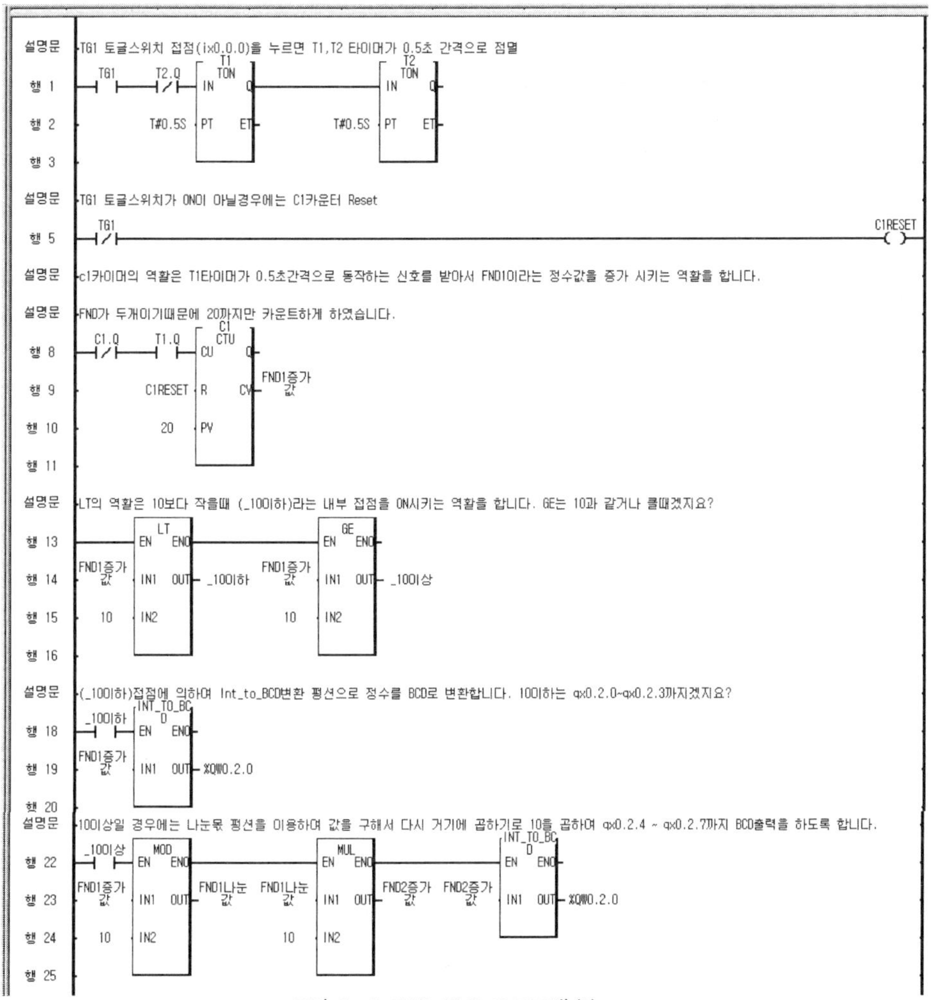

그림 2-8 FND PLC 프로그램 (8)

MEMO

■ FND PLC 프로그램 (9)

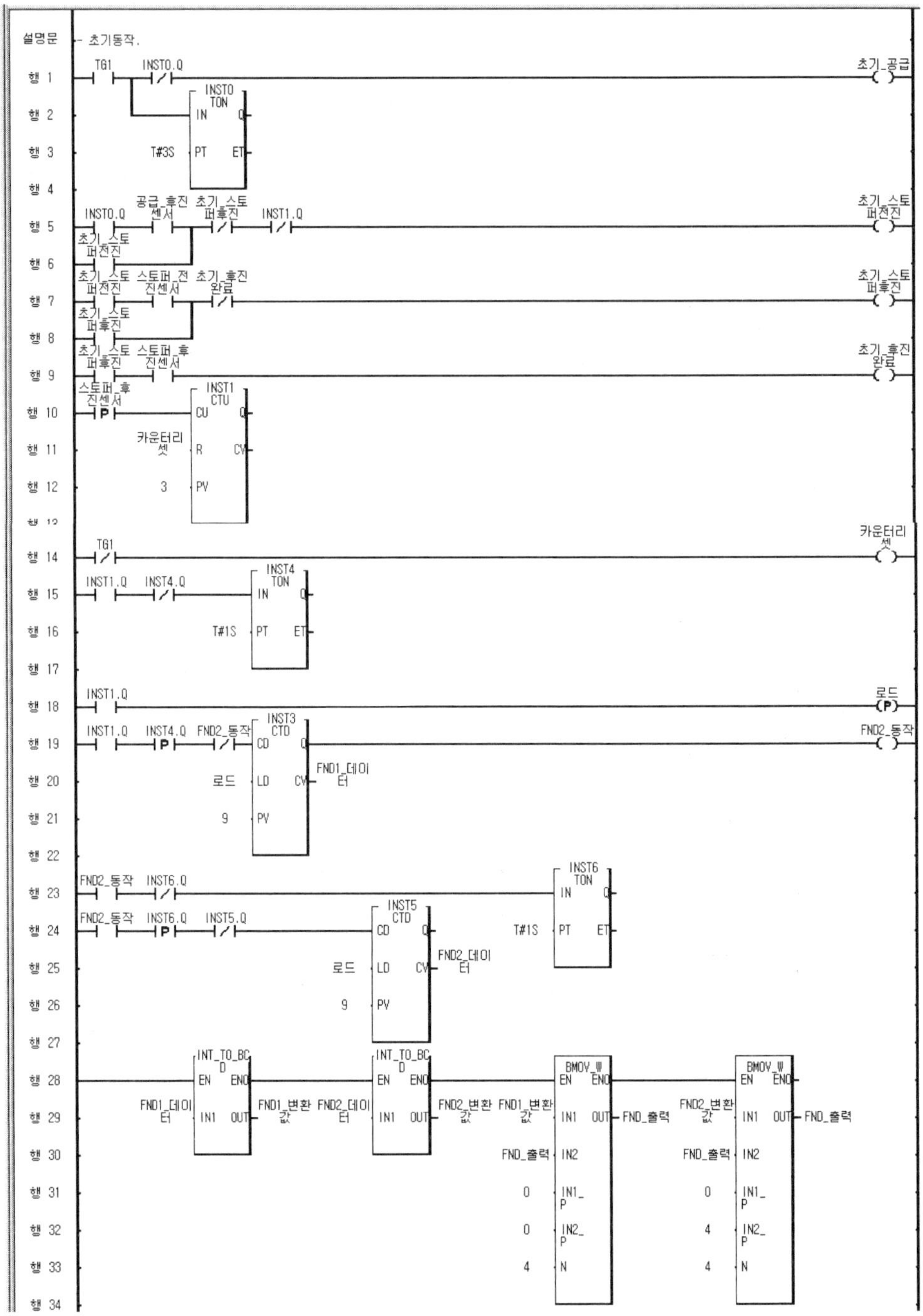

그림 2-9 FND PLC 프로그램 (8)

chapter

03

모터 제어 창고제어

MPS PLC
PLC MPS
MPS PLC
PLC MPS
MPS PLC
PLC MPS
MPS PLC
PLC MPS

DC 모터 제어 창고제어

03 DC 모터 제어 참고제어

3-1. DC 모터의 자기유지 회로

DC 모터를 기동할 경우에는 반드시 릴레이나 MC를 사용하여 다음 회로도와 같이 간접 제어를 해야만 한다. 모터는 부하전류가 크게 흐르기 때문에 PLC 본체에 악영향을 줄 수 있기 때문이다.

■ DC 모터 자기유지 시퀀스 제어

14핀 릴레이를 사용해서 P1을 <ON>하면 RY에 여자 되고 RY A접점이 작동하여 MOTOR와 L1이 점등된다. P0를 누르면 초기화 된다. 이와 같이 릴레이에 의한 MOTOR를 기동해야 한다.

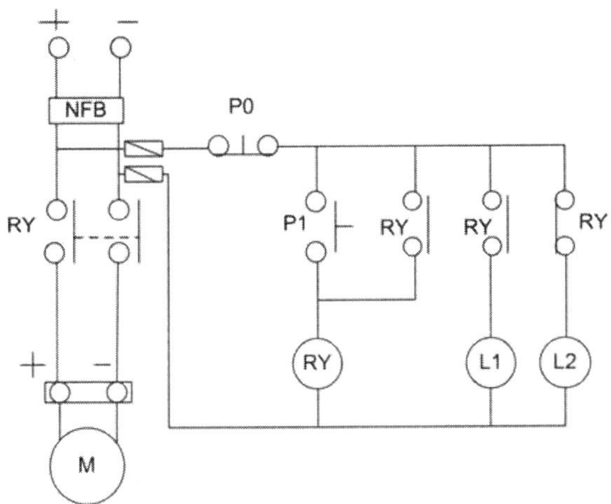

그림 3-1 DC 모터의 자기유지 시퀀스 도

■ DC 모터 PLC 프로그램 작성을 위한 타임차트

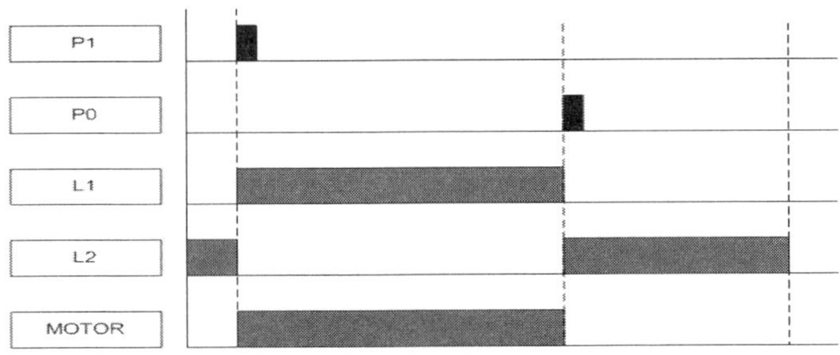

그림 3-2 자기유지회로 타임차트

■ DC 모터 자기유지 PLC 제어 프로그램

위 시퀀스도를 PLC 프로그램으로 작성하면 다음과 같다.

그림 3-3 자기유지회로 PLC 프로그램

■ DC 모터 자기유지 PLC 제어 입·출력 결선도

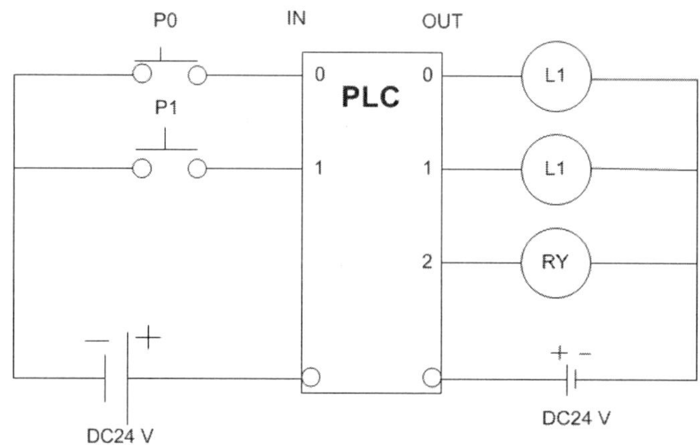

그림 3-4 PLC 입·출력 결선도

3-2. DC 모터의 정회전과 역회전

DC 모터에서 정회전과 역회전을 그림과 같이 RY1, RY2 두 개의 릴레이를 사용하여 전원선의 +상과 -상을 바꿔주면 회전 방향이 바뀐다.

■ DC 모터의 정·역회전 시퀀스 제어

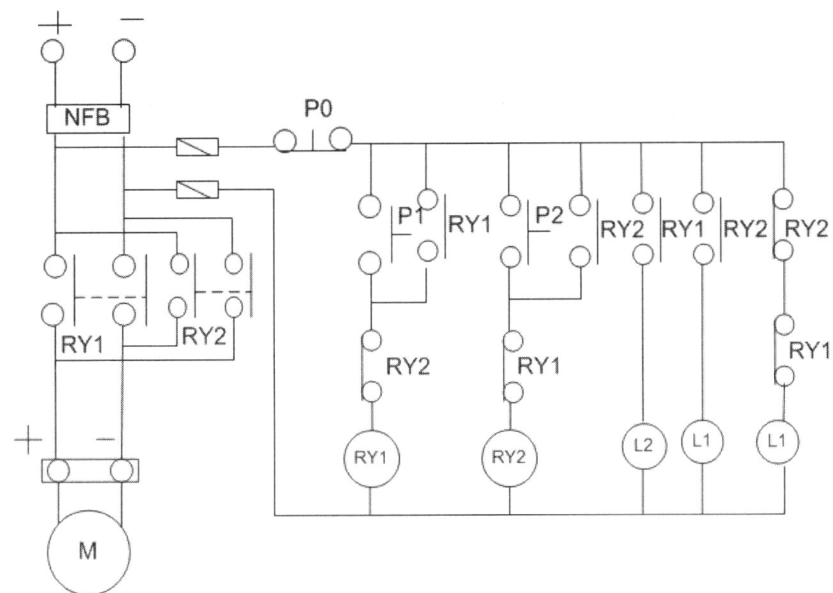

그림 3-5 DC 모터 정·역 시퀀스 제어

■ DC 모터 PLC 프로그램 작성을 위한 타임차트

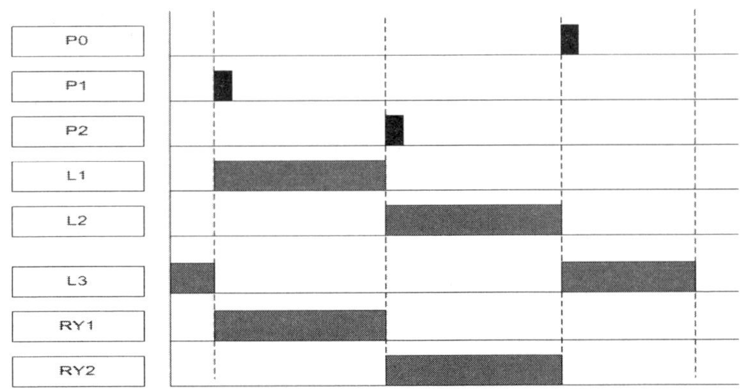

그림 3-6 DC 모터 정·역 타임차트

■ DC 모터 정·역 PLC 프로그램

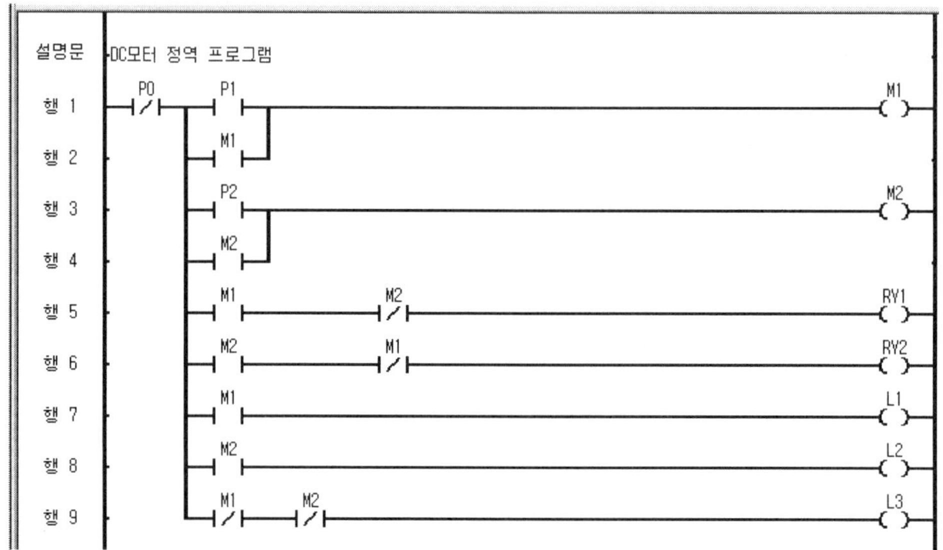

그림 3-7 DC 모터 정·역 PLC 프로그램

3-3. 창고 위치와 리미트 스위치 위치

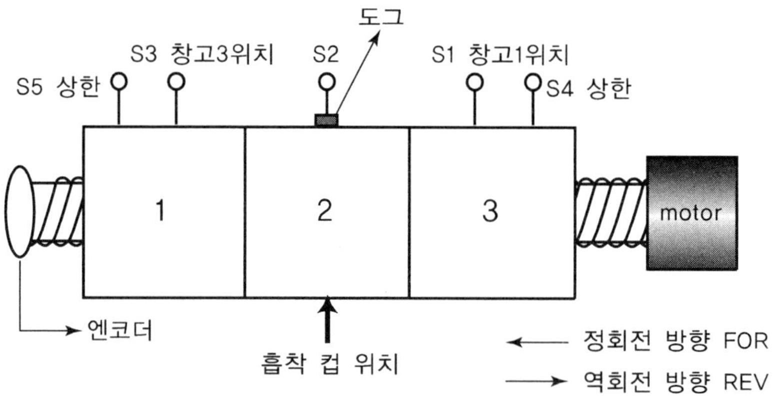

그림 3-8 창고 위치와 리미트 스위치

3-4. DC 모터 창고 및 리미트 스위치 PLC 프로그램

■ **동작설명** : P1을 누르면 M0에 의해 DC 모터가 정회전 한다. P0는 항상 초기화되고 P2를 누르면 DC 모터는 정회전 한다.

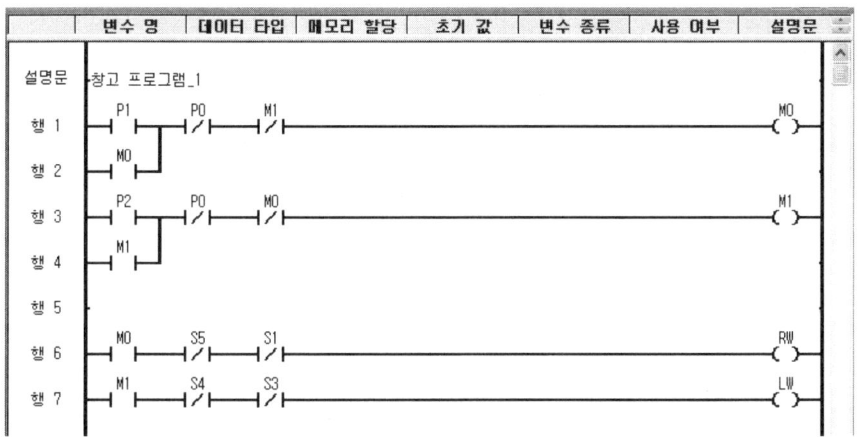

그림 3-9 DC 모터 PLC 프로그램(1)

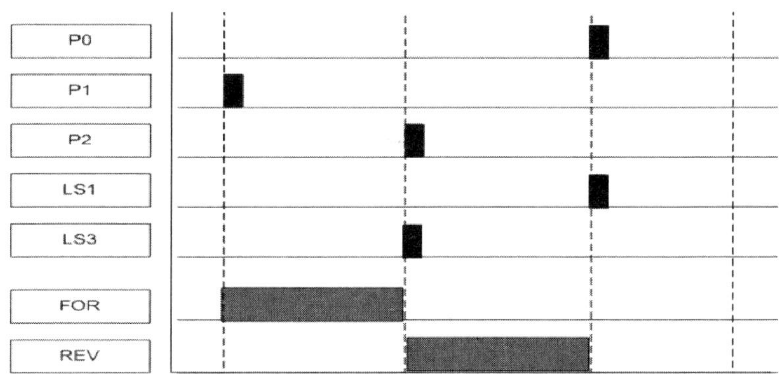

그림 3-10 DC 모터 창고 및 리미트 스위치 PLC 타임차트

순서	입·출력	사용자 정의	비 고
1	P0	%IX0.0.0	정지_초기화 버튼
2	P1	%IX0.0.1	정회전 버튼
3	P2	%IX0.0.2	역회전 버튼
4	S3	%IX0.1.3	창고 3위치
5	S1	%IX0.1.1	창고 1위치
6	S2	%IX0.1.2	창고 2위치
7	REV	%QX0.3.2	DC 모터 역회전
8	FOR	%QX0.3.1	DC 모터 정회전

그림 3-11 DC 모터 창고 및 리미트 스위치 IO 배정

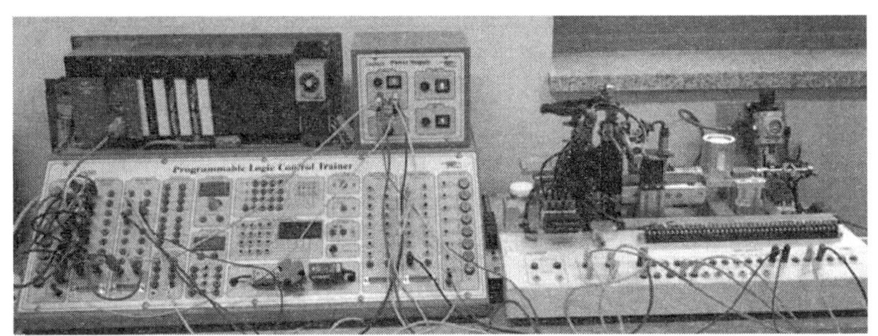

그림 3-12 PLC 입력 출력 결선도

■ DC 모터 창고 및 리미트 스위치 PLC 프로그램(2)

동작설명 : DC 모터 창고제어에 있어 주의할 사항은 반드시 정회전 역회전 시 인터록 장치를 하고 상한과 하한에 벗어나 운전되지 않도록 해야 한다. MPS 제어장치는 전자 릴레이를 장착하여 고장 시 모드 전체를 교체해야 하므로 항상 주의하여 PLC 프로그램을 작성하고, 초보자인 경우에는 창고위치를 확인 후 프로그램을 작성하도록 한다.

다음 프로그램은 창고위치를 어느 위치에 있어도 1.2.3 원하는 위치로 이동시키는 PLC 프로그램이다.

	변수 명	데이터 타입	메모리 할당	초기 값	변수 종류	사용 여부	설명문
1	저장창고역회전	BOOL	%QX0.2.1		VAR	*	
2	저장창고정회전	BOOL	%QX0.2.0		VAR	*	

```
행 0   TG1  M6(/)                    ( M0 )
행 1   M0
행 2   M0 ─ T1 TON IN        Q
행 3   T#15S ─ PT            ET
행 4
행 5   M0  M3(/)  T1.Q(/)            ( M1 )
행 6   M0  M3(/)  T1.Q               ( M2 )
행 7   M0  POS1                      ( M3 )
행 8       POS2
행 9       POS3
행 10      M3
행 11  M3  POS1  POS3(/)             ( M4 )
행 12  M4
행 13  M3  POS2  POS3(/)             ( M5 )
행 14  M5
행 15  POS3                          ( M6 )
행 16  M1                            ( 저장창고 정회전 )
행 17  M2                            ( 저장창고 역회전 )
행 18  M4
```

그림 3-14 DC 모터 창고제어 PLC 프로그램

	변수 명	데이터 타입	메모리 할당	초기 값	변수 종류	사용 여부	설명문
1	저장창고역회전	BOOL	%QX0.2.1		VAR	*	
2	저장창고정회전	BOOL	%QX0.2.0		VAR	*	
3	M0	BOOL	<자동>		VAR	*	
4	M1	BOOL	<자동>		VAR	*	
5	M2	BOOL	<자동>		VAR	*	
6	M3	BOOL	<자동>		VAR	*	
7	M4	BOOL	<자동>		VAR	*	
8	M5	BOOL	<자동>		VAR	*	
9	M6	BOOL	<자동>		VAR	*	
10	POS1	BOOL	%IX0.0.1		VAR	*	
11	POS2	BOOL	%IX0.0.2		VAR	*	
12	POS3	BOOL	%IX0.0.3		VAR	*	
13	T1	FB Instance	<자동>		VAR	*	
14	TG1	BOOL	%IX0.0.0		VAR	*	

그림 3-15 DC 창고제어 변수설정

■ DC 모터 창고제어 프로그램 (3)

```
행 7    버튼_4 ─┬─ 시작 ─ 버튼_3(/) ─ 버튼_5(/) ─────── ( 창2 )
행 8    창2   ─┘
행 9    버튼_5 ─┬─ 시작 ─ 버튼_3(/) ─ 버튼_4(/) ─────── ( 창3 )
행 10   창3   ─┘
설명문  위치 추적
설명문  창고 1
행 13   창1 ─ S_창고3(/) ───────────────────────── ( M0 )
설명문  창고 3
행 15   창3 ─ S_창고1(/) ───────────────────────── ( M1 )
설명문  창고 2
행 17   시작 ─┬─ 창2 ─ S_창고2(/) ───────────────── ( R0 )
행 18   R0   ─┘
행 19   S_창고3 ─┬─ R0 ─ S_창고2(/) ─────────────── ( R1 )
행 20   R1      ─┘
설명문  출력
행 22   M0 ──────────┬──────────────────────────── ( 창고_FOR )
행 23   R0 ─ R1(/) ─┘
행 24   M1 ─┬───────────────────────────────────── ( 창고_REV )
행 25   R1 ─┘
행 26   시작 ───────────────────────────────────── ( 램프1 )
행 27   창1 ────────────────────────────────────── ( 램프2 )
행 28   창2 ────────────────────────────────────── ( 램프3 )
행 29   창3 ────────────────────────────────────── ( 램프4 )
```

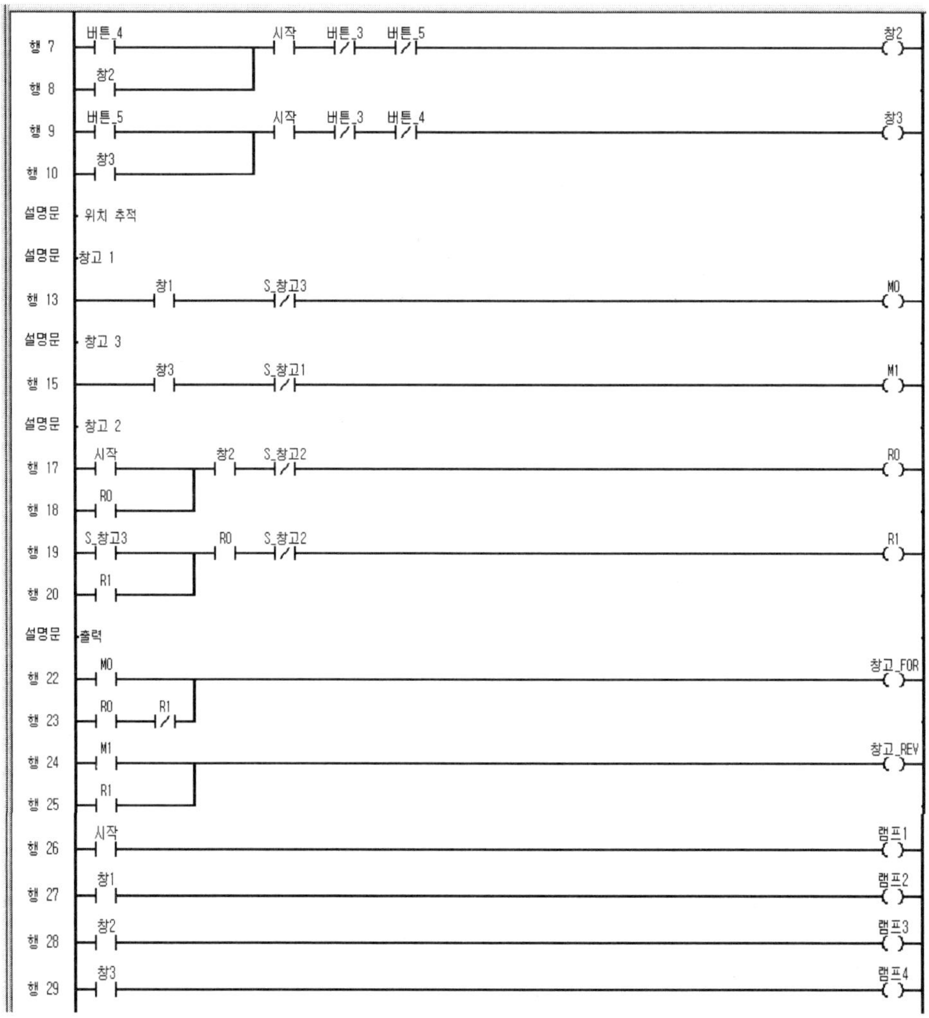

그림 3 - 16 DC 모터 창고제어 프로그램 (3)

MEMO

■ DC 모터 창고제어 프로그램(4)

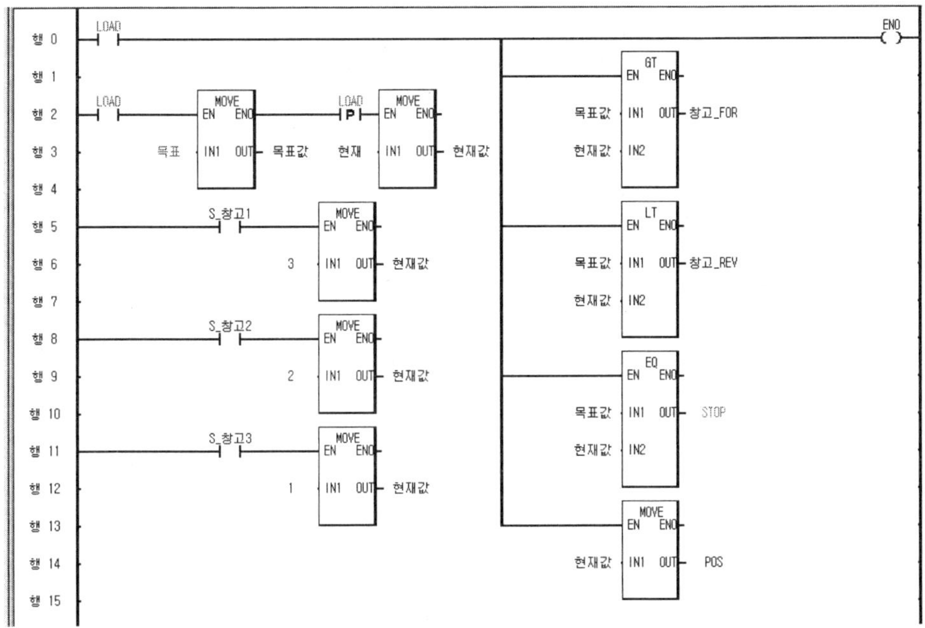

그림 3-17 DC 모터 창고제어 프로그램(4)

■ DC 모터 창고제어 변수명 설정

	변수 명	데이터 타입	메모리 할당	초기 값	변수 종류	
1	램프1	BOOL	%QX0.3.8		VAR	
2	램프2	BOOL	%QX0.3.9		VAR	
3	램프3	BOOL	%QX0.3.10		VAR	
4	램프4	BOOL	%QX0.3.11		VAR	
5	램프5	BOOL	%QX0.3.12		VAR	
6	램프6	BOOL	%QX0.3.13		VAR	
7	램프7	BOOL	%QX0.3.14		VAR	
8	목표	INT	<자동>		VAR_EXTERNAL	*
9	목표값	INT	<자동>		VAR	*
10	버튼_1	BOOL	%IX0.0.0		VAR	
11	버튼_2	BOOL	%IX0.0.1		VAR	
12	버튼_3	BOOL	%IX0.0.2		VAR	
13	버튼_4	BOOL	%IX0.0.3		VAR	
14	버튼_5	BOOL	%IX0.0.4		VAR	
15	버튼_6	BOOL	%IX0.0.5		VAR	
16	버튼_7	BOOL	%IX0.0.6		VAR	
17	전진	BOOL	<자동>		VAR	
18	창고_FOR	BOOL	%QX0.3.6		VAR	*
19	창고_REV	BOOL	%QX0.3.7		VAR	*
20	컨베이어	BOOL	%QX0.3.15		VAR	

그림 3-18 DC 모터 창고제어 변수명 설정

21	토글스위치	BOOL	%IX0.0.7		VAR	
22	현재	INT	<자동>		VAR	*
23	현재값	INT	<자동>		VAR	*
24	후진	BOOL	<자동>		VAR	
25	ENO	BOOL	<자동>		VAR	*
26	LOAD	BOOL	<자동>		VAR_EXTERNAL	*
27	POS	INT	<자동>		VAR	*
28	S_금속판별	BOOL	%IX0.1.13		VAR	
29	S_스톱검출	BOOL	%IX0.1.8		VAR	
30	S_제품검출	BOOL	%IX0.1.9		VAR	
31	S_제품판별	BOOL	%IX0.1.14		VAR	
32	S_창고1	BOOL	%IX0.1.10		VAR	*
33	S_창고2	BOOL	%IX0.1.11		VAR	*
34	S_창고3	BOOL	%IX0.1.12		VAR	*
35	S1_공급	BOOL	%IX0.1.1		VAR	
36	S1_스톱	BOOL	%IX0.1.6		VAR	
37	S1_X축	BOOL	%IX0.1.3		VAR	
38	S1_Y축	BOOL	%IX0.1.5		VAR	
39	S2_공급	BOOL	%IX0.1.0		VAR	
40	S2_스톱	BOOL	%IX0.1.7		VAR	
41	S2_X축	BOOL	%IX0.1.2		VAR	
42	S2_Y축	BOOL	%IX0.1.4		VAR	
43	SOL_1	BOOL	%QX0.3.0		VAR	
44	SOL_1_1	BOOL	%QX0.3.1		VAR	
45	SOL_2	BOOL	%QX0.3.2		VAR	
46	SOL_3	BOOL	%QX0.3.3		VAR	
47	SOL_4	BOOL	%QX0.3.4		VAR	
48	SOL_5	BOOL	%QX0.3.5		VAR	
49	STOP	BOOL	<자동>		VAR_EXTERNAL	*

그림 3 - 18 DC 모터 창고제어 변수명 설정

MEMO

chapter

04

전기 공압 PLC 제어

MPS PLC
PLC MPS
MPS PLC
PLC MPS
MPS PLC
PLC MPS
MPS PLC
PLC MPS

전기 공압 PLC 제어

04 전기 공압

4-1. 공급실린더

MPS 제어장치에서 전기 공압은 ① 공급실린더, ② 스토퍼 실린더, ③ X축 실린더, ④ Y축 실린더, ⑤ 흡착으로 구분된다. 그중 한 개를 양솔을 사용할 수 있다.

밸브의 종류는 5개지만, 한 가지만 편솔 양솔 제어 방법을 학습하면 쉽게 접근 할 수 있다. 먼저 공급실린더 편솔 방식과 양솔 방식에 대해 PLC 제어 프로그램을 하도록 한다. PLC 프로그램 시 타임차트식을 도입해 적용한다.

1) 공급실린더 편솔 제어 PLC 프로그램

동작설명 : 스토퍼에 제품이 검출된 상태에서 P1을 <ON>하면 공급실린더가 작동한다. 1초 후 후진한다. P0는 초기화이다.

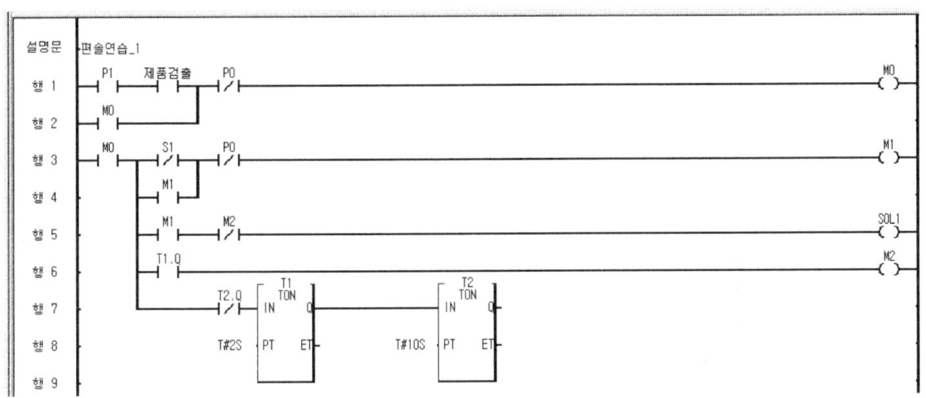

그림 4-1 공급실린더 편솔 제어 PLC 프로그램

	변수 명	데이터 타입	메모리 할당	초기 값	변수 종류	
1	제품검출	BOOL	%IX0.1.10		VAR	
2	M0	BOOL	<자동>		VAR	*
3	M1	BOOL	<자동>		VAR	*
4	M2	BOOL	<자동>		VAR	*
5	P0	BOOL	%IX0.0.0		VAR	*
6	P1	BOOL	%IX0.0.1		VAR	*
7	S1	BOOL	%IX0.1.0		VAR	*
8	SOL1	BOOL	%QX0.2.0		VAR	*
9	SOL2	BOOL	%QX0.2.1		VAR	
10	T1	FB Instance	<자동>		VAR	*
11	T2	FB Instance	<자동>		VAR	*

그림 4-2 공급실린더 편솔 제어 변수명 설정

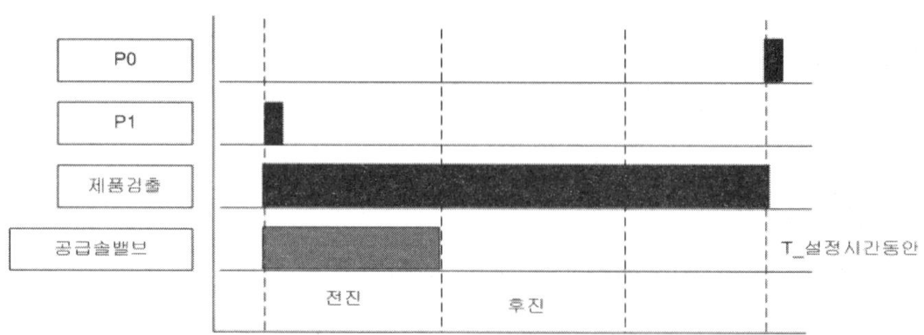

그림 4-3 공급실린더 편솔 제어 타임차트

2) 공급실린더 양솔 제어 PLC 프로그램

양솔인 경우에는 출력이 2개임을 주의하여 프로그램을 작성하여야 한다. 프로그램 작성 후 타이머의 시간설정을 조절할 수 있다.

	변수 명	데이터 타입	메모리 할당	초기 값	변수 종류	사용 여부	설명문
1	M0	BOOL	<자동>		VAR	*	
2	M1	BOOL	<자동>		VAR	*	

```
설명문  양솔연습_1
행 1   P1  P0                              M0
행 2   M0
행 3   M0  S1  P0                          M1
행 4       M1
행 5       M1  M2                          SOL1
행 6       T1.Q                            M2
行 7       M2                              SOL2
행 8       T2.Q  T1 TON IN Q     T2 TON IN Q
행 9       T#10S PT ET           T#2S PT ET
행 10
```

그림 4-4 공급실린더 양솔 제어 PLC 프로그램

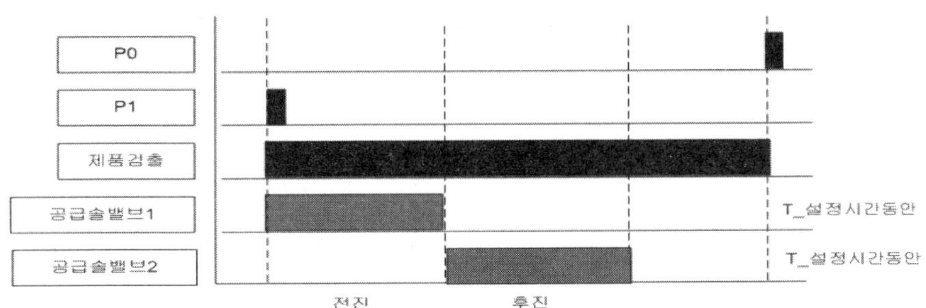

그림 4-5 공급실린더 양솔 제어 타임차트

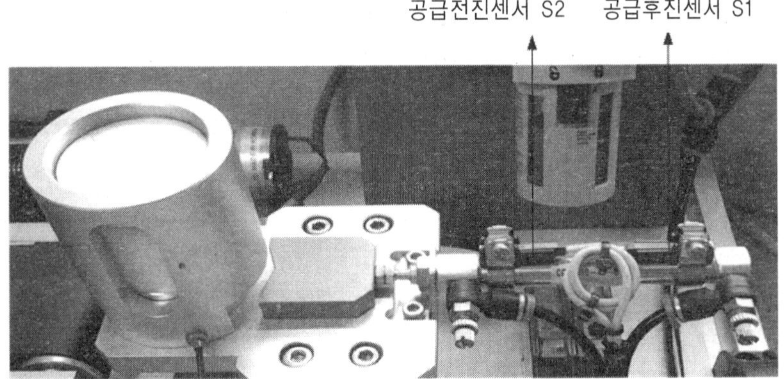

그림 4-6 공급실린더 센서 위치 설정

3) 공급실린더 PLC 프로그램(1)

매거진에 제품이 있으면 운전스위치를 <ON>하면 공급실린더가 출력 자기유지되어 제품공급실린더가 전진하게 된다.

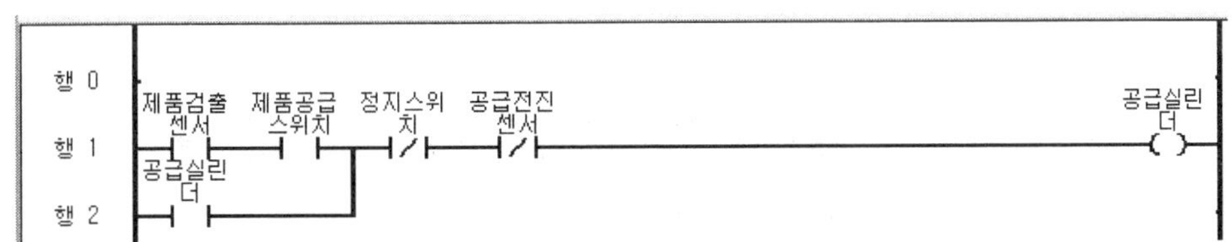

그림 4-7 공급실린더 PLC 프로그램1

	변수 명	데이터 타입	메모리 할당	초기 값	변수 종류	
1	공급실린더	BOOL	%QX0.2.1		VAR	*
2	공급전진센서	BOOL	%IX0.0.4		VAR	*
3	정지스위치	BOOL	%IX0.0.3		VAR	*
4	제품검출센서	BOOL	%IX0.0.1		VAR	*
5	제품공급스위치	BOOL	%IX0.0.2		VAR	*

그림 4-8 공급실린더PLC 프로그램 변수명

4) 공급실린더 컨베이어 출력 PLC 프로그램2

동작설명 : 매거진에 제품이 있으면 운전스위치를 <ON>하면 공급실린더 출력이 자기유지 되어 공급실린더가 전진하여 제품을 컨베이어에 공급한다. 공급실린더에 접점이ON 되면 컨베이어 출력이 자기유지 되어 컨베이어가 회전한다. 컨베이어가 회전하고 약 2초 후 타이머에 의해 자기유지가 해제되어 컨베이어가 정지한다.

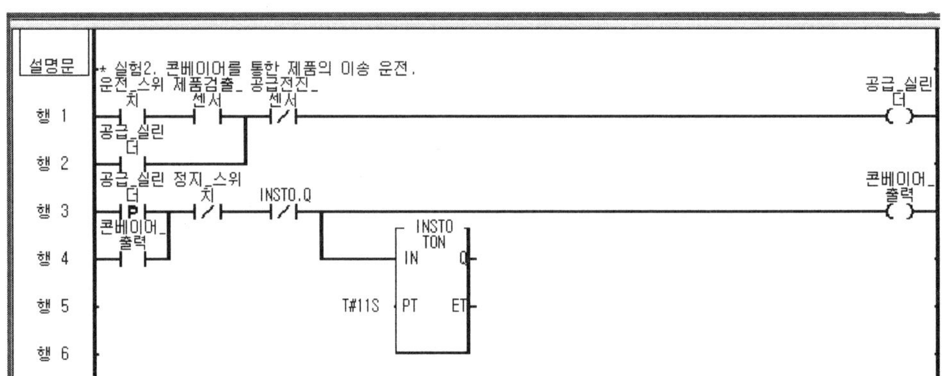

그림 4-9공급실린더 컨베이어 출력 PLC 프로그램

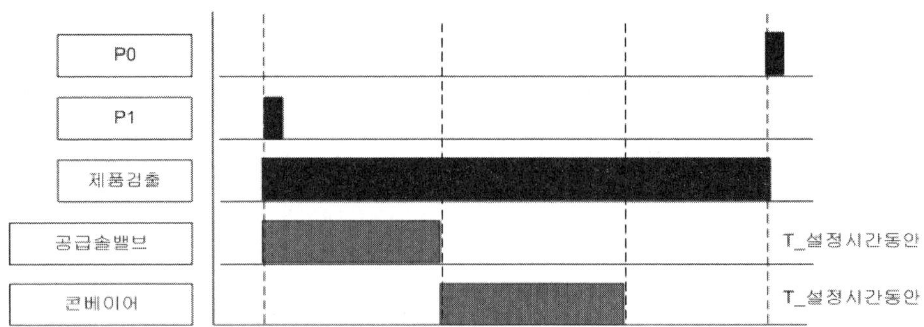

그림 4-10 공급실린더 컨베이어 출력 타임차트

5) 공급실린더 컨베이어 출력 PLC 프로그램(3)

동작설명 : 4 – 5에서 제품판별 표시등 및 금속판별 표시등을 추가한 PLC 프로그램이다.

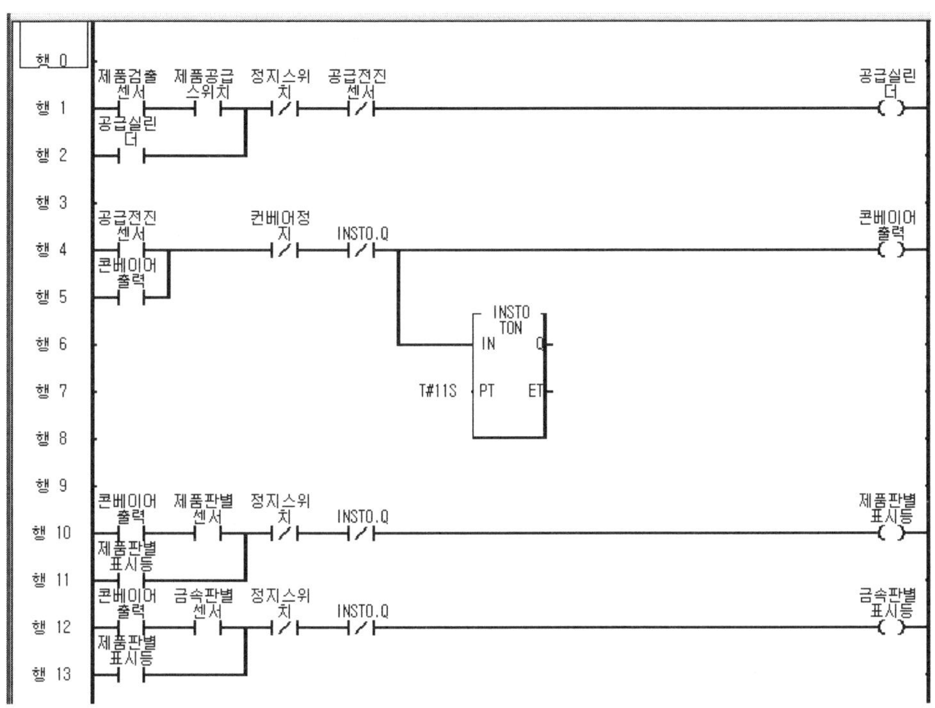

그림 4-11 공급실린더 컨베이어 출력 PLC 프로그램(3)

	변수 명	데이터 타입	메모리 할당	초기 값	변수 종류
1	공급_실린더	BOOL	%QX0.2.1		VAR
2	공급전진_센서	BOOL	%IX0.0.1		VAR
3	금속판별_센서	BOOL	%IX0.0.9		VAR
4	금속판별_표시등	BOOL	%QX0.2.9		VAR
5	운전_스위치	BOOL	%IX0.1.0		VAR
6	정지_스위치	BOOL	%IX0.1.1		VAR
7	제품검출_센서	BOOL	%IX0.0.8		VAR
8	제품판별_센서	BOOL	%IX0.0.10		VAR
9	제품판별_표시등	BOOL	%QX0.2.8		VAR
10	콘베이어_출력	BOOL	%QX0.2.0		VAR
11	INSTO	FB Instance	<자동>		VAR

그림 4-12 공급실린더 컨베이어 출력 변수명 설정

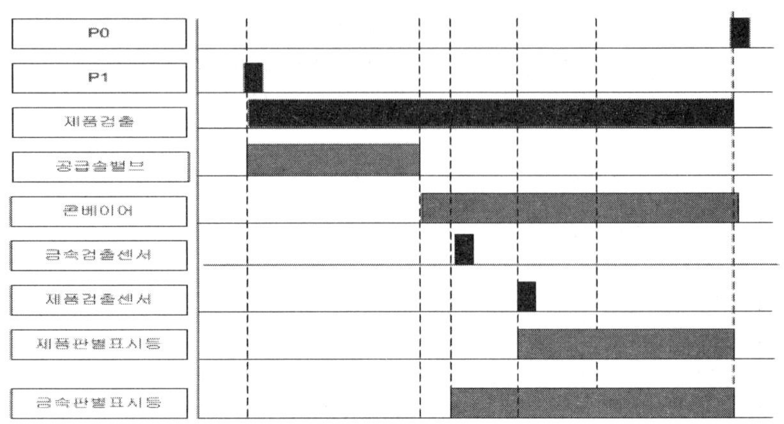

그림 4 - 13 공급실린더 컨베이어 출력 타임차트

4 - 2. 공급실린더 컨베이어 출력 PLC 프로그램

동작설명 : 다음 프로그램은 MPS 제어장치 위치제어 운전 프로그램이다.

1행 : 제품검출 센서는 매거진 센서 신호로 매거진에 제품이 있으면 운전스위치를 <ON>하면 공급실린더 출력이 자기유지 되어 제품공급실린더가 전진하여 제품을 컨베이어에 공급하게 된다.

3행 : 공급실린더 접점이 <ON>되면 컨베이어 출력이 자기유지 되어 컨베이어가 회전한다.

7행 : 컨베이어가 회전하던 중 금속판별 센서가 <ON>되면 창고 목표위치 변수에 1을 가산하여 창고 목표위치 변수에 저장한다. 즉, 금속판별센서가 <ON>될 때마다 창고목표위치 변수의 값이 1씩 증가하게 된다. 이렇게 하여 금속제품이 투입될 때마다 창고 번호가 변하게 된다.

12 – 14행 : 창고기구에 설치된 리미트 스위치신호를 이용하여 현재의 창고위치를 설정하는 부분이다.

12행에서 창고1센서가 <ON>되면 창고 현재위치 변수에 1이 저장되고,
13행에서 창고2센서가 <ON>되면 창고 현재 변수에 2가 저장되며,
14행에서 창고3센서가 <ON>되면 창고 현재위치 변수에 3이 저장된다.

17행 : 창고위치에 따라 창고모터의 회전 방향을 결정하는 부분으로, 창고목표위치가 0보다 클 때 창고 목표위치가 창고 현재위치 보다 크면 창고모터 정회전 신호가 <ON>된다.

즉 창고의 목표위치가 현재 위치보다 크면 창고모터를 정회전 시키고, 창고의 목표위치가 현재위치 보다 작으면 창고모터를 역회전 시킨다.

22행 : 창고기구를 초기화시키는 부분으로, 정지스위치가 2초 이상 <ON>되면 창고 목표 위변수에 0을 저장하고 창고초기화 출력이 <ON>된다.

26행 : 최초에 창고기구가 초기위치에 있지 않을 때 자동으로 초기위치로 이동시키는 부분으로 창고1 센서가 <ON>되지 않았을 때 1SCAN <ON>접점인 1ON 접점이 <ON>되거나 창고초기접점이 <ON>되면 출력의 창고모터초기화가 <ON>된다.

29－30행 : 창고모터의 후진신호 출력부분이며,

31행 : 창고모터의 전진신호 출력부분이다.

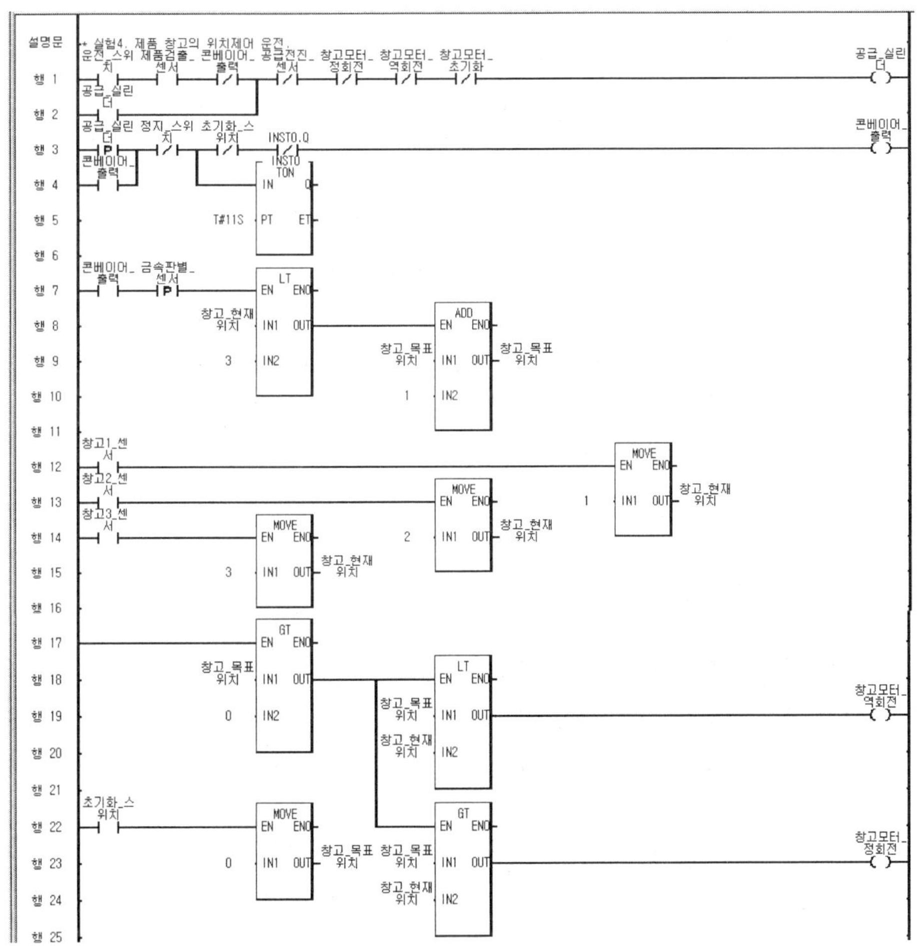

그림 4-14 공급실린더 컨베이어 출력 PLC 프로그램(4)

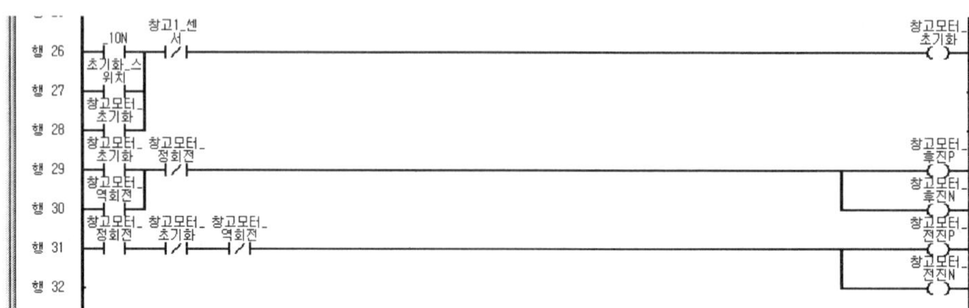

그림 4-14 공급실린더 컨베이어 출력 PLC 프로그램(4)

심벌	변수명	Address	내 용
Red	창고 모터 전진 P	%QX0.3.0	창고 모터 + 출력(MPS 실험장치)
	창고 모터 후진 P	%QX0.3.9	창고 모터 + 출력(MPS 실험장치)
	창고 모터 후진 N	%QX0.3.1	창고 모터 + 출력(MPS 실험장치)
Black	창고 모터 전진 N	%QX0.3.8	창고 모터 + 출력(MPS 실험장치)
	COM3		%QX0.3.0~%QX0.3.7까지의 Common(GND)
DC24V	COM4		%QX0.3.8~%QX0.3.15까지의 Common(GND)

그림 4-15 공급실린더 컨베이어 출력

	변수 명	데이터 타입	메모리 할당
1	공급_실린더	BOOL	%QX0.2.1
2	공급전진_센서	BOOL	%IX0.0.1
3	금속판별_센서	BOOL	%IX0.0.9
4	운전_스위치	BOOL	%IX0.1.0
5	정지_스위치	BOOL	%IX0.1.1
6	제품검출_센서	BOOL	%IX0.0.8
7	창고_목표위치	INT	<자동>
8	창고_현재위치	INT	<자동>
9	창고1_센서	BOOL	%IX0.0.12
10	창고2_센서	BOOL	%IX0.0.13
11	창고3_센서	BOOL	%IX0.0.14
12	창고모터_역회전	BOOL	<자동>
13	창고모터_전진N	BOOL	%QX0.3.8
14	창고모터_전진P	BOOL	%QX0.3.0
15	창고모터_정회전	BOOL	<자동>
16	창고모터_초기화	BOOL	<자동>
17	창고모터_후진N	BOOL	%QX0.3.1
18	창고모터_후진P	BOOL	%QX0.3.9
19	초기화_스위치	BOOL	%IX0.1.2
20	콘베이어_출력	BOOL	%QX0.2.0
21	INST0	FB Instance	<자동>

그림 4-16 공급실린더 컨베이어 출력 변수명 설정

4-3. 스토퍼 실린더 및 X축, Y축

행1의 제품검출 센서(%IX0.0.10)는 매거진 센서 신호로 매거진에 제품이 있음을 검출하는 센서 신호이다.
즉, 매거진에 제품이 있으면 운전스위치(%IX0.1.0)를 <ON>하면 공급실린더(%QX0.2.3) 출력이 자기유지 되어 제품공급실린더가 전진하여 제품을 컨베이어에 공급하게 된다.

행3에서 공급실린더(%QX0.2.3) 에지접점이 <ON>되면 컨베이어 출력(%QX0.2.0)이 자기유지 되어 컨베이어가 회전한다.

컨베이어가 회전하고 약 11초 후 INSTO 타이머에 의해 자기유지가 해제되어 컨베이어가 정지한다.

행7에서 컨베이어가 회전하던 중 금속판별 센서(%IX0.0.11)가 <ON>되면 스토퍼 하강(%QX0.2.7) 출력이 <ON>되어 스토퍼 실린더의 레버가 하강하여 자성체 제품의 이송을 정지시킨다.

행9에서 스토퍼검출 센서(%IX0.0.11)가 <ON>되면 위 행3의 컨베이어 출력(%QX0.2.0)을 <OFF>하여 컨베이어를 정지시키고, Y축 실린더하강1 출력이 <ON>된다.

행11에서 Y축 실린더가 하강하여 Y축 전진 센서(%IX0.0.7)가 <ON>되면 흡착 패드(%QX0.2.2) 출력이 <ON>되어 제품을 흡착하고, 약 0.5초 후 스토퍼 상승(%QX0.2.6) 출력이 <ON>되어 스토퍼 실린더를 상승시키며, 위 행9의 Y축 실린더하강1 출력을 <OFF>하여 Y축 실린더를 상승시킨다.
약 1초 후 스토퍼 상승(%QX0.2.6) 출력을 <OFF>하여 스토퍼 실린더 상승용 솔레노이드 밸브의 전원을 차단한다.

행16에서 흡착 패드 접점이 <ON>된 상태에서 Y축 후진센서(%IX0.0.6)가 <ON>되면, X축 실린더(%QX0.2.3) 출력이 <ON>되어 X축 실린더가 전진하고,
행18에서 X축 전진 센서(%IX0.0.5)가 <ON>되면 Y축 실린더하강2 출력이 <ON>된다.

행20과 행21은 Y축 실린더의 최종 출력부로, Y축 실린더하강1 접점이 <ON>되거나, Y축 실린더하강2 접점이 <ON>되면 Y축 실린더(%QX0.2.4) 출력이 <ON>되어 Y축 실린더가 하강한다.

행22에서 Y축 실린더하강2 접점이 <ON>된 상태에서 Y축 전진 센서(%IX0.0.7)가 <ON>되면 흡착해제 출력이 <ON>되고, 위 행11의 흡착 패드(%QX0.2.2) 출력이

<OFF>되어 흡착이 정지된다.

행24에서 흡착해제 접점이 <ON>된 상태에서 Y축 후진센서(%IX0.0.6)가 <ON>되면 X축 실린더후진 출력이 <ON>되고 위 16행의 X축 실린더(%QX0.2.3) 출력이 <OFF> 되어 X축 실린더가 후진한다.

	변수 명	데이터 타입	메모리 할당	변수 종류	
1	공급_실린더	BOOL	%QX0.2.1	VAR	*
2	공급전진_센서	BOOL	%IX0.0.1	VAR	*
3	금속판별_센서	BOOL	%IX0.0.9	VAR	*
4	스토퍼_상승	BOOL	%QX0.2.6	VAR	*
5	스토퍼_하강	BOOL	%QX0.2.5	VAR	*
6	스토퍼검출_센서	BOOL	%IX0.0.11	VAR	*
7	스토퍼전진_센서	BOOL	%IX0.0.3	VAR	*
8	운전_스위치	BOOL	%IX0.1.0	VAR	*
9	정지_스위치	BOOL	%IX0.1.1	VAR	*
10	제품검출_센서	BOOL	%IX0.0.8	VAR	*
11	콘베이어_출력	BOOL	%QX0.2.0	VAR	*
12	흡착_패드	BOOL	%QX0.2.2	VAR	*
13	흡착해제	BOOL	<자동>	VAR	*
14	INST0	FB Instance	<자동>	VAR	*
15	INST1	FB Instance	<자동>	VAR	*
16	INST2	FB Instance	<자동>	VAR	*
17	X축_실린더	BOOL	%QX0.2.3	VAR	*
18	X축_실린더_후진	BOOL	<자동>	VAR	*
19	X축전진_센서	BOOL	%IX0.0.5	VAR	*
20	Y축_실린더	BOOL	%QX0.2.4	VAR	*
21	Y축실린더_하강	BOOL	<자동>	VAR	*
22	Y축실린더_하강	BOOL	<자동>	VAR	*
23	Y축전진_센서	BOOL	%IX0.0.7	VAR	*
24	Y축후진_센서	BOOL	%IX0.0.6	VAR	*

그림 4-17 스토퍼 실린더 및 X축, Y축 실린더 변수명 설정

MEMO

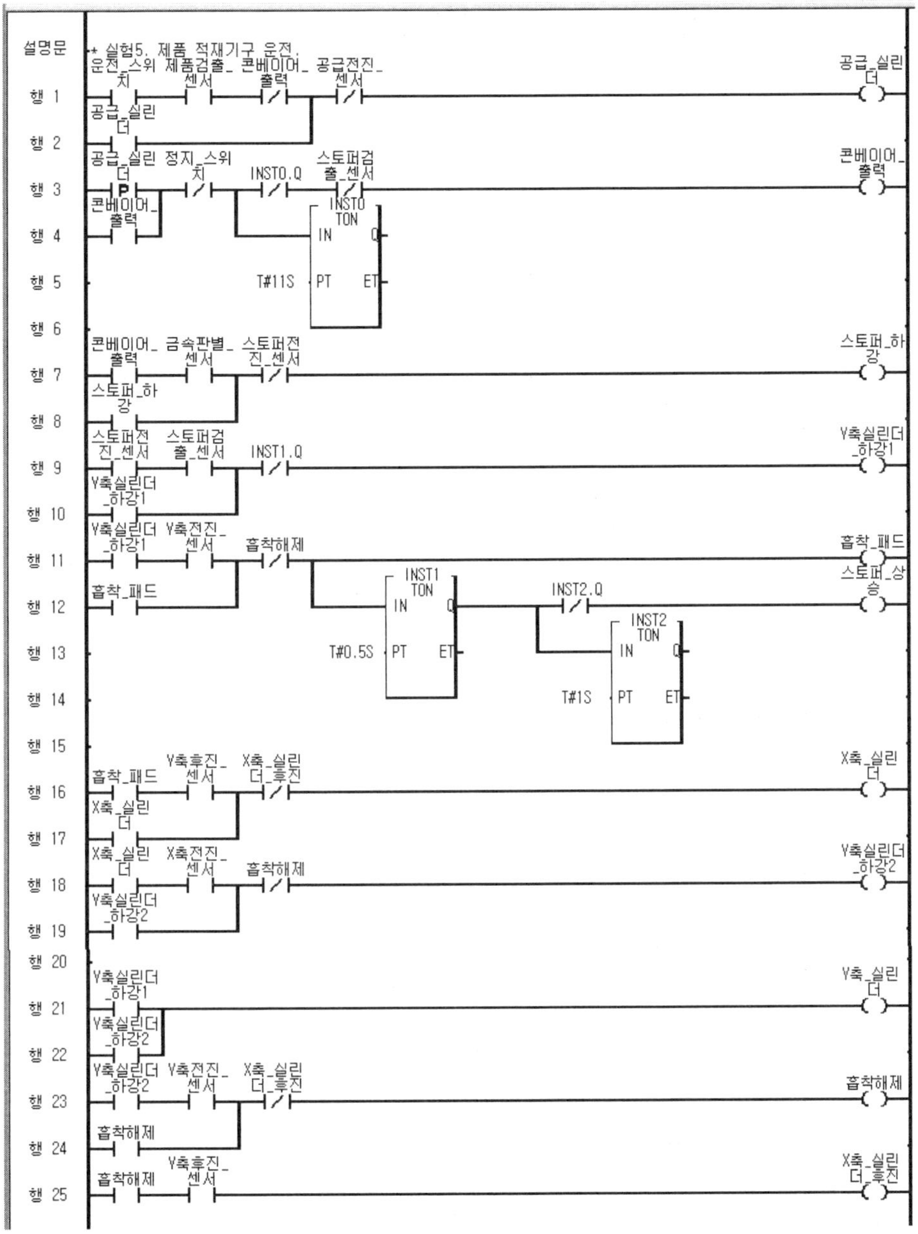

```
설명문  * 실험5. 제품 적재기구 운전.
행 1    운전_스위치  제품검출_센서  콘베이어_출력(/)  공급전진_센서(/)            공급_실린더 ( )
행 2    공급_실린더
행 3    공급_실린더(P)  정지_스위치(/)  INST0.Q(/)  스토퍼검출_센서(/)          콘베이어_출력 ( )
행 4    콘베이어_출력                INST0 TON  IN  Q
행 5                                T#11S  PT  ET
행 6
행 7    콘베이어_출력  금속판별_센서  스토퍼전진_센서(/)                        스토퍼_하강 ( )
행 8    스토퍼_하강
행 9    스토퍼전진_센서  스토퍼검출_센서  INST1.Q(/)                            Y축실린더_하강1 ( )
행 10   Y축실린더_하강1
행 11   Y축실린더_하강1  Y축전진_센서  흡착해제(/)                             흡착_패드 ( )
행 12   흡착_패드      INST1 TON  IN  Q   INST2.Q(/)                          스토퍼_상승 ( )
행 13                  T#0.5S  PT  ET     INST2 TON  IN  Q
행 14                                     T#1S  PT  ET
행 15
행 16   흡착_패드  Y축후진_센서  X축_실린더_후진(/)                            X축_실린더 ( )
행 17   X축_실린더
행 18   X축_실린더  X축전진_센서  흡착해제(/)                                  Y축실린더_하강2 ( )
행 19   Y축실린더_하강2
행 20
행 21   Y축실린더_하강1                                                        Y축_실린더 ( )
행 22   Y축실린더_하강2
행 23   Y축실린더_하강2  Y축전진_센서  X축_실린더_후진(/)                      흡착해제 ( )
행 24   흡착해제
행 25   흡착해제  Y축후진_센서                                                 X축_실린더_후진 ( )
```

그림 4-18 스토퍼 실린더 및 X축, Y축 실린더 PLC 프로그램

4-4. MPS 제어장치 PLC 프로그램

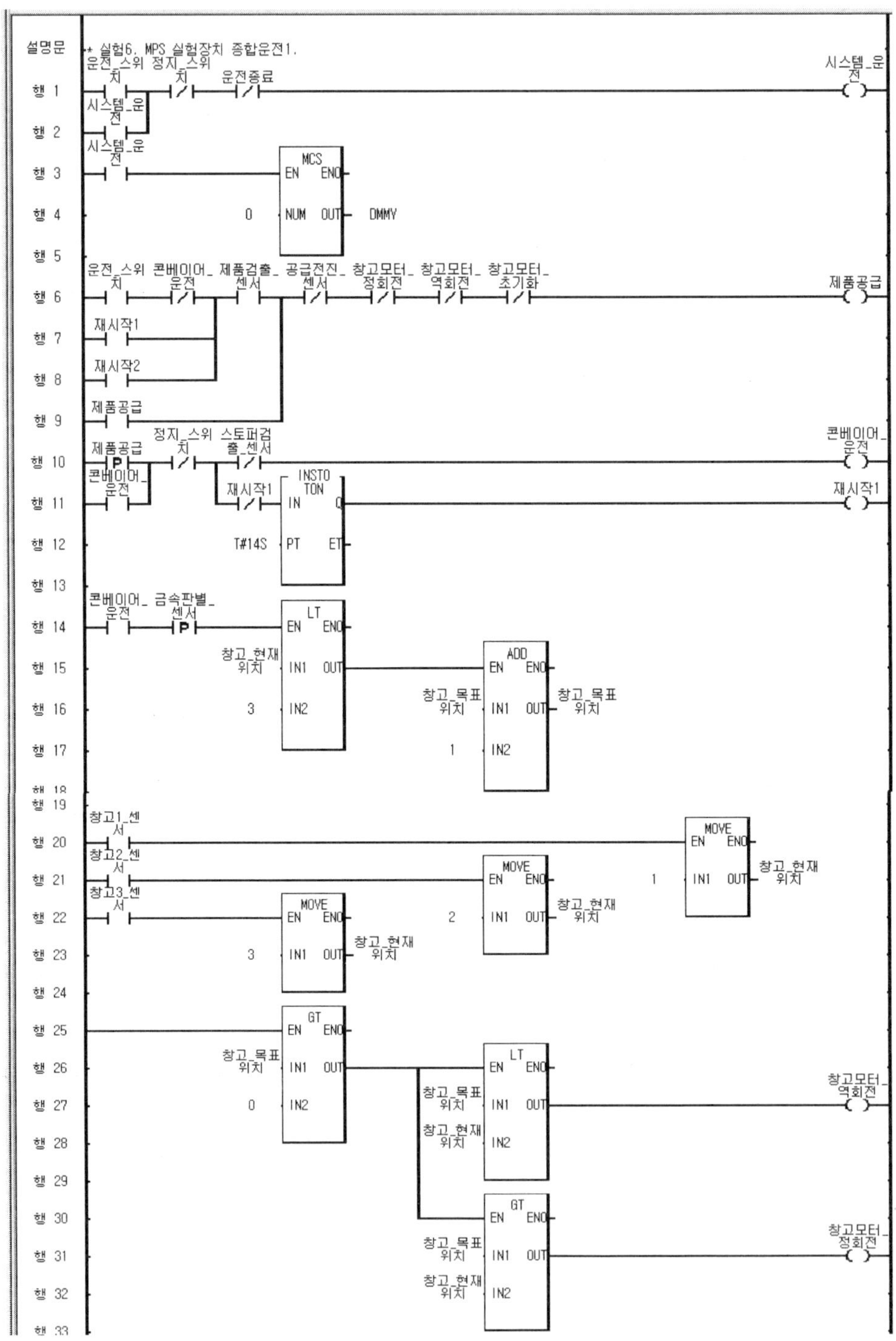

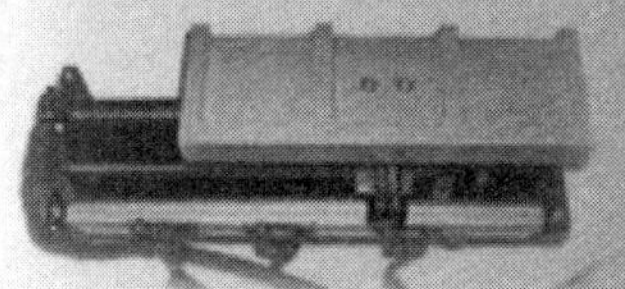

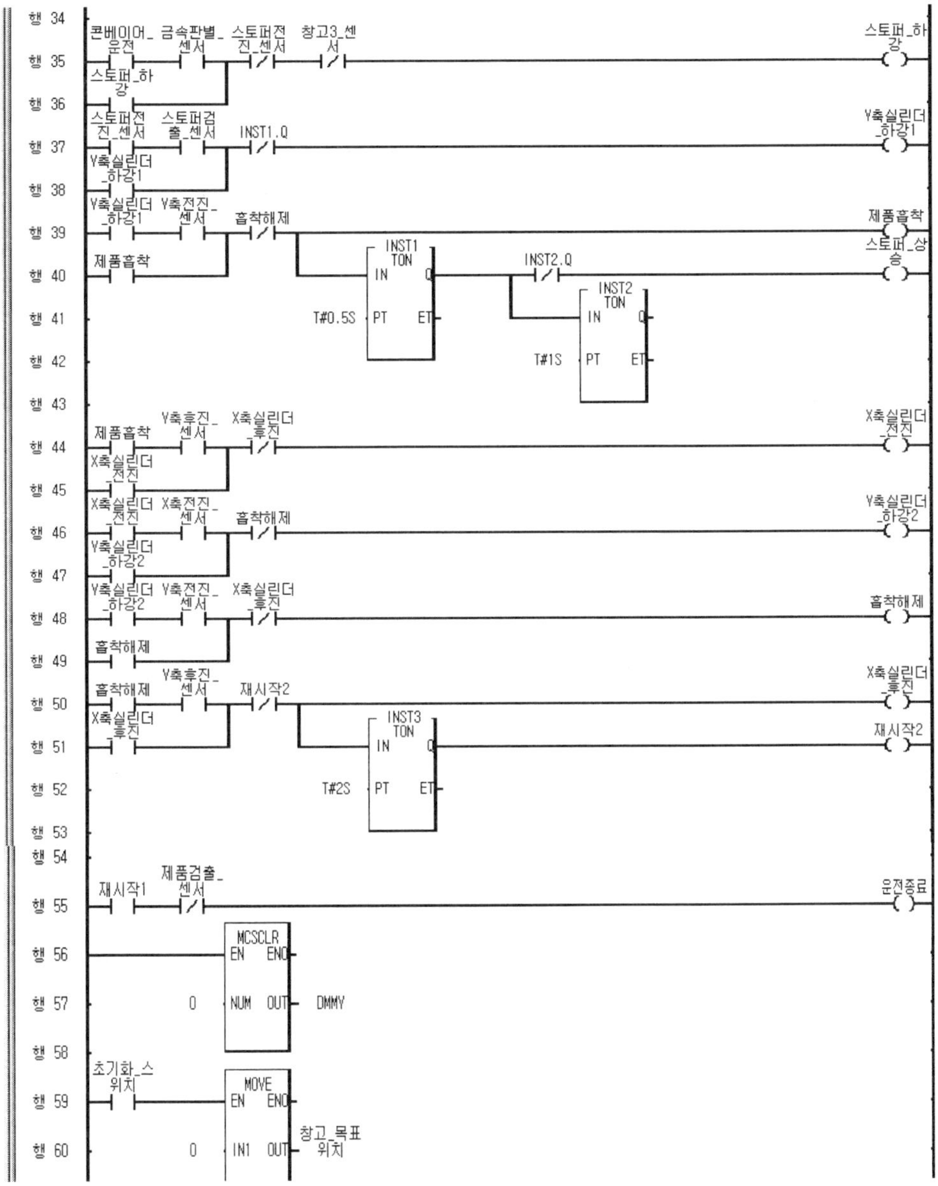

행 34
행 35
행 36
행 37
행 38
행 39
행 40
행 41
행 42
행 43
행 44
행 45
행 46
행 47
행 48
행 49
행 50
행 51
행 52
행 53
행 54
행 55
행 56
행 57
행 58
행 59
행 60
콘베이어_운전
금속판별_센서
스토퍼전진_센서
창고3_센서
스토퍼_하강
스토퍼_하강
스토퍼전진_센서
스토퍼검출_센서
INST1.Q
Y축실린더_하강1
Y축실린더_하강1
Y축실린더_하강1
Y축전진_센서
흡착해제
제품흡착
제품흡착
INST1
TON
IN
Q
T#0.5S
PT
ET
INST2.Q
스토퍼_상승
INST2
TON
IN
Q
T#1S
PT
ET
제품흡착
Y축후진_센서
X축실린더_후진
X축실린더_전진
X축실린더_전진
X축실린더_전진
X축전진_센서
흡착해제
Y축실린더_하강2
Y축실린더_하강2
Y축실린더_하강2
Y축전진_센서
X축실린더_후진
흡착해제
흡착해제
흡착해제
Y축후진_센서
재시작2
X축실린더_후진
X축실린더_후진
INST3
TON
IN
Q
T#2S
PT
ET
재시작2
재시작1
제품검출_센서
운전종료
MCSCLR
EN
ENO
0
NUM
OUT
DMMY
초기화_스위치
MOVE
EN
ENO
0
IN1
OUT
창고_목표위치

행 61
행 62 콘베이어_운전 — 콘베이어_출력
행 63 제품공급 — 공급실린더_출력
행 64 스토퍼_하강 — 스토퍼하강_출력
행 65 스토퍼_상승 — 스토퍼상승_출력
행 66 제품흡착 — 흡착패드_출력
행 67 X축실린더_전진 — X축실린더_출력
행 68 Y축실린더_하강1, 창고모터_정회전, 창고모터_역회전 — Y축실린더_출력
행 69 Y축실린더_하강2
행 70 시스템_운전 — 운전_표시등
행 71 시스템_운전 — 정지_표시등
행 72
행 73 _1ON, 창고1_센서 — 창고모터_초기화
행 74 초기화_스위치, 시스템_운전
행 75 창고모터_초기화
행 76 시스템_운전, 창고모터_역회전, 창고모터_정회전 — 창고모터_후진P
행 77 창고모터_초기화 — 창고모터_후진N
행 78 시스템_운전, 창고모터_정회전, 창고모터_초기화, 창고모터_역회전 — 창고모터_전진P
행 79 — 창고모터_전진N

그림 4-19 MPS 제어장치 PLC 프로그램

MEMO

	변수 명	데이터 타입	메모리 할당	초기 값	변수 종류
1	공급실린더_출력	BOOL	%QX0.2.1		VAR
2	공급전진_센서	BOOL	%IX0.0.1		VAR
3	금속판별_센서	BOOL	%IX0.0.9		VAR
4	스토퍼_상승	BOOL	<자동>		VAR
5	스토퍼_하강	BOOL	<자동>		VAR
6	스토퍼검출_센서	BOOL	%IX0.0.11		VAR
7	스토퍼상승_출력	BOOL	%QX0.2.6		VAR
8	스토퍼전진_센서	BOOL	%IX0.0.3		VAR
9	스토퍼하강_출력	BOOL	%QX0.2.5		VAR
10	시스템_운전	BOOL	<자동>		VAR
11	운전_스위치	BOOL	%IX0.1.0		VAR
12	운전_표시등	BOOL	%QX0.2.8		VAR
13	운전종료	BOOL	<자동>		VAR
14	재시작1	BOOL	<자동>		VAR
15	재시작2	BOOL	<자동>		VAR
16	정지_스위치	BOOL	%IX0.1.1		VAR
17	정지_표시등	BOOL	%QX0.2.9		VAR
18	제품검출_센서	BOOL	%IX0.0.8		VAR
19	제품공급	BOOL	<자동>		VAR
20	제품흡착	BOOL	<자동>		VAR
21	창고_목표위치	INT	<자동>		VAR
22	창고_현재위치	INT	<자동>		VAR
23	창고1_센서	BOOL	%IX0.0.12		VAR
24	창고2_센서	BOOL	%IX0.0.13		VAR
25	창고3_센서	BOOL	%IX0.0.14		VAR
26	창고모터_역회전	BOOL	<자동>		VAR
27	창고모터_전진N	BOOL	%QX0.3.8		VAR
28	창고모터_전진P	BOOL	%QX0.3.0		VAR
29	창고모터_정회전	BOOL	<자동>		VAR
30	창고모터_초기화	BOOL	<자동>		VAR
31	창고모터_후진N	BOOL	%QX0.3.1		VAR
32	창고모터_후진P	BOOL	%QX0.3.9		VAR
33	초기화_스위치	BOOL	%IX0.1.2		VAR
34	콘베이어_운전	BOOL	<자동>		VAR
35	콘베이어_출력	BOOL	%QX0.2.0		VAR
36	흡착패드_출력	BOOL	%QX0.2.2		VAR
37	흡착해제	BOOL	<자동>		VAR
38	DMMY	BOOL	<자동>		VAR
39	INST0	FB Instance	<자동>		VAR
40	INST1	FB Instance	<자동>		VAR
41	INST2	FB Instance	<자동>		VAR
42	INST3	FB Instance	<자동>		VAR
43	X축실린더_전진	BOOL	<자동>		VAR
44	X축실린더_출력	BOOL	%QX0.2.3		VAR
45	X축실린더_후진	BOOL	<자동>		VAR
46	X축전진_센서	BOOL	%IX0.0.5		VAR
47	Y축실린더_출력	BOOL	%QX0.2.4		VAR
48	Y축실린더_하강	BOOL	<자동>		VAR
49	Y축실린더_하강	BOOL	<자동>		VAR
50	Y축전진_센서	BOOL	%IX0.0.7		VAR
51	Y축후진_센서	BOOL	%IX0.0.6		VAR

그림 4-20 MPS 제어장치 PLC 프로그램 변수명 설정

1) MPS 제어장치 PLC 프로그램 (2)

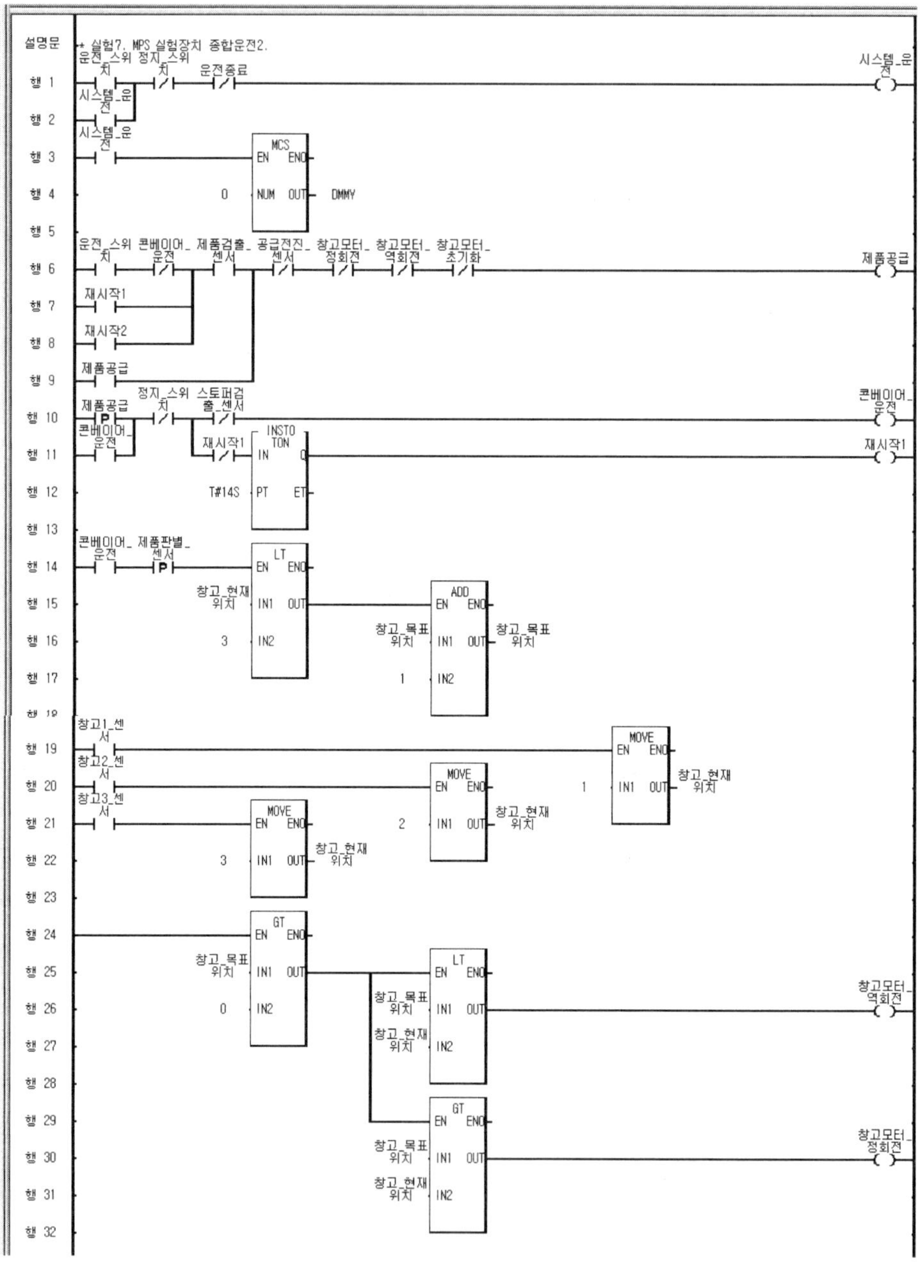

설명문	* 실험7. MPS 실험장치 종합운전2.
행 1	운전_스위치, 정지_스위치, 운전종료 — 시스템_운전
행 2	시스템_운전
행 3	시스템_운전 — MCS (EN, ENO)
행 4	0 — NUM OUT — DMMY
행 5	
행 6	운전_스위치, 콘베이어_운전, 제품검출_센서, 공급전진_센서, 창고모터_정회전, 창고모터_역회전, 창고모터_초기화 — 제품공급
행 7	재시작1
행 8	재시작2
행 9	제품공급
행 10	제품공급 (P), 정지_스위치, 스토퍼검출_센서 — 콘베이어_운전
행 11	콘베이어_운전, 재시작1 — INST0 TON (IN, Q) — 재시작1
행 12	T#14S — PT ET
행 13	
행 14	콘베이어_운전, 제품판별_센서 (P) — LT (EN, ENO)
행 15	창고_현재위치 — IN1 OUT — ADD (EN, ENO)
행 16	3 — IN2; 창고_목표위치 — IN1 OUT — 창고_목표위치
행 17	1 — IN2
행 18	
행 19	창고1_센서 — MOVE (EN, ENO)
행 20	창고2_센서 — MOVE (EN, ENO); 1 — IN1 OUT — 창고_현재위치
행 21	창고3_센서 — MOVE (EN, ENO); 2 — IN1 OUT — 창고_현재위치
행 22	3 — IN1 OUT — 창고_현재위치
행 23	
행 24	GT (EN, ENO)
행 25	창고_목표위치 — IN1 OUT — LT (EN, ENO)
행 26	0 — IN2; 창고_목표위치 — IN1 OUT — 창고모터_역회전
행 27	창고_현재위치 — IN2
행 28	
행 29	GT (EN, ENO)
행 30	창고_목표위치 — IN1 OUT — 창고모터_정회전
행 31	창고_현재위치 — IN2
행 32	

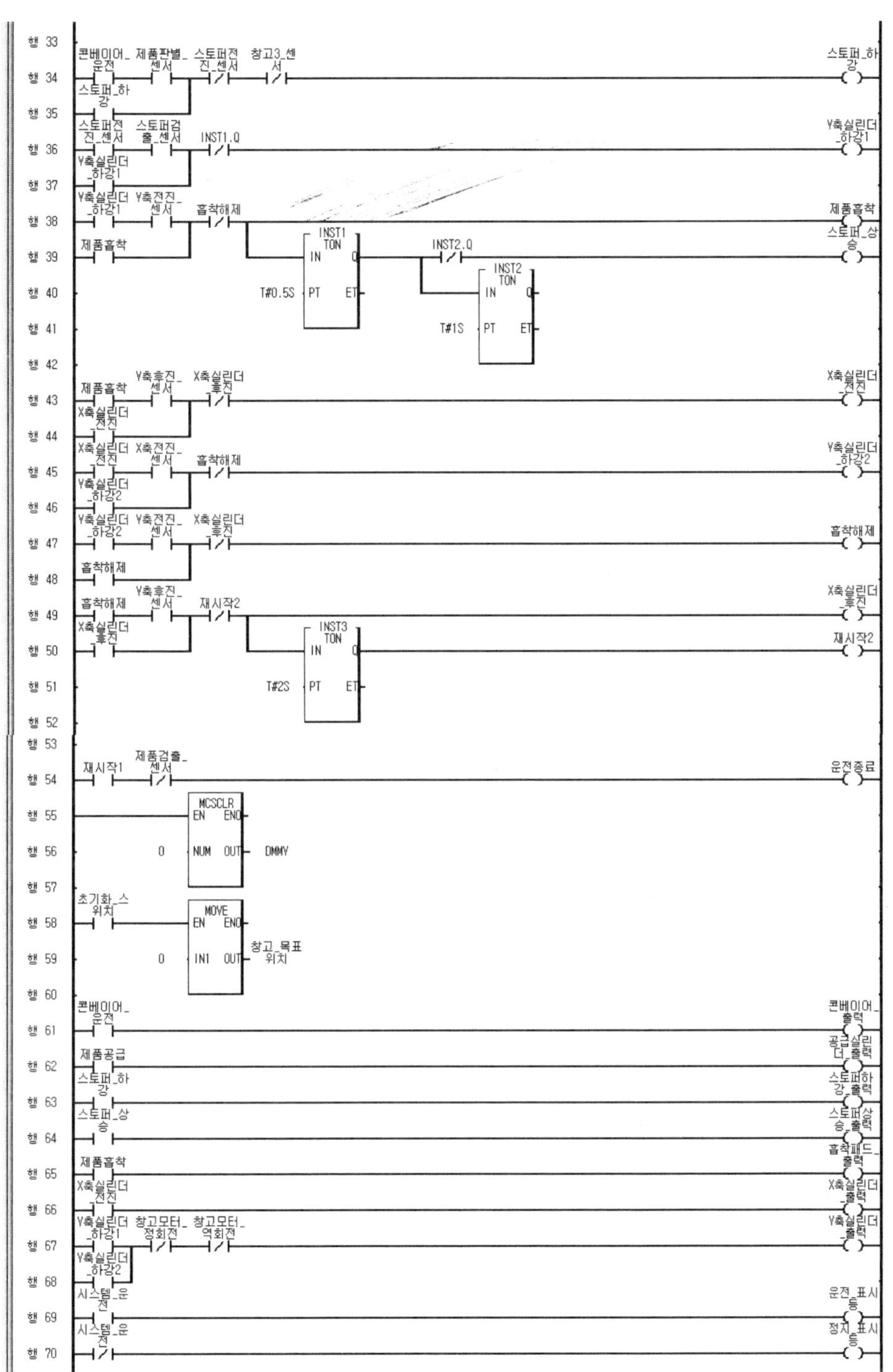

그림 4-21 MPS 제어장치 PLC 프로그램(2)

	변수 명	데이터 타입	메모리 할당	초기 값	변수 종류
1	공급실린더_출력	BOOL	%QX0.2.1		VAR
2	공급전진_센서	BOOL	%IX0.0.1		VAR
3	스토퍼_상승	BOOL	<자동>		VAR
4	스토퍼_하강	BOOL	<자동>		VAR
5	스토퍼검출_센서	BOOL	%IX0.0.11		VAR
6	스토퍼상승_출력	BOOL	%QX0.2.6		VAR
7	스토퍼전진_센서	BOOL	%IX0.0.3		VAR
8	스토퍼하강_출력	BOOL	%QX0.2.5		VAR
9	시스템_운전	BOOL	<자동>		VAR
10	운전_스위치	BOOL	%IX0.1.0		VAR
11	운전_표시등	BOOL	%QX0.2.8		VAR
12	운전종료	BOOL	<자동>		VAR
13	재시작1	BOOL	<자동>		VAR
14	재시작2	BOOL	<자동>		VAR
15	정지_스위치	BOOL	%IX0.1.1		VAR
16	정지_표시등	BOOL	%QX0.2.9		VAR
17	제품검출_센서	BOOL	%IX0.0.8		VAR
18	제품공급	BOOL	<자동>		VAR
19	제품판별_센서	BOOL	%IX0.0.10		VAR
20	제품흡착	BOOL	<자동>		VAR
21	창고_목표위치	INT	<자동>		VAR
22	창고_현재위치	INT	<자동>		VAR
23	창고1_센서	BOOL	%IX0.0.12		VAR
24	창고2_센서	BOOL	%IX0.0.13		VAR
25	창고3_센서	BOOL	%IX0.0.14		VAR
26	창고모터_역회전	BOOL	<자동>		VAR
27	창고모터_전진N	BOOL	%QX0.3.8		VAR
28	창고모터_전진P	BOOL	%QX0.3.0		VAR
29	창고모터_정회전	BOOL	<자동>		VAR
30	창고모터_초기화	BOOL	<자동>		VAR
31	창고모터_후진N	BOOL	%QX0.3.1		VAR
32	창고모터_후진P	BOOL	%QX0.3.9		VAR
33	초기화_스위치	BOOL	%IX0.1.2		VAR
34	콘베이어_운전	BOOL	<자동>		VAR
35	콘베이어_출력	BOOL	%QX0.2.0		VAR
36	흡착패드_출력	BOOL	%QX0.2.2		VAR
37	흡착해제	BOOL	<자동>		VAR
38	DMMY	BOOL	<자동>		VAR
39	INST0	FB Instance	<자동>		VAR
40	INST1	FB Instance	<자동>		VAR
41	INST2	FB Instance	<자동>		VAR
42	INST3	FB Instance	<자동>		VAR
43	X축실린더_전진	BOOL	<자동>		VAR
44	X축실린더_출력	BOOL	%QX0.2.3		VAR
45	X축실린더_후진	BOOL	<자동>		VAR
46	X축전진_센서	BOOL	%IX0.0.5		VAR
47	Y축실린더_출력	BOOL	%QX0.2.4		VAR
48	Y축실린더_하강	BOOL	<자동>		VAR
49	Y축실린더_하강	BOOL	<자동>		VAR
50	Y축전진_센서	BOOL	%IX0.0.7		VAR
51	Y축후진_센서	BOOL	%IX0.0.6		VAR

그림 4-22 MPS 제어장치 PLC 프로그램 변수명 설정

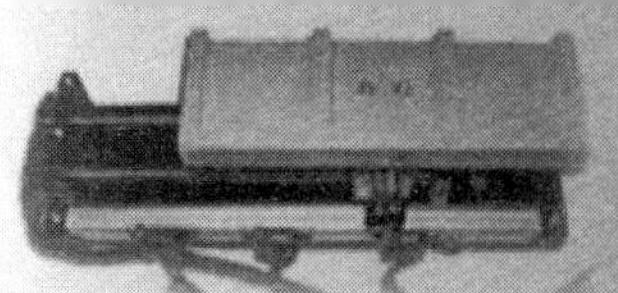

2) MPS 제어장치 PLC 프로그램(3)

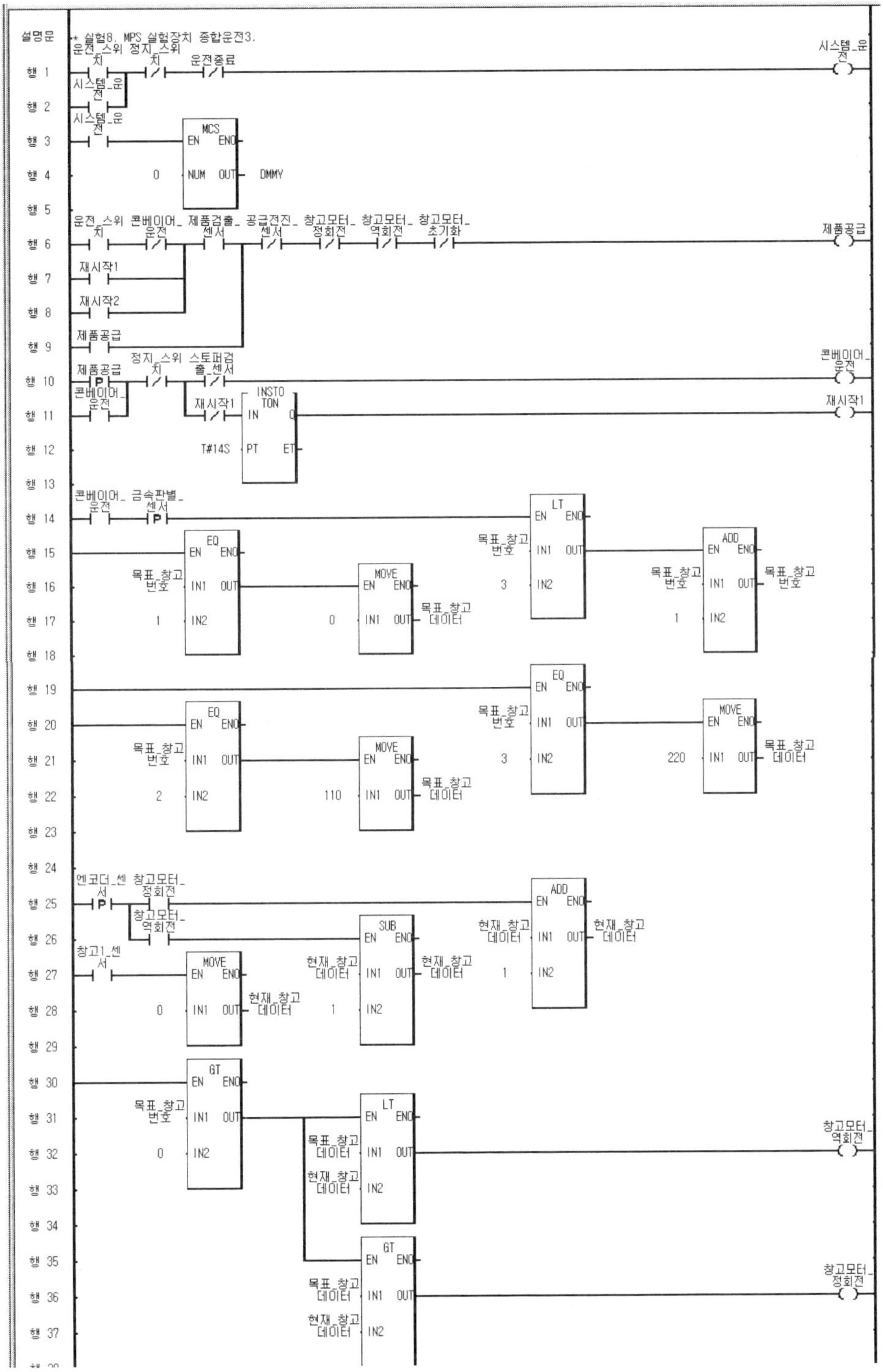

설명문
* 실험8. MPS 실험장치 종합운전3.
행 1
운전_스위치
정지_스위치
운전종료
시스템_운전
행 2
시스템_운전
행 3
시스템_운전
MCS
EN ENO
행 4
0
NUM OUT
DMMY
행 5
행 6
운전_스위치
콘베이어_운전
제품검출_센서
공급전진_센서
창고모터_정회전
창고모터_역회전
창고모터_초기화
제품공급
행 7
재시작1
행 8
재시작2
행 9
제품공급
행 10
제품공급
P
정지_스위치
스토퍼검출_센서
콘베이어_운전
행 11
콘베이어_운전
재시작1
INSTO
TON
IN Q
재시작1
행 12
T#14S
PT ET
행 13
행 14
콘베이어_운전
금속판별_센서
P
LT
EN ENO
행 15
EQ
EN ENO
목표_창고번호
IN1 OUT
ADD
EN ENO
행 16
목표_창고번호
IN1 OUT
MOVE
EN ENO
3
IN2
목표_창고번호
IN1 OUT
목표_창고번호
행 17
1
IN2
0
IN1 OUT
목표_창고데이터
1
IN2
행 18
행 19
EQ
EN ENO
행 20
EQ
EN ENO
목표_창고번호
IN1 OUT
MOVE
EN ENO
행 21
목표_창고번호
IN1 OUT
MOVE
EN ENO
3
IN2
220
IN1 OUT
목표_창고데이터
행 22
2
IN2
110
IN1 OUT
목표_창고데이터
행 23
행 24
행 25
엔코더_센서
P
창고모터_정회전
ADD
EN ENO
행 26
창고모터_역회전
SUB
EN ENO
현재_창고데이터
IN1 OUT
현재_창고데이터
행 27
창고1_센서
MOVE
EN ENO
현재_창고데이터
IN1 OUT
현재_창고데이터
1
IN2
행 28
0
IN1 OUT
현재_창고데이터
1
IN2
행 29
행 30
GT
EN ENO
행 31
목표_창고번호
IN1 OUT
LT
EN ENO
행 32
0
IN2
목표_창고데이터
IN1 OUT
창고모터_역회전
행 33
현재_창고데이터
IN2
행 34
행 35
GT
EN ENO
행 36
목표_창고데이터
IN1 OUT
창고모터_정회전
행 37
현재_창고데이터
IN2

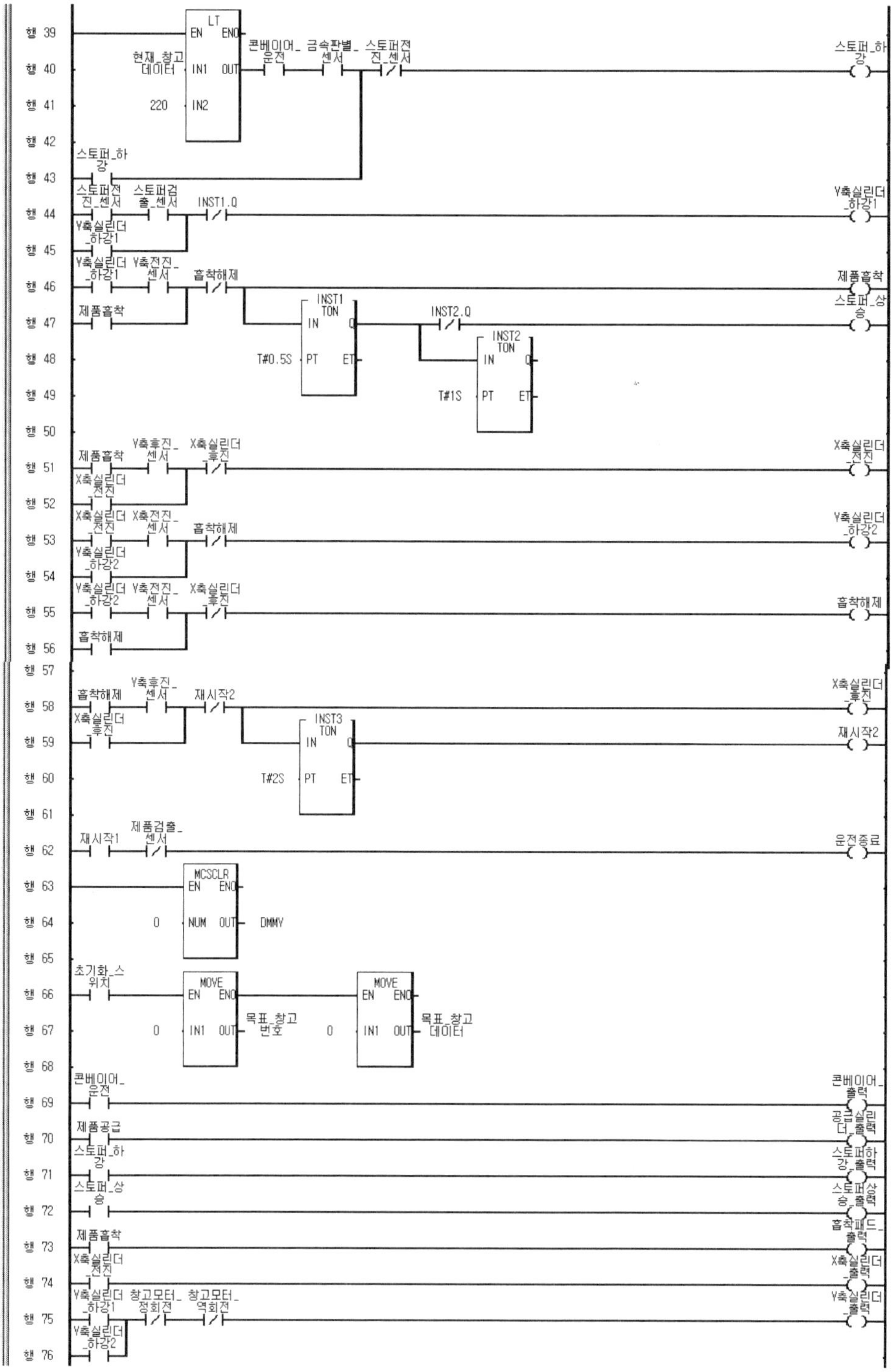

LT
EN ENO
콘베이어_운전 금속판별_센서 스토퍼전진_센서 스토퍼_하강
현재_창고데이터 IN1 OUT
220 IN2
스토퍼_하강
스토퍼전진_센서 스토퍼검출_센서 INST1.Q Y축실린더_하강1
Y축실린더_하강1
Y축실린더_하강1 Y축전진_센서 흡착해제 제품흡착
제품흡착 INST1 TON IN Q INST2.Q 스토퍼_상승
T#0.5S PT ET INST2 TON IN Q
T#1S PT ET
제품흡착 Y축후진_센서 X축실린더_후진 X축실린더_전진
X축실린더_전진
X축실린더_전진 X축전진_센서 흡착해제 Y축실린더_하강2
Y축실린더_하강2
Y축실린더_하강2 Y축전진_센서 X축실린더_후진 흡착해제
흡착해제
흡착해제 Y축후진_센서 재시작2 X축실린더_후진
X축실린더_후진 INST3 TON IN Q 재시작2
T#2S PT ET
재시작1 제품검출_센서 운전종료
MCSCLR
EN ENO
0 NUM OUT DMMY
초기화_스위치 MOVE EN ENO MOVE EN ENO
0 IN1 OUT 목표_창고번호 0 IN1 OUT 목표_창고데이터
콘베이어_운전 콘베이어_출력
제품공급 공급실린더_출력
스토퍼_하강 스토퍼하강_출력
스토퍼_상승 스토퍼상승_출력
제품흡착 흡착패드_출력
X축실린더_전진 X축실린더_출력
Y축실린더_하강1 창고모터_정회전 창고모터_역회전 Y축실린더_출력
Y축실린더_하강2

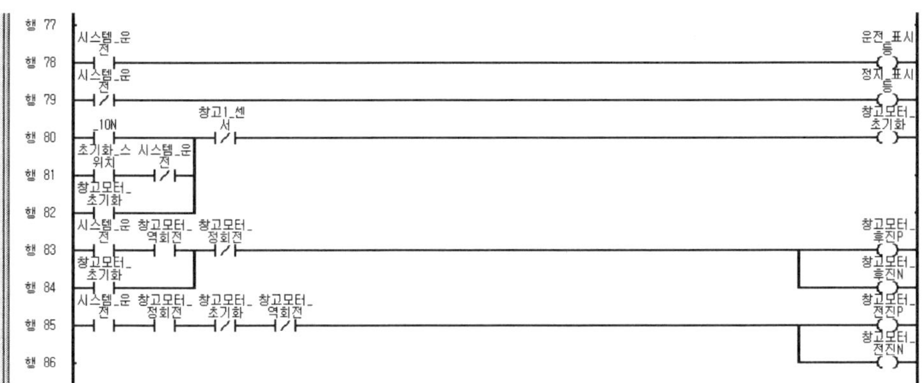

그림 4-23 MPS 제어장치 PLC 프로그램(3)

	변수 명	데이터 타입	메모리 할당	초기 값	변수 종류
1	공급실린더_출력	BOOL	%QX0.2.1		VAR
2	공급전진_센서	BOOL	%IX0.0.1		VAR
3	금속판별_센서	BOOL	%IX0.0.9		VAR
4	목표_창고데이E	INT	<자동>		VAR
5	목표_창고번호	INT	<자동>		VAR
6	스토퍼_상승	BOOL	<자동>		VAR
7	스토퍼_하강	BOOL	<자동>		VAR
8	스토퍼검출_센人	BOOL	%IX0.0.11		VAR
9	스토퍼상승_출력	BOOL	%QX0.2.6		VAR
10	스토퍼전진_센人	BOOL	%IX0.0.3		VAR
11	스토퍼하강_출력	BOOL	%QX0.2.5		VAR
12	시스템_운전	BOOL	<자동>		VAR
13	엔코더_센서	BOOL	%IX0.0.15		VAR
14	운전_스위치	BOOL	%IX0.1.0		VAR
15	운전_표시등	BOOL	%QX0.2.8		VAR
16	운전종료	BOOL	<자동>		VAR
17	재시작1	BOOL	<자동>		VAR
18	재시작2	BOOL	<자동>		VAR
19	정지_스위치	BOOL	%IX0.1.1		VAR
20	정지_표시등	BOOL	%QX0.2.9		VAR
21	제품검출_센서	BOOL	%IX0.0.8		VAR
22	제품공급	BOOL	<자동>		VAR
23	제품흡착	BOOL	<자동>		VAR
24	창고1_센서	BOOL	%IX0.0.12		VAR
25	창고모터_역회전	BOOL	<자동>		VAR
26	창고모터_전진N	BOOL	%QX0.3.8		VAR
27	창고모터_전진P	BOOL	%QX0.3.0		VAR
28	창고모터_정회전	BOOL	<자동>		VAR
29	창고모터_초기호	BOOL	<자동>		VAR
30	창고모터_후진N	BOOL	%QX0.3.1		VAR
31	창고모터_후진P	BOOL	%QX0.3.9		VAR
32	초기화_스위치	BOOL	%IX0.1.2		VAR
33	콘베이어_운전	BOOL	<자동>		VAR
34	콘베이어_출력	BOOL	%QX0.2.0		VAR
35	현재_창고데이E	INT	<자동>		VAR
36	흡착패드_출력	BOOL	%QX0.2.2		VAR
37	흡착해제	BOOL	<자동>		VAR
38	DMMY	BOOL	<자동>		VAR
39	INST0	FB Instance	<자동>		VAR
40	INST1	FB Instance	<자동>		VAR
41	INST2	FB Instance	<자동>		VAR
42	INST3	FB Instance	<자동>		VAR
43	X축실린더_전진	BOOL	<자동>		VAR
44	X축실린더_출력	BOOL	%QX0.2.3		VAR
45	X축실린더_후진	BOOL	<자동>		VAR
46	X축전진_센서	BOOL	%IX0.0.5		VAR
47	Y축실린더_출력	BOOL	%QX0.2.4		VAR
48	Y축실린더_하강	BOOL	<자동>		VAR
49	Y축실린더_하강	BOOL	<자동>		VAR
50	Y축전진_센서	BOOL	%IX0.0.7		VAR
51	Y축후진_센서	BOOL	%IX0.0.6		VAR

그림 4-24 MPS 제어장치 PLC 프로그램 변수명 설정

4-5. 전기 공압 PLC 프로그램

1) 편솔 TON TIMER를 이용한 프로그램

동작설명 : P1을 <ON>하면 TIMER에 의해 SOL1이 3초 전진하고 후진한다. 3초 후 PL1이 점등된다. P0는 초기화이다.

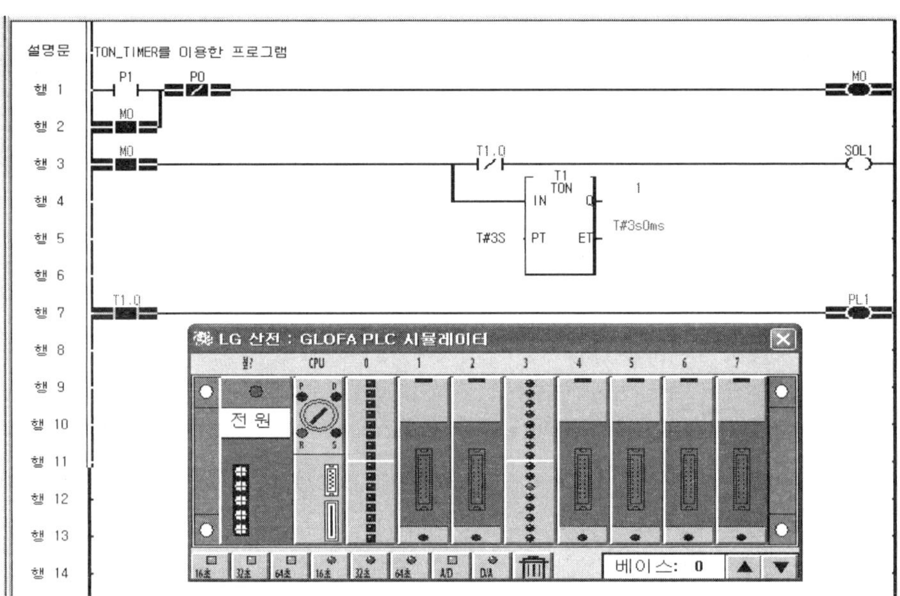

그림 4-25 TON TIMER를 이용한 프로그램

	변수 명	데이터 타입	메모리 할당
1	M0	BOOL	<자동>
2	P0	BOOL	%IX0.0.0
3	P1	BOOL	%IX0.0.1
4	PL1	BOOL	%QX0.3.10
5	SOL1	BOOL	%QX0.3.0
6	T1	FB Instance	<자동>

그림 4-26 TON TIMER를 이용한 PLC 프로그램 변수명 설정

2) 편솔 밸브 PLC 프로그램 1회 왕복

동작설명 : LS1은 공급전진 F이다. b접점상태. 후진상태에서 P1을 <ON>하면 1회 전진 후진을 한다. P0는 초기화이다.

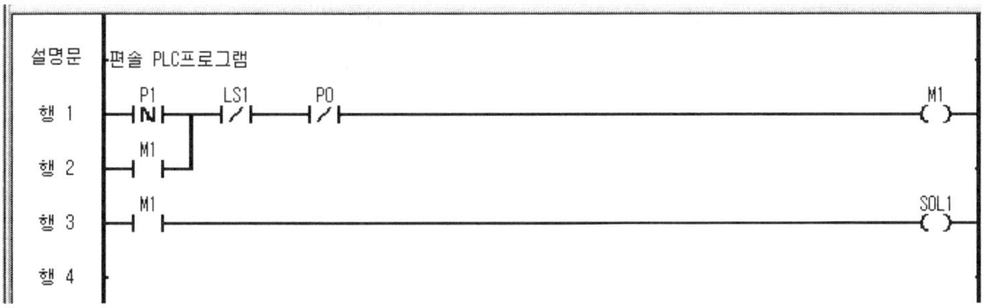

그림 4-27 편솔 밸브 PLC 프로그램 1회 왕복

3)편솔 밸브 PLC 프로그램 10회 연속 왕복

편솔 밸브를 연속왕복 10회 동작 후 정지한다.

주의사항, 공급후진S1과 공급전진S2 센서 사용에 주의하여야 한다.

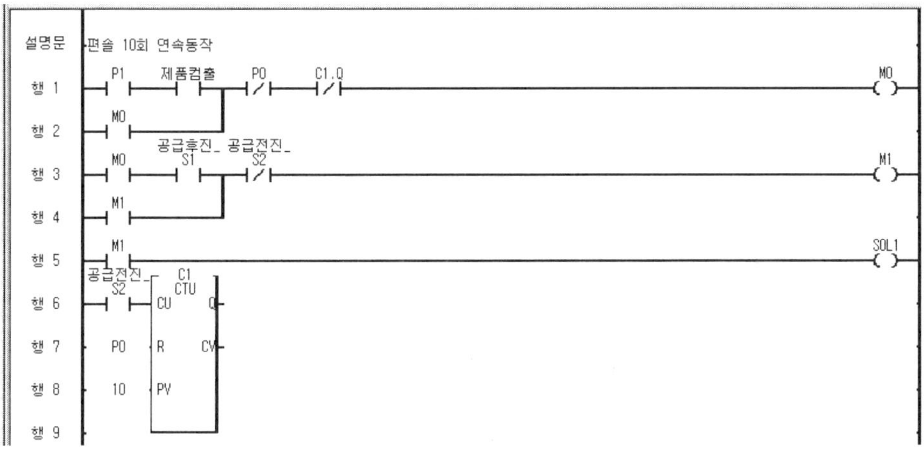

그림 4-28 편솔 밸브 PLC 프로그램 연속 10회 왕복

	변수 명	데이터 타입	메모리 할당	초기 값	변
1	공급전진_S2	BOOL	%IX0.1.2		VAR
2	공급후진_S1	BOOL	%IX0.1.1		VAR
3	제품컴출	BOOL	%IX0.1.10		VAR
4	C1	FB Instance	<자동>		VAR
5	M0	BOOL	<자동>		VAR
6	M1	BOOL	<자동>		VAR
7	P0	BOOL	%IX0.0.0		VAR
8	P1	BOOL	%IX0.0.1		VAR
9	SOL1	BOOL	%QX0.3.1		VAR

그림 4-29 편솔 밸브 PLC 프로그램 연속 10회 왕복 변수명

4) 편솔 밸브 PLC 프로그램 10회 연속 왕복 타이머 사용

전진 후진 센서를 대신 타이머 접점으로 대치 PLC 프로그램하면 편리하다.

T1은 전진 2초 후 후진, T2에 의해 10초 후 다시 전진 카운터에 의해 10회 연속동작 후 정지한다.

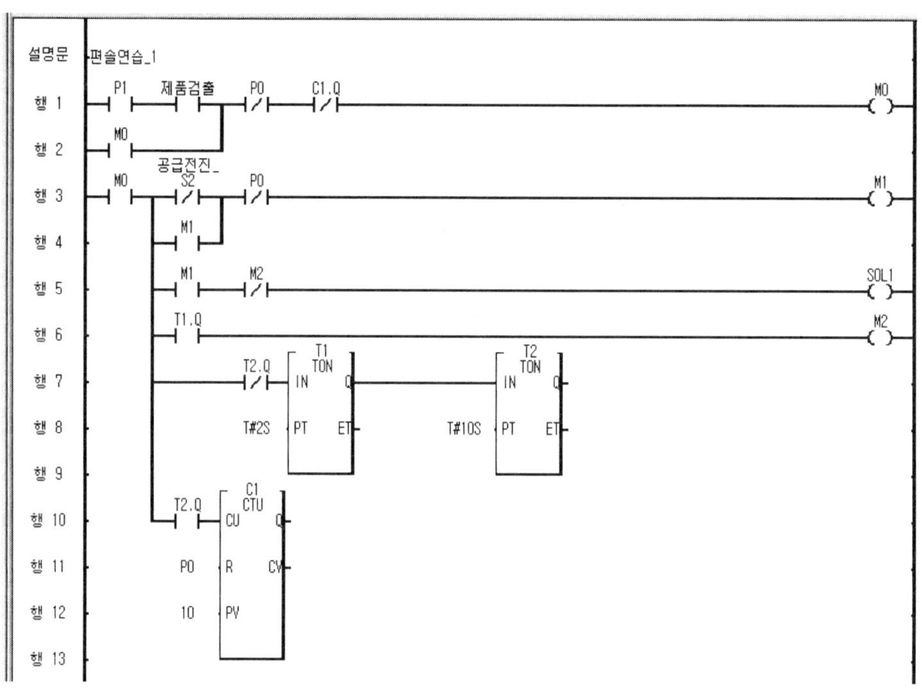

그림 4-30 편솔 밸브 PLC 프로그램 타이머 사용 연속 10회 왕복 동작

	변수 명	데이터 타입	메모리 할당	초기 값	변수 종류
1	제품검출	BOOL	%IX0.1.10		VAR
2	M0	BOOL	<자동>		VAR
3	M1	BOOL	<자동>		VAR
4	M2	BOOL	<자동>		VAR
5	P0	BOOL	%IX0.0.0		VAR
6	P1	BOOL	%IX0.0.1		VAR
7	S1	BOOL	%IX0.1.0		VAR
8	SOL1	BOOL	%QX0.2.0		VAR
9	SOL2	BOOL	%QX0.2.1		VAR
10	T1	FB Instance	<자동>		VAR
11	T2	FB Instance	<자동>		VAR

그림 4-31 편솔 밸브 PLC 프로그램 타이머 사용 변수명

5) 양솔 PLC 프로그램

P1을 <ON>하면 실린더가 전진하고 P2를 <ON>하면 실린더가 후진한다. P0는 회로의 초기화이다.

그림 4-32 양솔 밸브 PLC 프로그램

	변수 명	데이터 타입	메모리 할당	초기 값	변수 종류
1	M1	BOOL	<자동>		VAR
2	M2	BOOL	<자동>		VAR
3	P0	BOOL	%IX0.0.0		VAR
4	P1	BOOL	%IX0.0.1		VAR
5	P2	BOOL	%IX0.0.2		VAR
6	SOL_1	BOOL	%QX0.3.7		VAR
7	SOL_2	BOOL	%QX0.3.8		VAR

그림 4-33 양솔 밸브 PLC 프로그램 변수명

6) 양솔 PLC 프로그램 (1)회 왕복 동작

P1을 <ON>하면 실린더가 전진하고 LS에 의해 후진한다. P0는 초기화 동작이다.

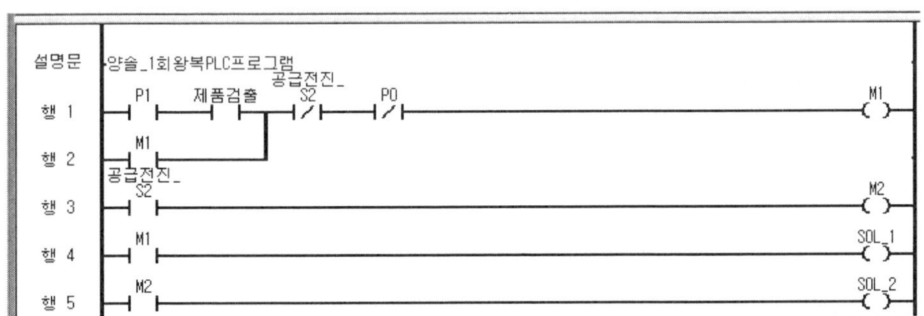

그림 4-34 양솔 밸브 PLC 프로그램 1회 왕복 동작

	변수 명	데이터 타입	메모리 할당	초기 값	변수 종류	사용 여부	설명문
1	공급전진_S2	BOOL	%IX0.1.2		VAR	*	
2	제품검출	BOOL	%IX0.1.10		VAR	*	
3	M1	BOOL	<자동>		VAR	*	
4	M2	BOOL	<자동>		VAR	*	
5	P0	BOOL	%IX0.0.0		VAR	*	
6	P1	BOOL	%IX0.0.1		VAR	*	
7	SOL_1	BOOL	%QX0.3.7		VAR	*	
8	SOL_2	BOOL	%QX0.3.8		VAR	*	

그림 4-35 양솔 밸브 PLC 프로그램 1회 왕복 동작 변수명

7) 양솔 PLC 프로그램 10회 왕복 동작

동작설명 : P1을 <ON>하면 카운터에 의해 10회 연속동작 후 정지한다. P0를 <ON>하면 프로그램을 초기화 한다.

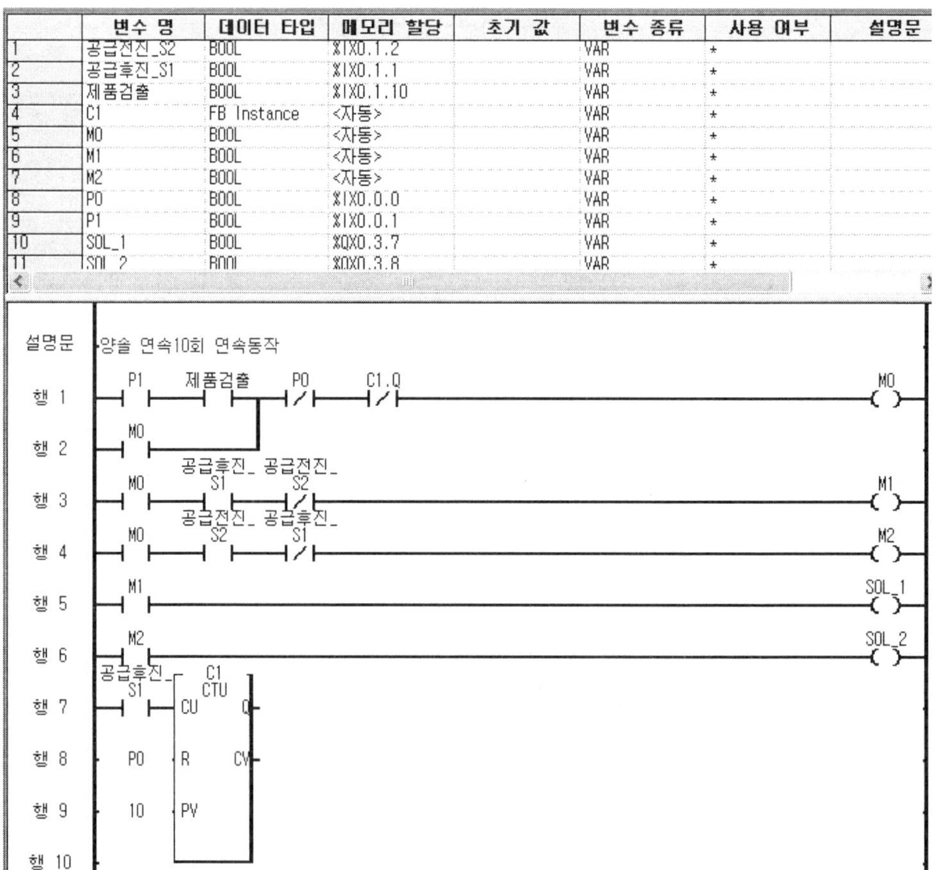

	변수 명	데이터 타입	메모리 할당	초기 값	변수 종류	사용 여부	설명문
1	공급전진_S2	BOOL	%IX0.1.2		VAR	*	
2	공급후진_S1	BOOL	%IX0.1.1		VAR	*	
3	제품검출	BOOL	%IX0.1.10		VAR	*	
4	C1	FB Instance	<자동>		VAR	*	
5	M0	BOOL	<자동>		VAR	*	
6	M1	BOOL	<자동>		VAR	*	
7	M2	BOOL	<자동>		VAR	*	
8	P0	BOOL	%IX0.0.0		VAR	*	
9	P1	BOOL	%IX0.0.1		VAR	*	
10	SOL_1	BOOL	%QX0.3.7		VAR	*	
11	SOL_2	BOOL	%QX0.3.8		VAR	*	

그림 4-36 양솔 밸브 PLC 프로그램 10회 왕복 동작

8) 양솔 PLC 프로그램(1)0회 왕복 동작 타이머 사용

동작설명 : 실린더 센서 대신 타이머를 사용하여 전진 시간 설정과 후진 시간 설정을 자유로이 할 수 있다.

	변수 명	데이터 타입	메모리 할당	초기 값	변수 종류	사용 여부
1	공급전진_S2	BOOL	%IX0.1.2		VAR	*
2	C1	FB Instance	<자동>		VAR	*
3	M0	BOOL	<자동>		VAR	*
4	M1	BOOL	<자동>		VAR	*
5	M2	BOOL	<자동>		VAR	*
6	P0	BOOL	%IX0.0.0		VAR	*
7	P1	BOOL	%IX0.0.1		VAR	*
8	P2	BOOL	%IX0.0.2		VAR	
9	SOL1	BOOL	%QX0.3.7		VAR	*
10	SOL2	BOOL	%QX0.3.8		VAR	*
11	T1	FB Instance	<자동>		VAR	*
12	T2	FB Instance	<자동>		VAR	*

설명문 양솔연습_1

행 1 P1 P0 C1.Q M0

행 2 M0

행 3 M0 공급전진_S2 P0 M1

행 4 M1

행 5 M1 M2 SOL1

행 6 T1.Q M2

행 7 M2 SOL2

행 8 T2.Q T1 TON IN Q T2 TON IN Q

행 9 T#2S PT ET T#2S PT ET

행 10

행 11 T2.Q C1 CTU CU Q

행 12 P0 R CV

행 13 10 PV

행 14

그림 4-37 양솔 밸브 PLC 프로그램 10회 왕복 동작 타이머 이용

9) 변위도에 의한 PLC 솔 밸브제어 A+B+A−B−

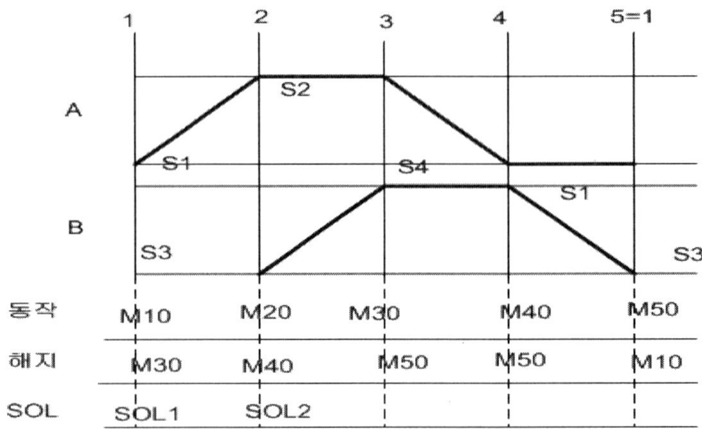

그림 4 - 38 편솔 밸브 A+B+A-B-

동작설명 : 초기상태 S1.S2.S3.S4에 결선에 주의함.

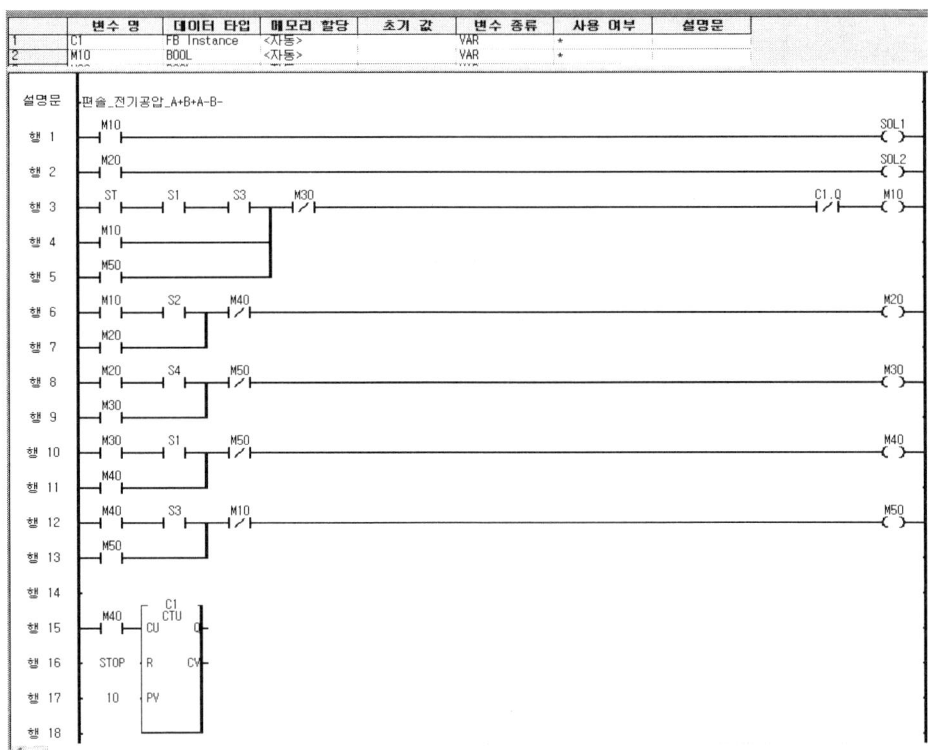

그림 4 - 39 편솔 밸브 A+B+A-B-PLC 프로그램

10) 변위도에 의한 PLC 솔 밸브제어 A+A-B+B-

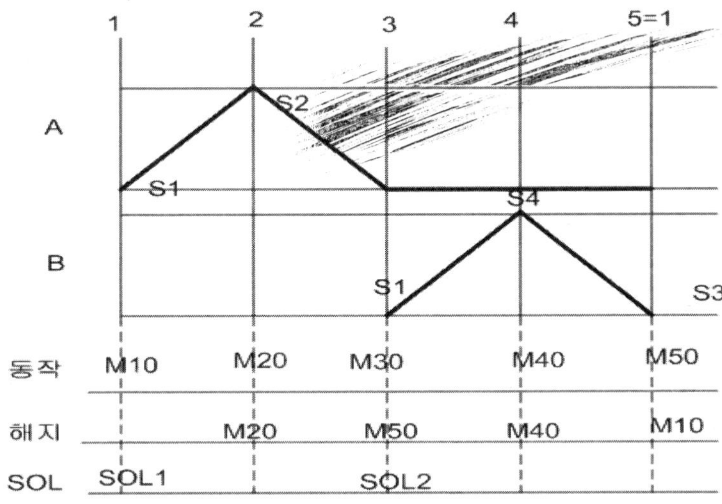

그림 4-40 편솔 밸브 A+A-B+B-

	변수 명	데이터 타입	메모리 할당	초기 값	변수 종류
1	C1	FB Instance	<자동>		VAR
2	M10	BOOL	<자동>		VAR
3	M20	BOOL	<자동>		VAR
4	M30	BOOL	<자동>		VAR
5	M40	BOOL	<자동>		VAR
6	M50	BOOL	<자동>		VAR
7	P0	BOOL	%IX0.0.0		VAR
8	P1	BOOL	%IX0.0.1		VAR
9	S1	BOOL	%IX0.1.1		VAR
10	S2	BOOL	%IX0.1.2		VAR
11	S3	BOOL	%IX0.1.3		VAR
12	S4	BOOL	%IX0.1.4		VAR
13	SOL1	BOOL	%QX0.3.1		VAR
14	SOL2	BOOL	%QX0.3.2		VAR

그림 4-41 편솔 밸브 A+A-B+B-변수명

11) 변위도에 의한 PLC 솔 밸브제어 A+A-B+B- PLC 프로그램

동작설명 : S1.S2.S3.S4 초기조건 설정 시 주의하여 설정하고 연속동작 시 M10 라인에 M50을 병렬로 자기유지시켜야 한다.

행	접점	출력
설명문	편솔_A+A-B+B-	
행 1	M10	SOL1
행 2	M30	SOL2
행 3	P1 — S2 — S4 — M20(b) — C1.Q(b)	M10
행 4	M10	
행 5	M50	
행 6	M10 — S1 — M50(b)	M20
행 7	M20	
행 8	M20 — S2 — M40(b)	M30
행 9	M30	
행 10	M30 — S3 — M50(b)	M40
행 11	M40	
행 12	M40 — S4 — M10(b)	M50
행 13	M50	
행 14	M40 — C1 CTU CU	Q
행 15	P0 — R	CV
행 16	10 — PV	
행 17		

그림 4-42 편솔 밸브 A+A-B+B-PLC 프로그램

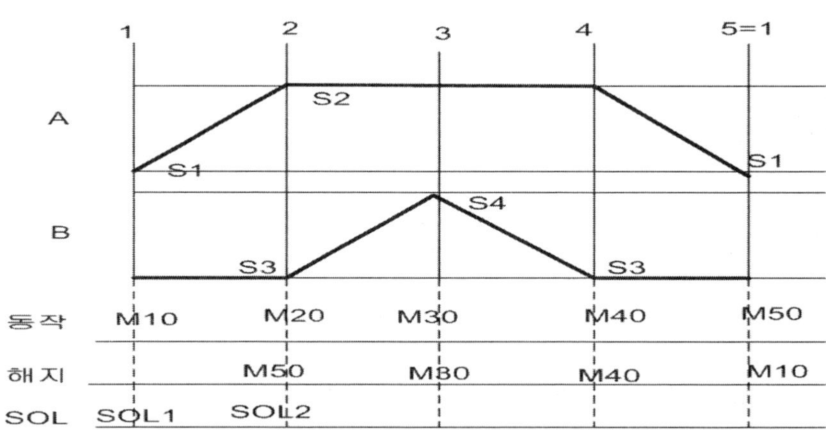

그림 4-43 편솔 밸브 A+B+B-A- 변위도

12) 변위도에 의한 PLC 솔 밸브제어 A+B+B-A- PLC 프로그램

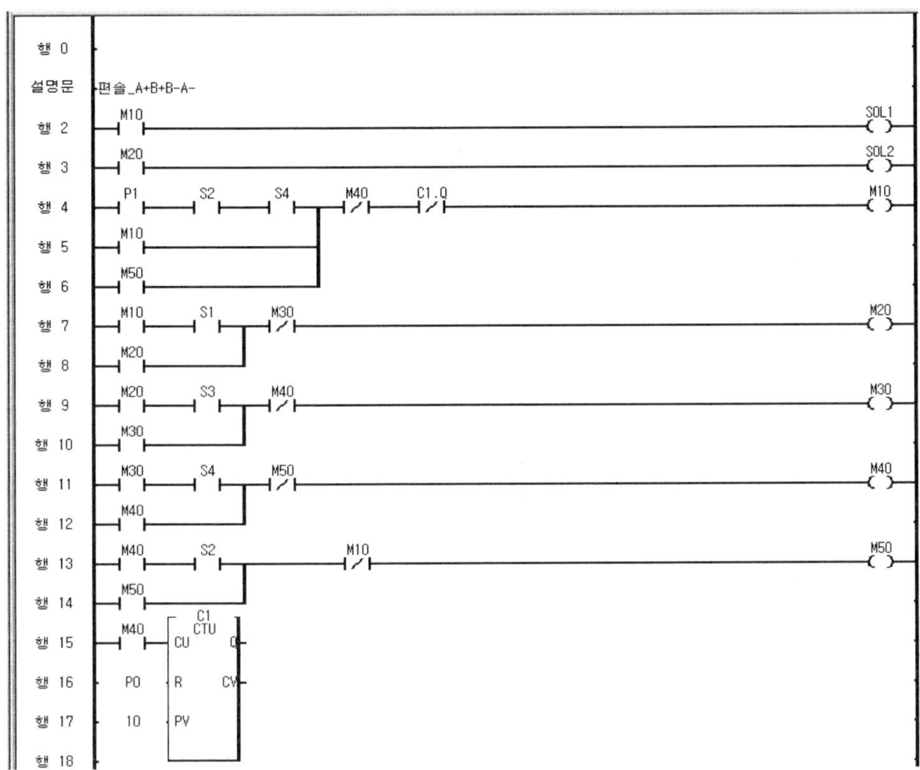

그림 4-44 변위도에 의한 PLC 솔 밸브제어 A+B+B-A-

13) 변위도에 의한 PLC 솔 밸브제어 A+B+B-A- PLC 프로그램 타이머 사용

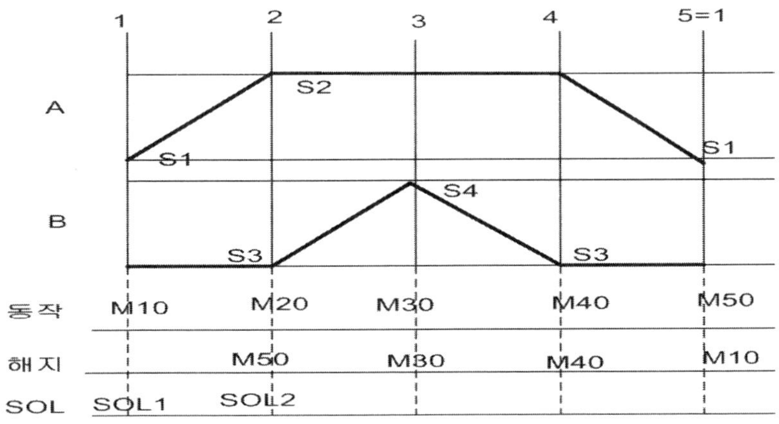

그림 4-45 변위도에 의한 PLC 솔 밸브제어 A+B+[T] B-A-

14) 동작설명 : A+B+ 동작 후 타이머에 의해 설정시간 후 A-B- 동작한다.

전기 공압에서는 실린더 센서 사용 시 주의하여야 한다.

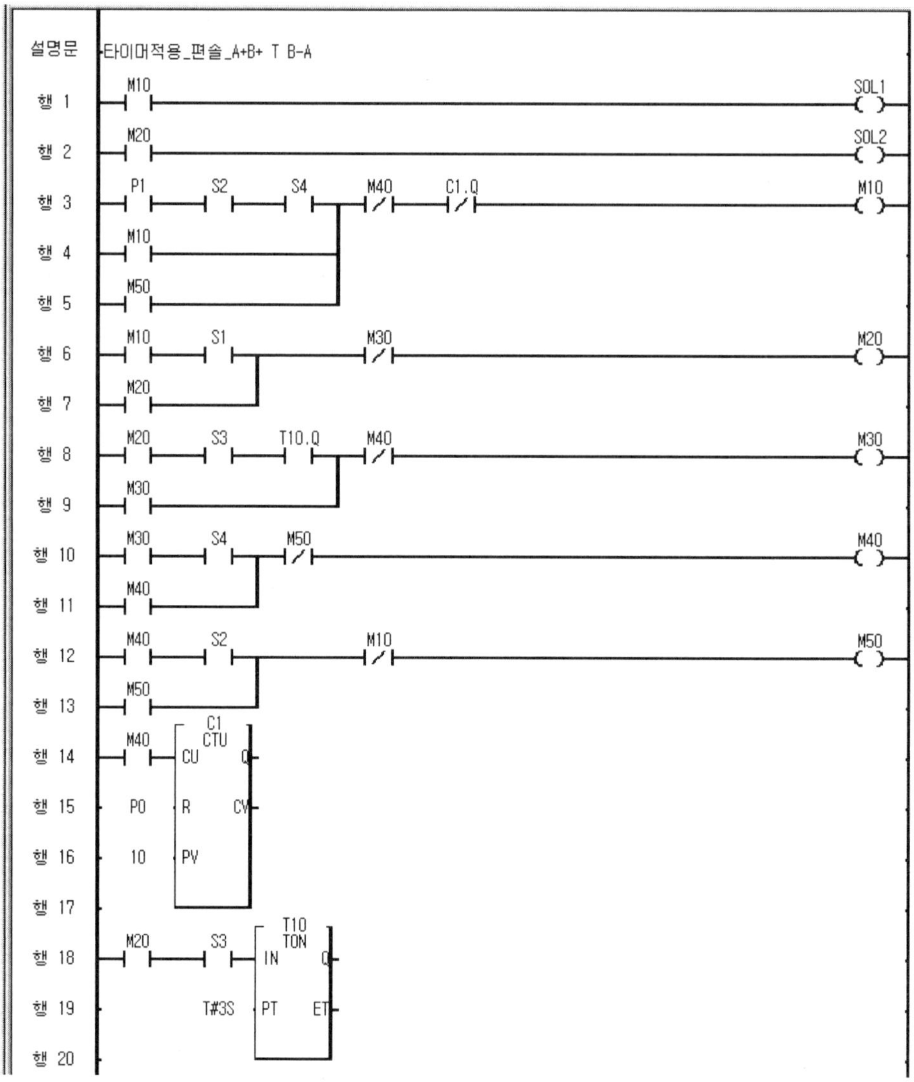

설명문	타이머적용_편솔_A+B+ T B-A	
행 1	M10	SOL1
행 2	M20	SOL2
행 3	P1, S2, S4, M40, C1.Q	M10
행 4	M10	
행 5	M50	
행 6	M10, S1, M30	M20
행 7	M20	
행 8	M20, S3, T10.Q, M40	M30
행 9	M30	
행 10	M30, S4, M50	M40
행 11	M40	
행 12	M40, S2, M10	M50
행 13	M50	
행 14	M40 — C1 CTU: CU, Q	
행 15	P0 — R, CV	
행 16	10 — PV	
행 17		
행 18	M20, S3 — T10 TON: IN, Q	
행 19	T#3S — PT, ET	
행 20		

그림 4-46 변위도에 의한 PLC 프로그램 솔 밸브제어 A+B+[T] B-A-

15) 변위도에 의한 PLC 양솔 밸브제어 A+B+A-B- PLC 프로그램

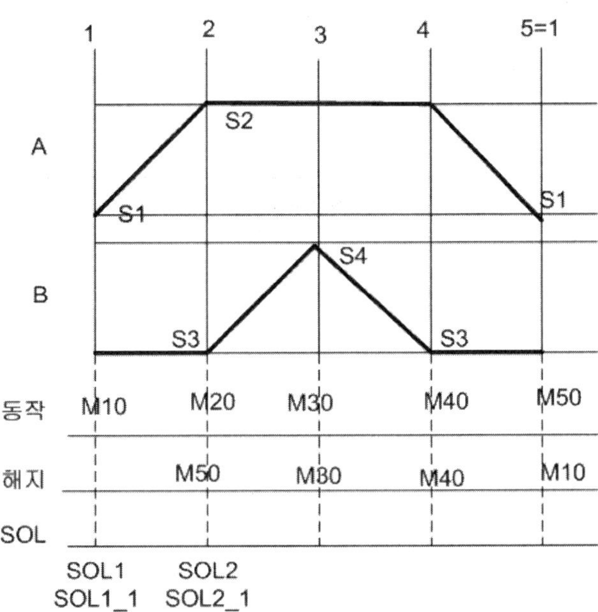

그림 4-47 변위도에 의한 PLC 솔 밸브제어 A+B+B-A-

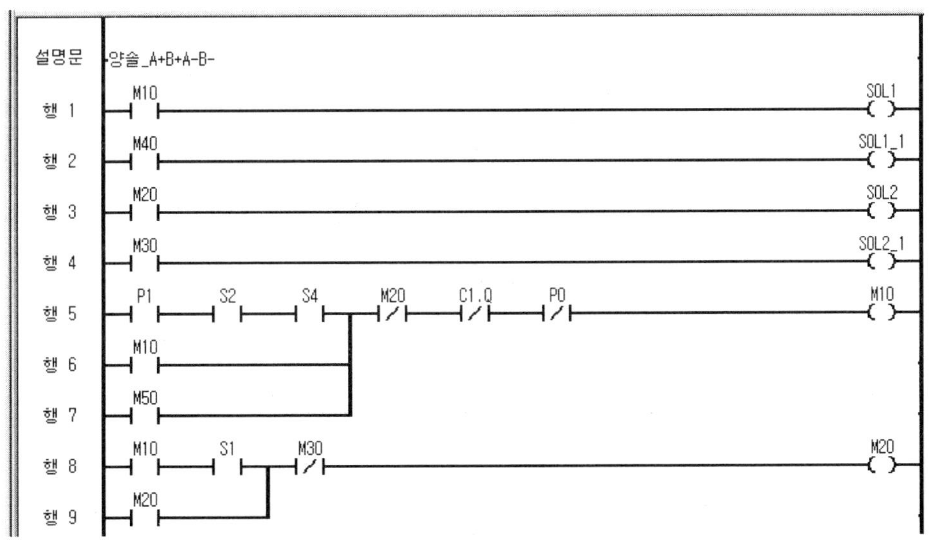

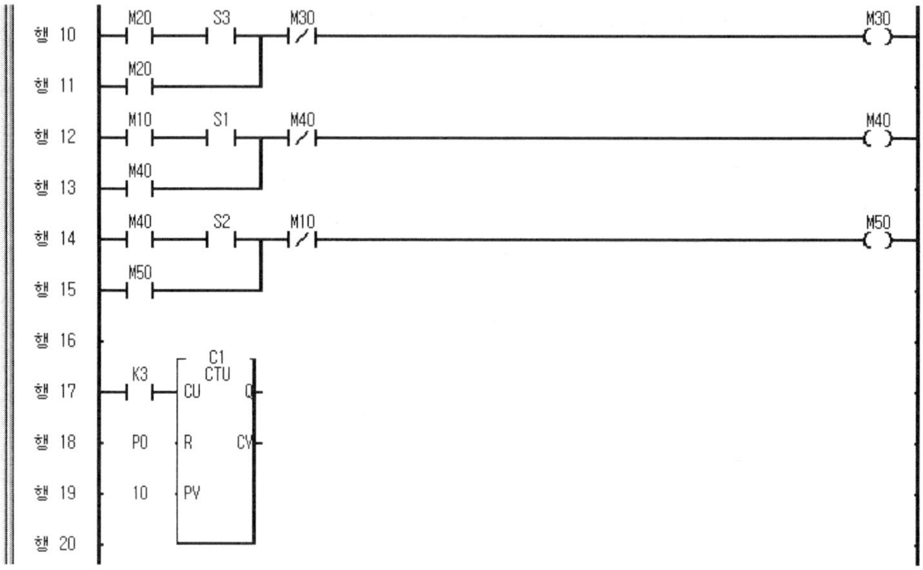

행 10
M20
S3
M30
M30
행 11
M20
행 12
M10
S1
M40
M40
행 13
M40
행 14
M40
S2
M10
M50
행 15
M50
행 16
행 17
K3
C1
CTU
CU
Q
행 18
P0
R
CV
행 19
10
PV
행 20

그림 4-48 변위도에 의한 PLC 양솔 밸브제어 A+B+B-A-

16) PLC 편솔 밸브제어 A+A-B+B-C+C- PLC 프로그램

1
2
3
4
5
6
7=1
A
S1
S2
S1
B
S3
S4
S3
C
동작
M10
M20
M30
M40
M50
M60
M70
해지
M20
M40
M60
SOL
SOL1
SOL2
SOL3

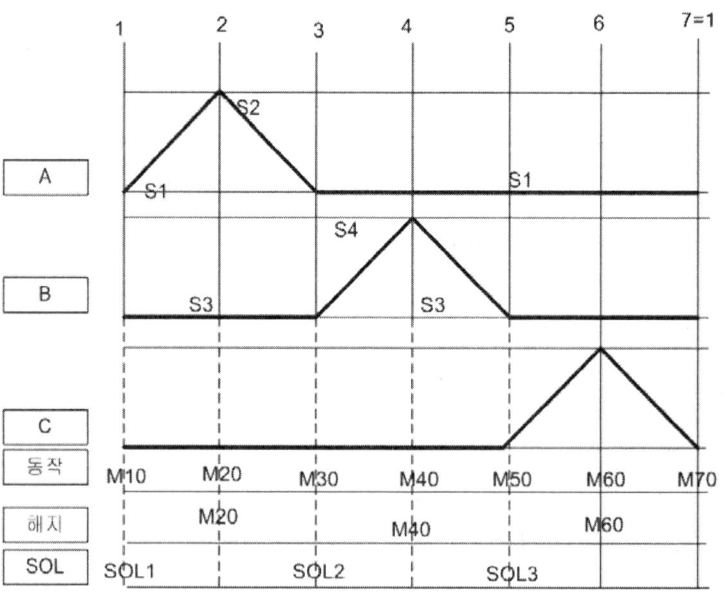

그림 4-49 변위도 PLC 편솔 밸브제어 A+A-B+B-C+C-PLC 프로그램

설명문	편솔_A+A-B+B-C+C-							
행 1	M10							SOL1
행 2	M30							SOL2
행 3	M50							SOL3
행 4	P1_단속	M10		C1.Q				M7
행 5	M7							
행 6	P2_연속	P0_정지	M100	C1.Q				M8
행 7	M8							
행 8	M7							M9
행 9	M8							
행 10	P3_비상							M100
행 11	M9	S2	S4	S6	M20	M100	C1.Q	M10
행 12	M10							
행 13	M10	S1	M70	M100				M20
행 14	M20							
행 15	M20	S2	M40	M100				M30
행 16	M30							
행 17	M30	S3	M70	M100				M40
행 18	M40							
행 19	M40	S4	M60	M100				M50
행 20	M50							
행 21	M50	S5	M70	M100				M60
행 22	M60							
행 23	M60	S6	M10	M100				M70
행 24	M70							
행 25	M70	C1 CTU: CU … Q						
행 26	P0_정지	R … CV						
행 27	10	PV						
행 28								

그림 4-50 PLC 편솔 밸브제어 A+A-B+B-C+C- PLC 프로그램

17) 편솔 A+B+B−C+C−A− PLC 프로그램

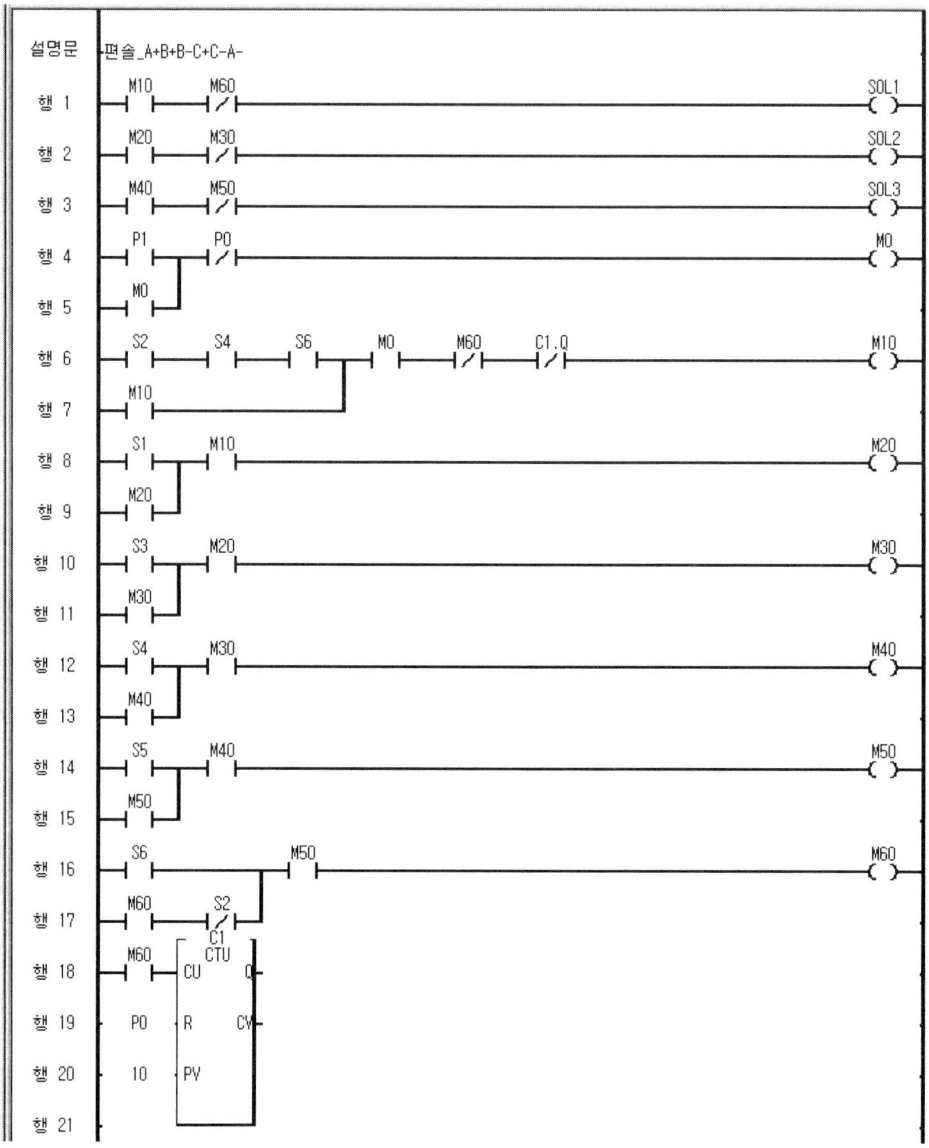

설명문	편솔_A+B+B-C+C-A-	
행 1	M10, M60	SOL1
행 2	M20, M30	SOL2
행 3	M40, M50	SOL3
행 4	P1, P0	M0
행 5	M0	
행 6	S2, S4, S6, M0, M60, C1.Q	M10
행 7	M10	
행 8	S1, M10	M20
행 9	M20	
행 10	S3, M20	M30
행 11	M30	
행 12	S4, M30	M40
행 13	M40	
행 14	S5, M40	M50
행 15	M50	
행 16	S6, M50	M60
행 17	M60, S2	
행 18	M60 — C1 CTU: CU, Q	
행 19	P0 — R, CV	
행 20	10 — PV	
행 21		

그림 4-51 PLC 편솔 밸브제어 A+A-B+B-C+C- PLC 프로그램

18) 컨베이어 작동 중 제품 고갈 시 작동 정지 PLC 프로그램

동작설명 : P1스위치를 <ON>하면 컨베이어가 작동한다. 이때 제품검출센서가 작동하면 T1의 OFF 타이머의 Q는 1에서 0으로 컨베이어는 계속 작동, 제품검출센서에서 신호를 내지 않게 되면 5초가 지나면 TOF의 Q는 0이 되므로 T2(하강에지 검출 펑션)가 작동하여 STOP되므로 컨베이어가 정지한다.

	변수 명	데이터 타입	메모리 할당	초기 값	변수 종류	
1	비상	BOOL	%IX0.0.8		VAR	*
2	제품검출S	BOOL	%IX0.1.10		VAR	*
3	컨베이어	BOOL	%QX0.3.15		VAR	*
4	INSTO	FB Instance	<자동>		VAR	
5	P0	BOOL	%IX0.0.0		VAR	
6	P1	BOOL	%IX0.0.1		VAR	*
7	T1	FB Instance	<자동>		VAR	*
8	T1_OFF	FB Instance	<자동>		VAR	

설명문 제품고갈시_작동정지 프로그램

행 1: P1 ─| |─ P0 ─|/|─ 비상 ─|/|─ T2.Q ─|/|─ 컨베이어 ( )

행 2: 컨베이어 ─| |─ (P1과 병렬)

행 3: 컨베이어 ─| |─ 제품검출S ─| |─ T1 TOF IN … Q

행 4: T#5S ─ PT … ET

행 5

행 6: T1.Q ─| |─ T2 F_TRIG CLK … Q

행 7

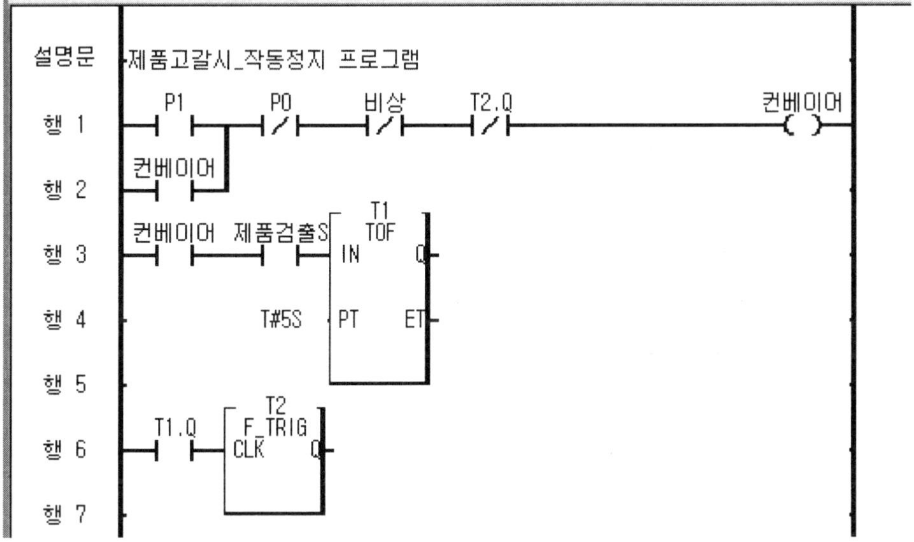

그림 4-52 컨베이어 작동 중 제품 고갈 시 작동 정지 PLC 프로그램

19) 편솔 A+B+C+B-C-A- PLC 프로그램

동작설명 : A+B+C+동작을 한 다음 타이머에 의해 5초 후 A-B-C-동작을 한다. 연속동작을 10회 한 다음 동작이 완료된다. P0을 <ON>하면 회로가 초기화 된다.

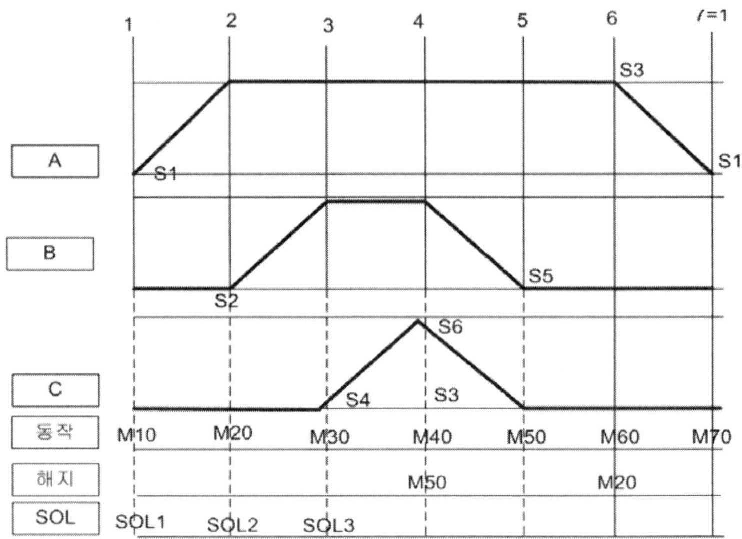

그림 4-53 변위도 편솔 A+B+C+B-C-A-

```
설명문  편솔_A+B+C+B-C-A-
행 1   M10 -| |- M50 -|/|- ( SOL1 )
행 2   M20 -| |- M40 -|/|- ( SOL2 )
행 3   M30 -| |- M40 -|/|- ( SOL3 )
행 4   P1 -| |- P0 -|/|- ( M0 )
행 5   M0 -| |-
행 6   S2 -| |- S4 -| |- S6 -| |- M0 -| |- M50 -|/|- C1.Q -|/|- P8_비상 -|/|- ( M10 )
행 7   M10 -| |-
행 8   S1 -| |- M10 -| |- P8_비상 -|/|- ( M20 )
행 9   M20 -| |-
행 10  S3 -| |- M20 -| |- P8_비상 -|/|- ( M30 )
행 11  M30 -| |-
행 12  T1.Q -| |- M30 -| |- P8_비상 -|/|- ( M40 )
행 13  M40 -| |-
행 14  S4 -| |- S6 -| |- M40 -| |- ( M50 )
행 15  M50 -| |- S2 -|/|-
```

행 17
행 18 M50 C1 CTU CU Q
행 19 P0 R CV
행 20 10 PV
행 21
행 22 S5 T1 TON IN Q
행 23 T#5S PT ET
행 24

그림 4 - 54 편솔 A+B+C+B-C-A-PLC 프로그램

4 - 6. MPS 제어장치 기본 제어

동작설명 : P1을 <ON>하면 컨베이어 동작, 공급실린더 전진 2초 후진 3초 동작을 반복한다. 매거진에 공작물이 10초 동안 없으면 컨베이어 정지 검출 시 스토퍼 3초간 정지 후 후진, 제품검출 시 스토퍼 통과 요구에 따라 PL1, PL2점등한다.

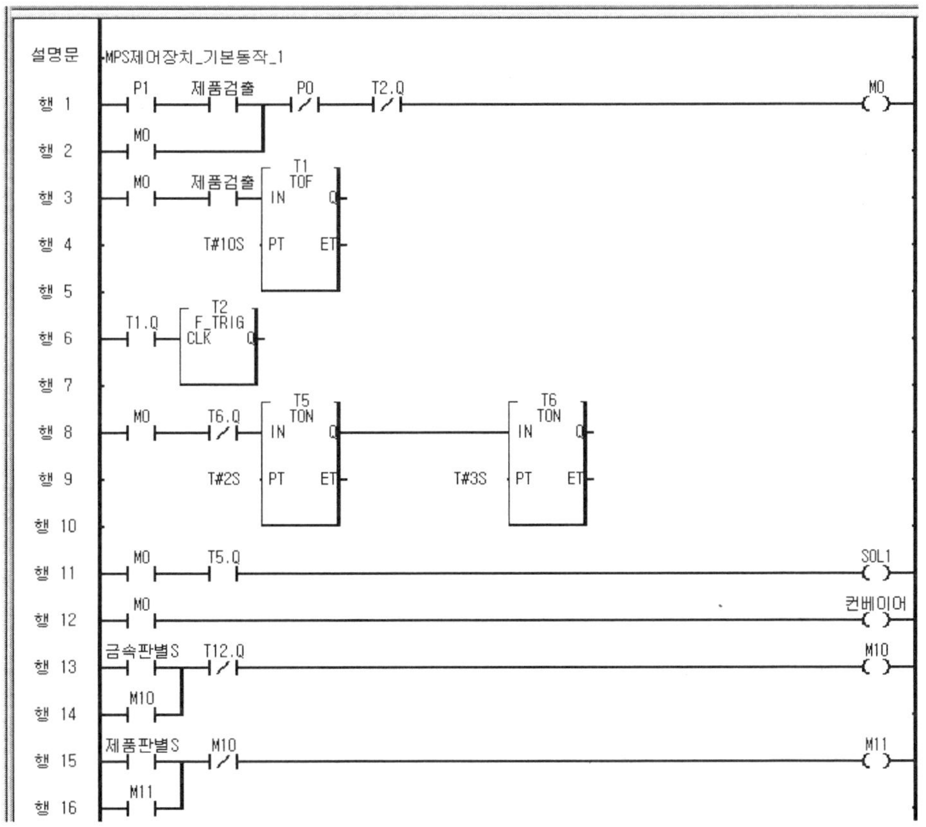

그림 4 - 55 MPS 제어장치 기본 1 PLC 프로그램

1) MPS 제어장치 흡착 컵 PLC 프로그램

동작설명 : MPS 제어장치에서 Y축 먼저 동작하고, 흡착 컵, X축 순으로 동작한다. B+C+B − A+B+C − B − A − , 진공 흡착 시 1초 동안 대기한 후 동작한다. P0를 N하면 초기화 된다.

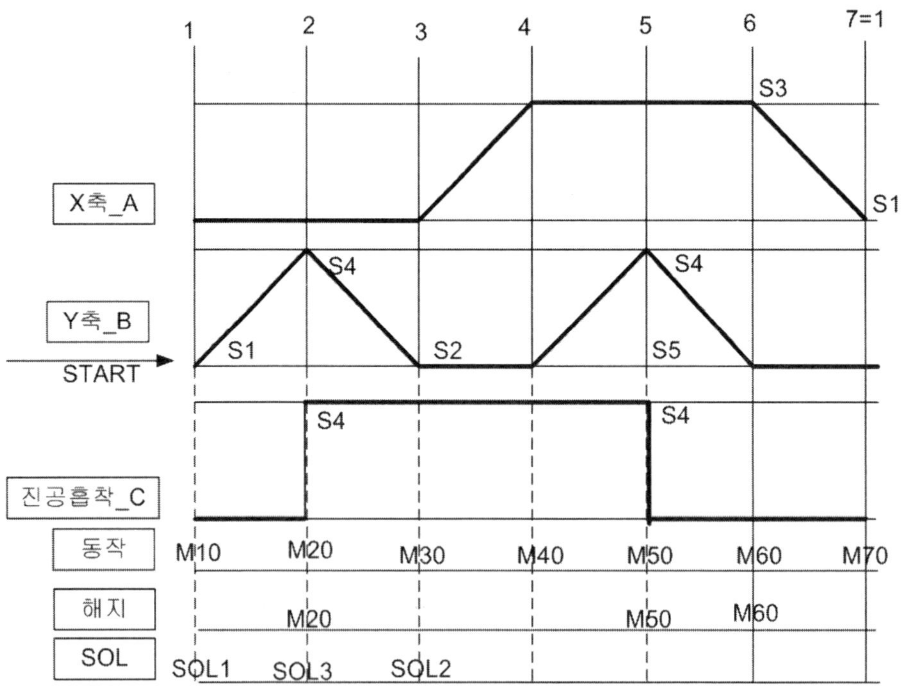

그림 4 - 56 MPS 제어장치 흡착 컵 변위도

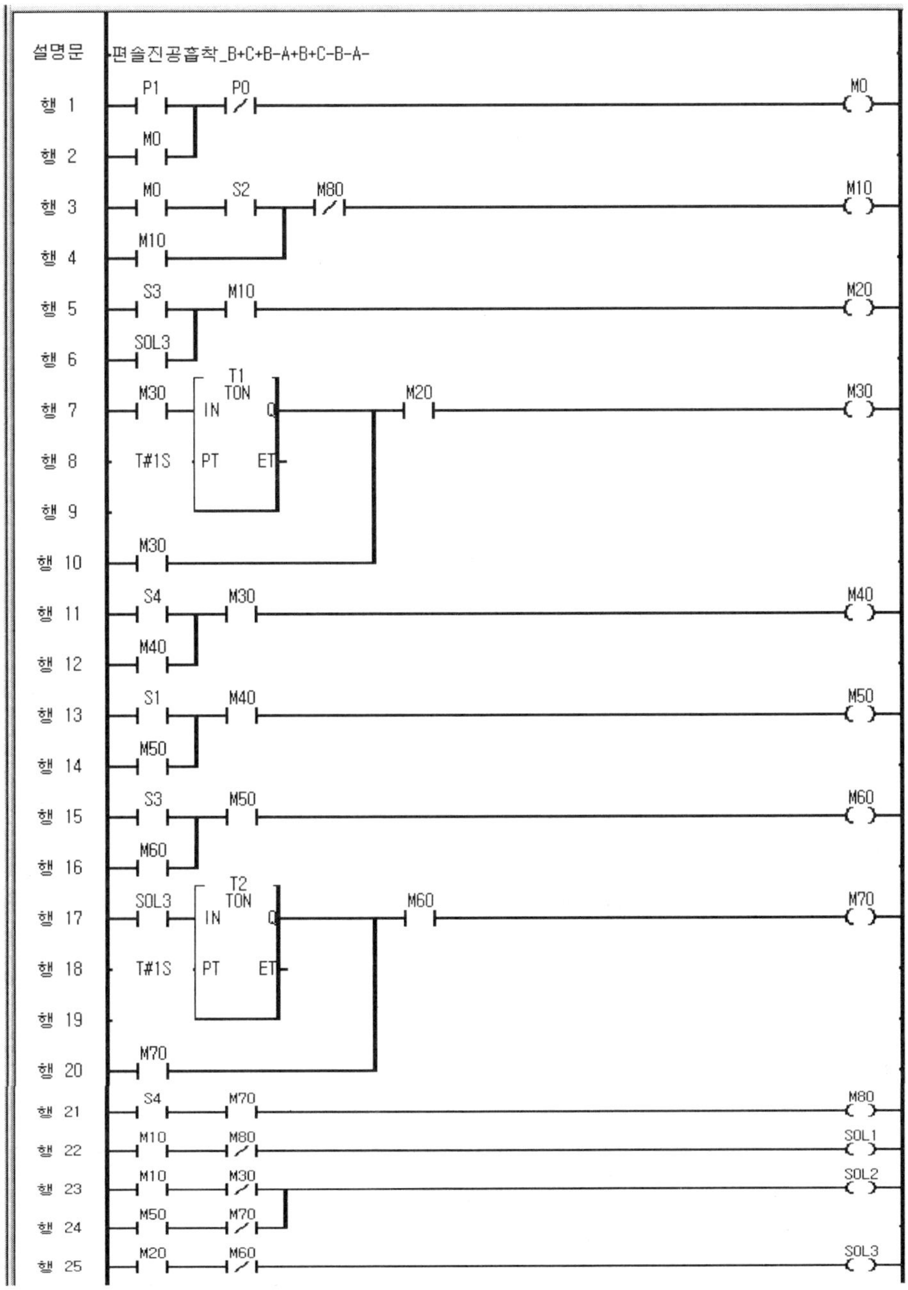

설명문	편솔진공흡착_B+C+B-A+B+C-B-A-			
행 1	P1	P0		M0
행 2	M0			
행 3	M0	S2	M80	M10
행 4	M10			
행 5	S3	M10		M20
행 6	SOL3			
행 7	M30	T1 TON IN Q	M20	M30
행 8	T#1S	PT ET		
행 9				
행 10	M30			
행 11	S4	M30		M40
행 12	M40			
행 13	S1	M40		M50
행 14	M50			
행 15	S3	M50		M60
행 16	M60			
행 17	SOL3	T2 TON IN Q	M60	M70
행 18	T#1S	PT ET		
행 19				
행 20	M70			
행 21	S4	M70		M80
행 22	M10	M80		SOL1
행 23	M10	M30		SOL2
행 24	M50	M70		
행 25	M20	M60		SOL3

그림 4-57 MPS 제어장치 흡착 컵 PLC 프로그램

2) 편솔 C+A+B+C−B−A− PLC 프로그램

동작설명 : 편솔 C, A, B, 실린더 순서로 동작한다.

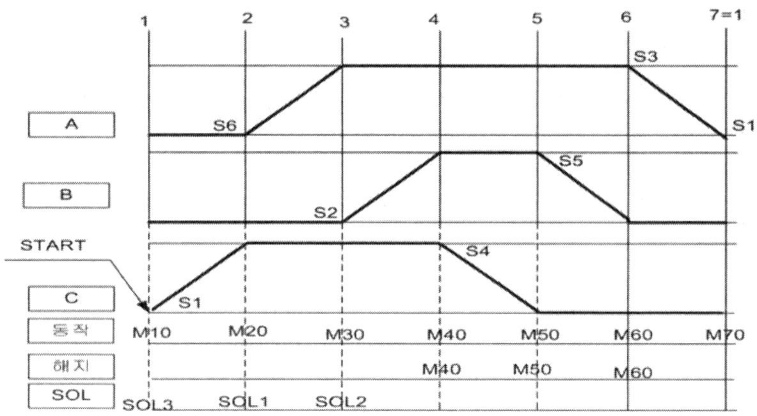

그림 4-58 MPS 제어장치 C+A+B+C-B-A- 변위도

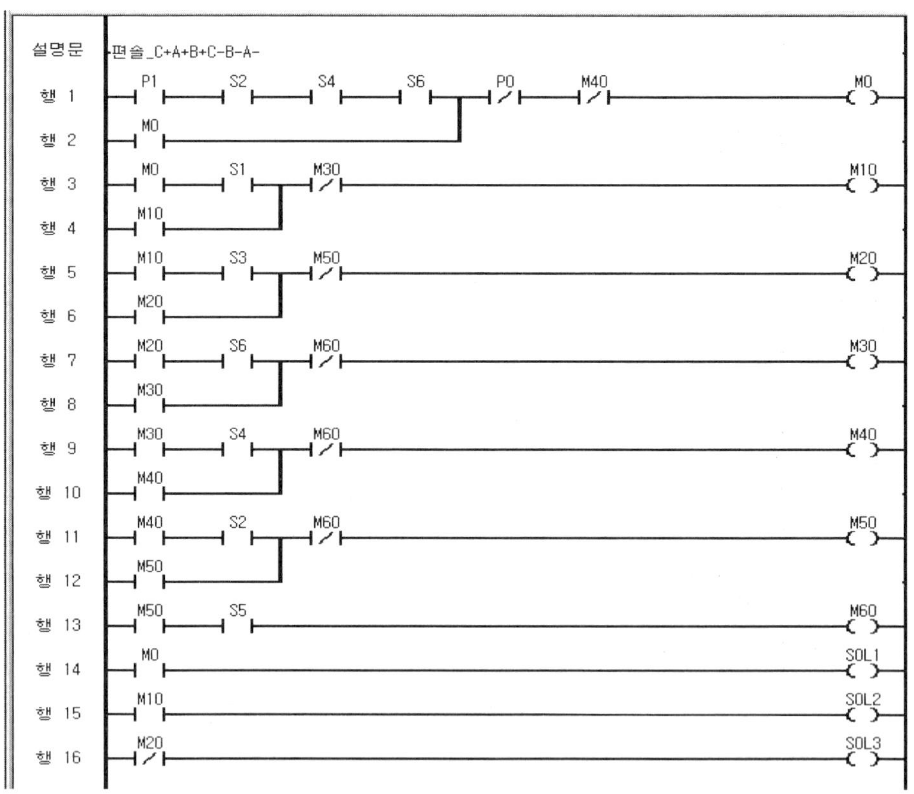

그림 4-59 MPS 제어장치 C+A+B+C-B-A-PLC 프로그램

4-7. MPS 제어장치 타임차트 PLC 프로그램

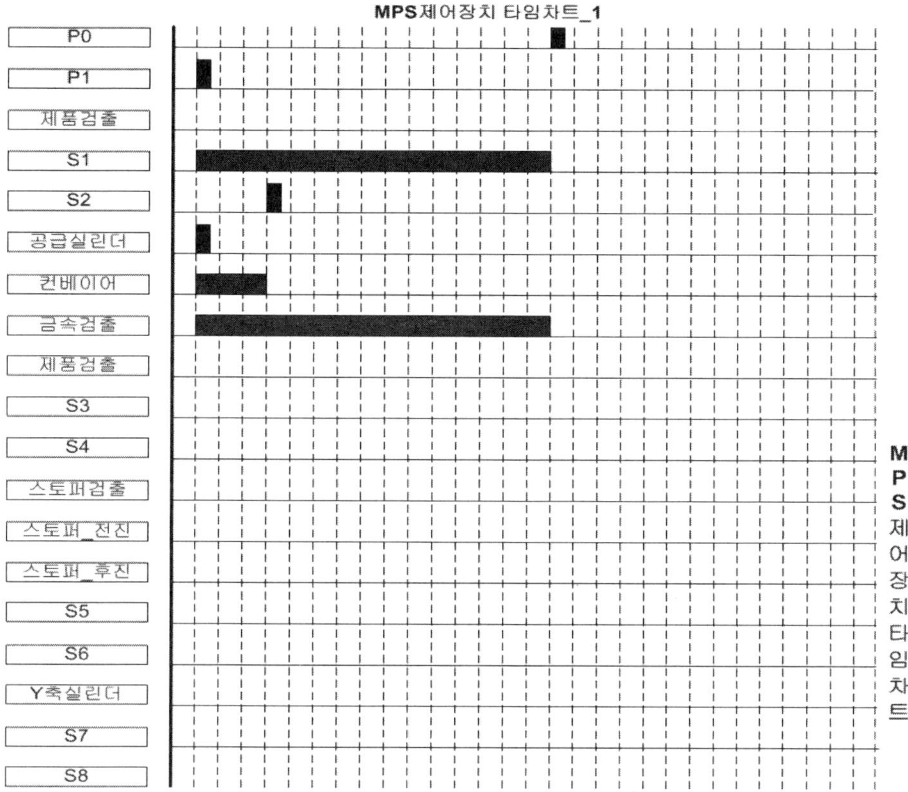

그림 4-60 MPS 제어장치 타임차트 (1)

```
설명문  MPS제어장치 타임차트_1
행 1   --| P1 |--+--|/ P0 |----|/ T1.Q |-------------------( M0 )
행 2   --| M0 |--+
행 3   --| M0 |----| 제품검출 |----| S2 |--+--|/ T1.Q |------( M1 )
행 4   --| M1 |-----------------------------+
행 5   --| S1 |--+--------------------|/ T1.Q |--------------( M2 )
행 6   --| M2 |--+
```

그림 4-61 MPS 제어장치 타임차트 PLC 프로그램 (1)

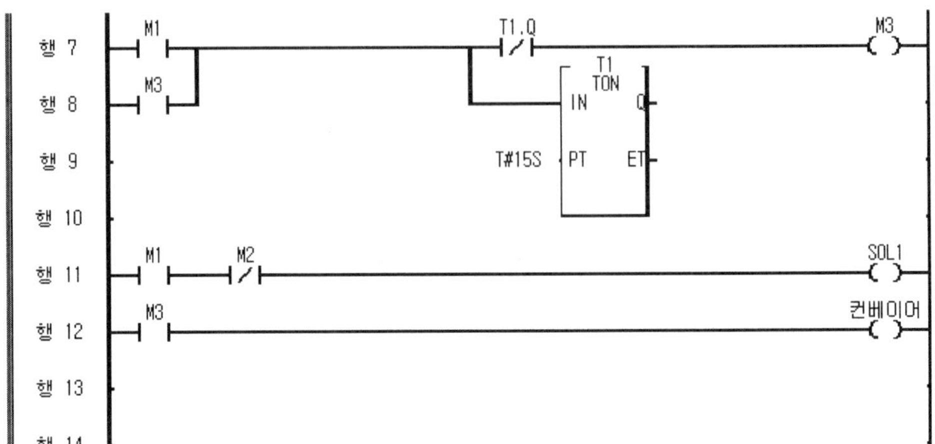

그림 4-61 MPS 제어장치 타임차트 PLC 프로그램(1)

1) MPS 제어장치 타임차트 PLC 프로그램(2)

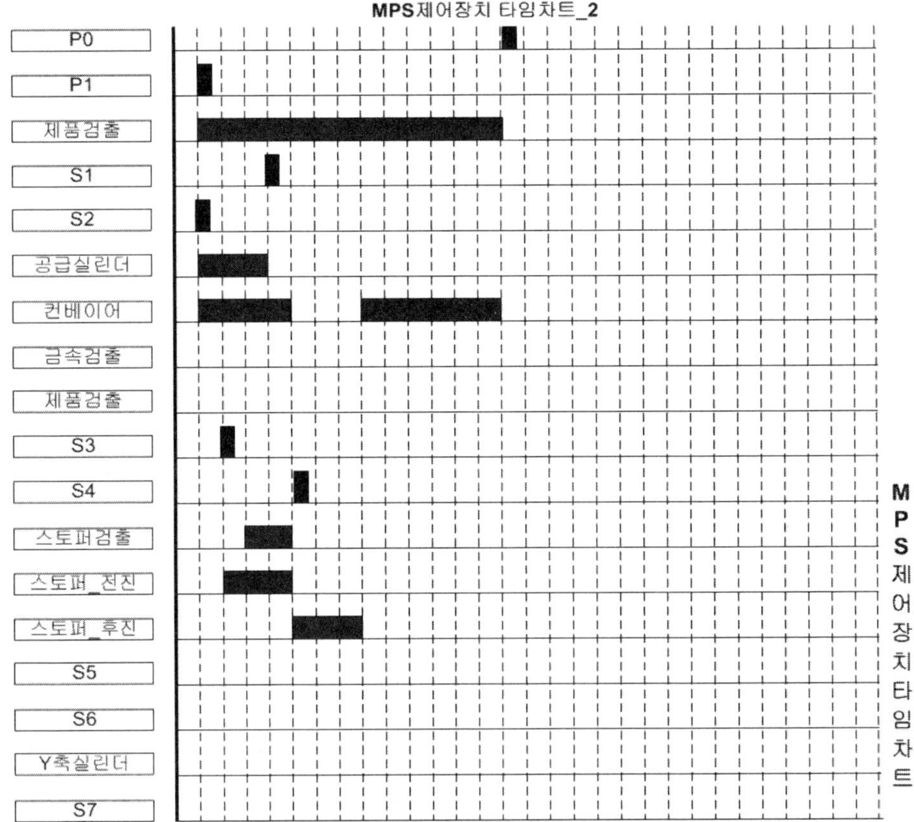

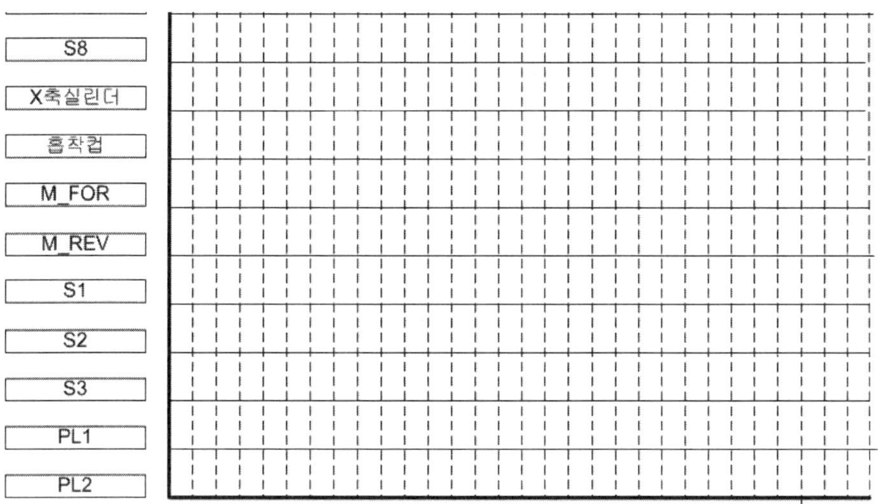

그림 4-62 MPS 제어장치 타임차트 (2)

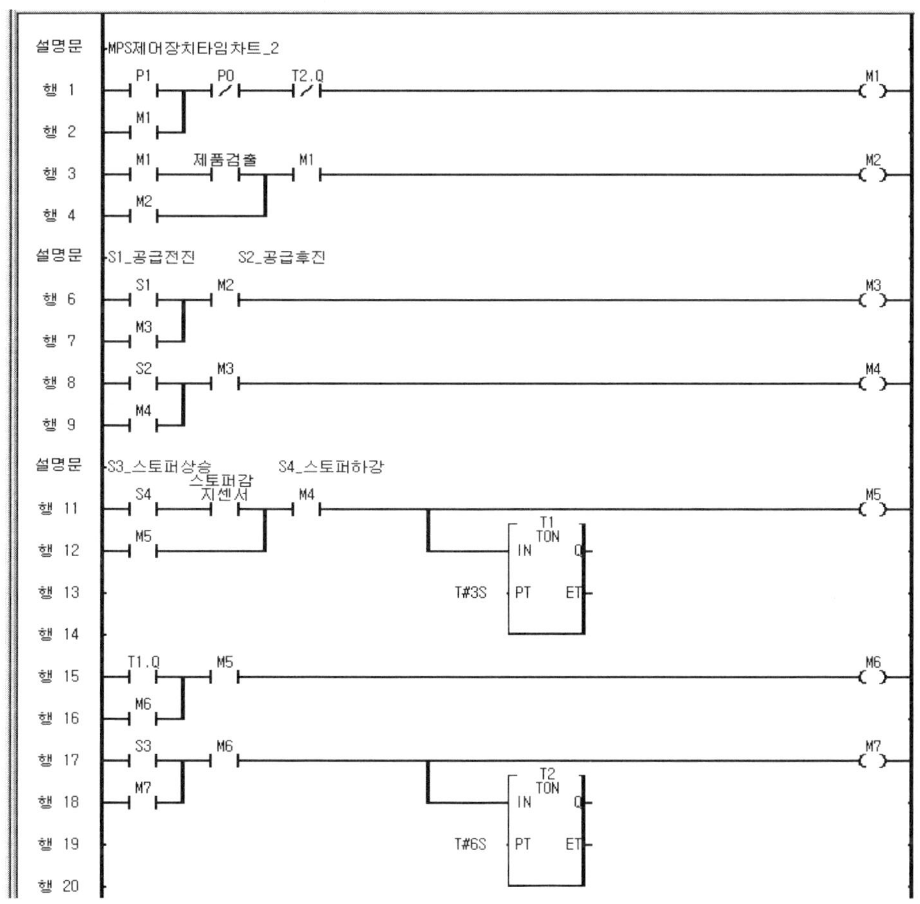

그림 4 - 62 MPS 제어장치 타임차트 PLC 프로그램(2)

2) MPS 제어장치 PLC 프로그램(3)

동작설명 : P1스위치<ON/OFF> – 창고1번 위치이동 – 공급실린더 전진 – 공급실린더 후진 – 컨베이어 벨트 회전 – 제품검출센서 검출 – 스토퍼 실린더 전진 – 스토퍼센서 검출 – 컨베이어벨트정지 – Y축 실린더전진 – 흡착 컵<ON> – Y축 실린더 후진 – X축 실린더 전진 – Y축 실린더 전진 – 흡착 컵<OFF> – Y축 실린더 후진 – X축 실린더 후진 – 스토퍼 실린더 후진 – 초기화이다.

시스템구성 및 초기상태

구 분	실린더 구분	후 진	제어용 솔레노이드
공급실린더	실린더1[CYL1]	후 진	편 솔레노이드
스토퍼 실린더	실린더1[CYL2]	후 진	양 솔레노이드
상·하 이송 실린더	실린더1[CYL3]	후 진	편 솔레노이드
전·후 이송 실린더	실린더1[CYL4]	후 진	편 솔레노이드
흡착 컵	흡착 컵1	정 지	편 솔레노이드

MEMO

■ MPS 제어장치 PLC 프로그램 타임차트 (3)

MPS제어장치 타임차트_3

19 P0
1 P1
제품검출
S1
S2
3 공급실린더 4_공급후진
5 컨베이어 9_컨베이어정지
금속검출
6 제품검출
S3
S4
8 스토퍼검출
7 스토퍼_전진
18 스토퍼_후진
S5
S6
10 Y축실린더 12_Y후진 14_Y축전진 16_Y축후진
S7
S8
13 X축실린더 17_X후진
11 흡착컵 15_흡착OFF
M_FOR
M_REV
2 S1
S2
S3
PL1
PL2

MPS제어장치타임차트

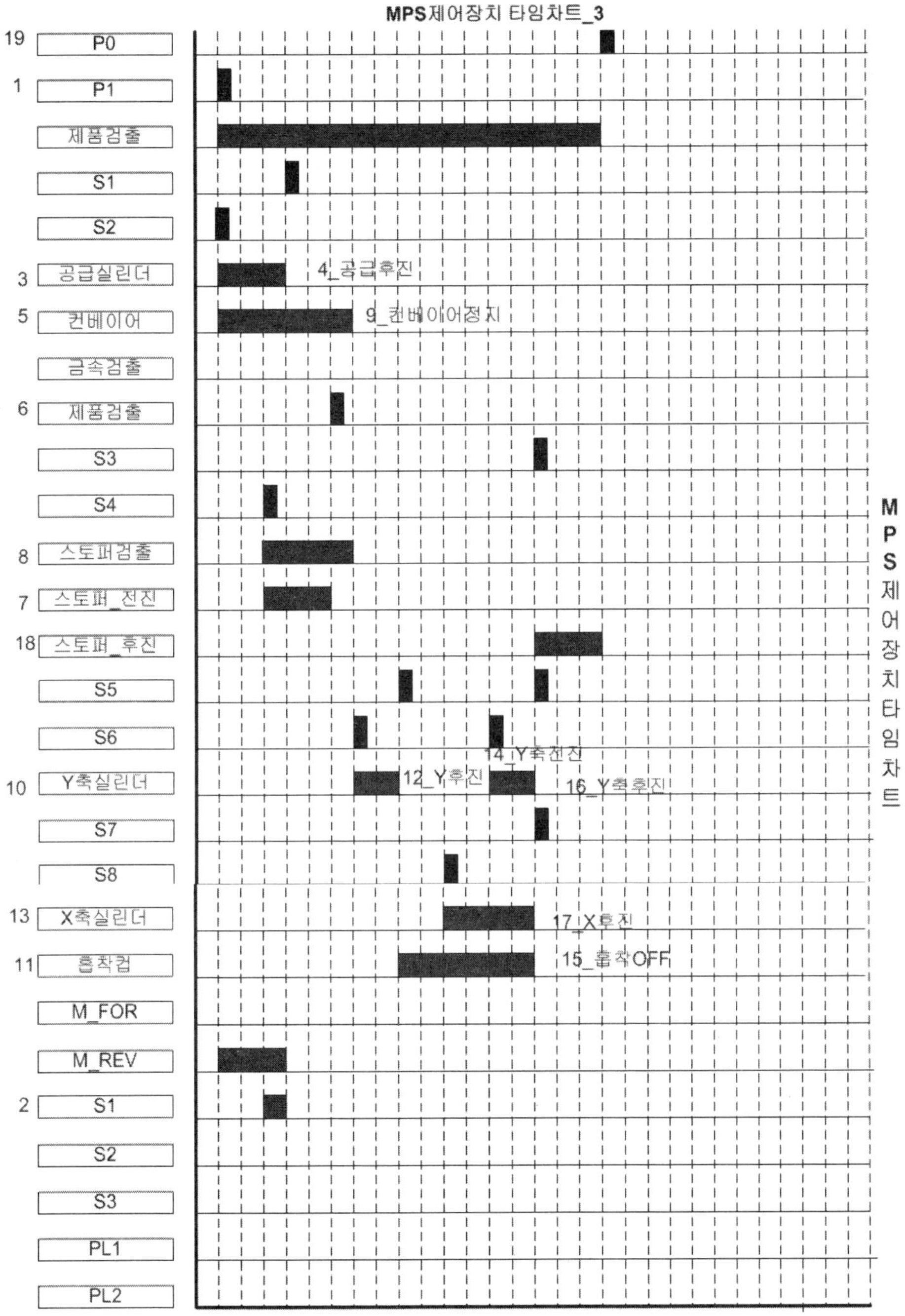

그림 4-63 MPS 제어장치 PLC 프로그램 타임차트 (3)

■ MPS 제어장치 PLC 프로그램(3)

	변수 명	데이터 타입	메모리 할당	초기 값	변수 종류	사용 여부	설명문

행	접점	접점	접점	접점	출력
설명문	MPS제어장치 PLC프로그램_3				
행 1	P1 (P)		M17 (/)	STOP (/)	M1 ( )
행 2	M1				
행 3	LS1		M1	STOP (/)	M2 ( )
행 4	M2				
행 5	제품검출		M2	STOP (/)	M3 ( )
행 6	M3				
행 7	S2		M3	STOP (/)	M4 ( )
행 8	M4				
행 9	S1	제품판별 (/)	M4	STOP (/)	M5 ( )
행 10	M5				
행 11	S4	스토퍼감지 — T0 TON (IN, Q)	M5	STOP (/)	M6 ( )
행 12		T#1S — PT, ET			
행 13					
행 14	M6				
행 15	컨베이어 (/)		M6	STOP (/)	M7 ( )
행 16	M7				
행 17	S6		M7	STOP (/)	M8 ( )
행 18	M8				
행 19	흡착ON	M8 — TON (IN, Q)	M8	STOP (/)	M9 ( )
행 20		T#1S — PT, ET			
행 21					
행 22	M9				
행 23	S5		M9	STOP (/)	M10 ( )
행 24	M10				
행 25	S8		M10	STOP (/)	M11 ( )
행 26	M11				
행 27	S6		M11	STOP (/)	M12 ( )
행 28	M12				
행 29	흡착ON	T2 TON (IN, Q)	M12	STOP (/)	M13 ( )
행 30	T#1S	PT, ET			
행 31					
행 32	M13				

행	접점 1	접점 2	접점 3	출력
행 33	S5	M13	STOP	M14
행 34	M14			
행 35	S7	M14	STOP	M15
행 36	M15			
행 37	S3	M15	STOP	M16
행 38	M16			
행 39	LS2	M16	STOP	M17
행 40				
행 41	M3	M4	STOP	SOL1
행 42	M5	M6	STOP	컨베이어
행 43	M5	M15	STOP	스토퍼전진_SOL
행 44	M15		STOP	스토퍼후진_SOL
행 45	M7	M9	STOP	Y축솔
행 46	M11	M13		
행 47	M10	M14	STOP	X축솔
행 48	M8	M12	STOP	흡착ON
행 49	M16	M2	STOP	모터_FOR
행 50	P5			
행 51	M1	M17	STOP	모터_REV
행 52	P6			

그림 4-64 MPS 제어장치 타임차트 (3) PLC 프로그램

MEMO

4) MPS 제어장치 PLC 프로그램 타임차트(4)

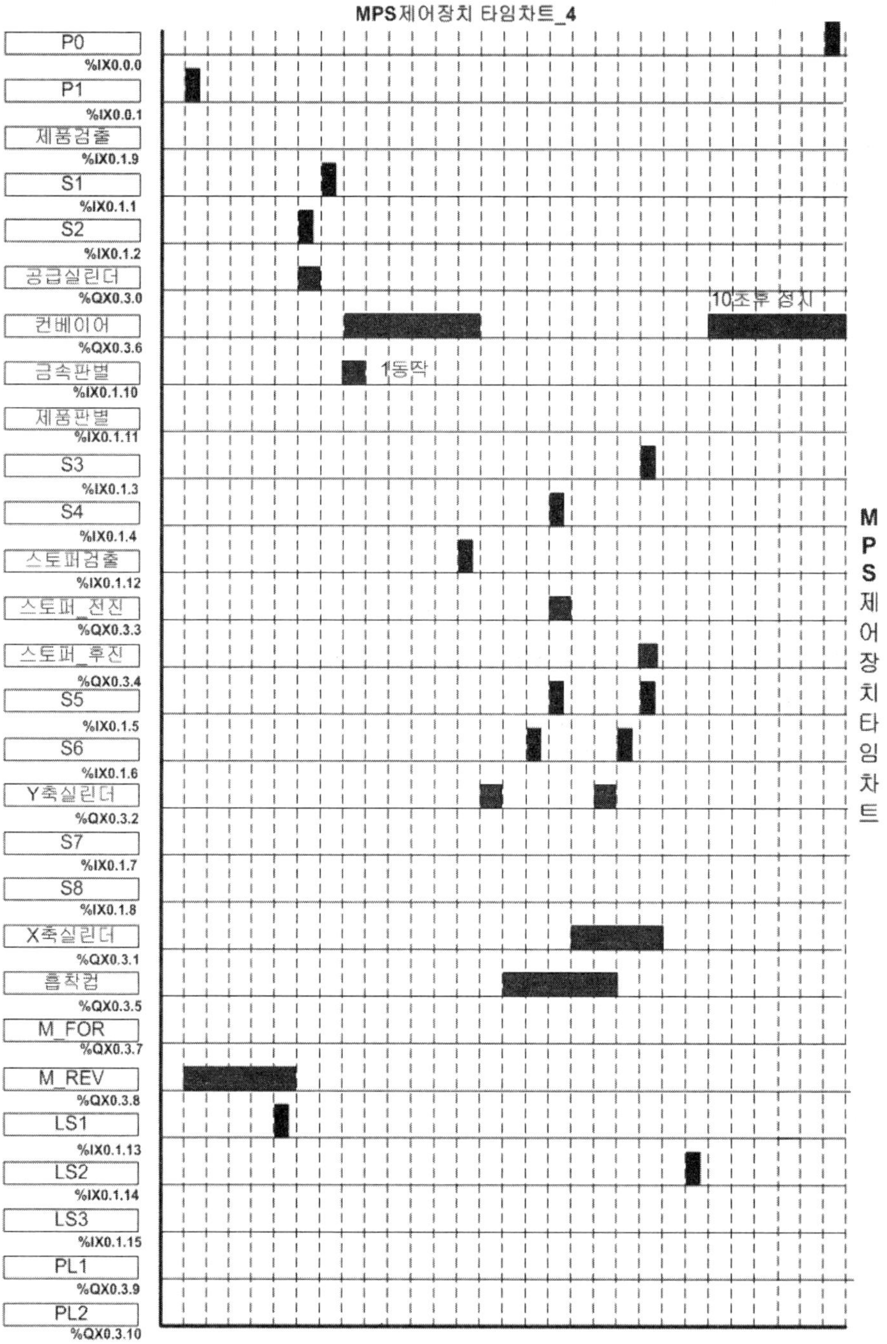

MPS제어장치 타임차트_4

신호	주소
P0	%IX0.0.0
P1	%IX0.0.1
제품검출	%IX0.1.9
S1	%IX0.1.1
S2	%IX0.1.2
공급실린더	%QX0.3.0
컨베이어	%QX0.3.6
금속판별	%IX0.1.10
제품판별	%IX0.1.11
S3	%IX0.1.3
S4	%IX0.1.4
스토퍼검출	%IX0.1.12
스토퍼_전진	%QX0.3.3
스토퍼_후진	%QX0.3.4
S5	%IX0.1.5
S6	%IX0.1.6
Y축실린더	%QX0.3.2
S7	%IX0.1.7
S8	%IX0.1.8
X축실린더	%QX0.3.1
흡착컵	%QX0.3.5
M_FOR	%QX0.3.7
M_REV	%QX0.3.8
LS1	%IX0.1.13
LS2	%IX0.1.14
LS3	%IX0.1.15
PL1	%QX0.3.9
PL2	%QX0.3.10

10초후 정지

1동작

MPS제어장치타임차트

그림 4-65 MPS 제어장치 PLC 프로그램 타임차트(4)

■ MPS 제어장치 PLC 프로그램 (4)

```
설명문  MPS제어장치 PLC프로그램_4
행 1    P1(N)  M17(/)  (/)  P0(/)  ( M1 )
행 2    M1
행 3    LS1  M1  ( M2 )
행 4    M2
행 5    제품검출  M2  ( M3 )
행 6    M3
행 7    S2  M3  ( M4 )
행 8    M4
행 9    S1  M4  ( M5 )
행 10   M5
행 11   제품판별  M5  ( 물품확인 )
행 12   물품확인
설명문  제1동작 금속일경우
행 14   금속판별  물품확인  ( 금속제품 )
행 15   금속제품
행 16   S4  스토퍼검출  T0 TON [IN Q]  금속제품  ( M6 )
행 17   T#1S [PT ET]
행 18
행 19   M6
```

행 20 컨베이어 M6 M7
행 21 M7
행 22 S6 M7 M8
행 23 M8
행 24 흡착컵 T1 TON IN Q M8 M9
행 25 T#1S PT ET
행 26
행 27 M9
행 28 S5 M9 M10
행 29 M10
행 30 S8 M10 M11
행 31 M11
행 32 S6 M11 M12
행 33 M12
행 34 흡착컵 T2 TON IN Q M12 M13
행 35 T#1S PT ET
행 36
행 37 M13
행 38 S5 M13 M14
행 39 M14
행 40 S7 M14 M15
행 41 M15
행 42 S3 M15 M16
행 43 M16
행 44 LS2 M16 M17

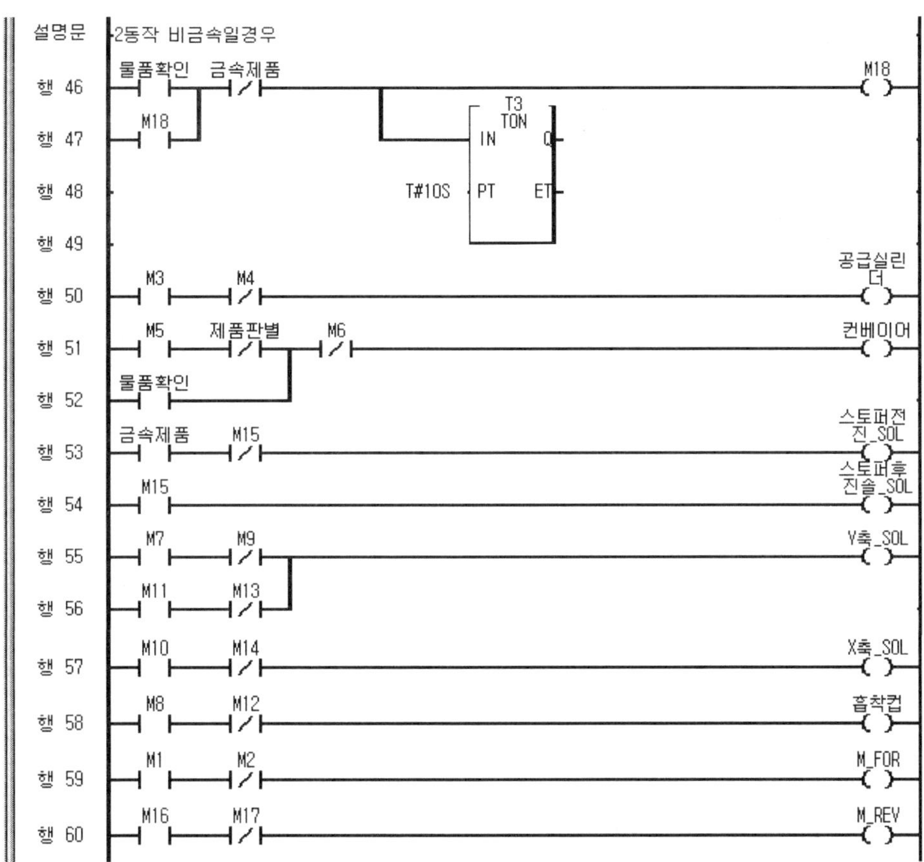

그림 4-66 MPS 제어장치 타임차트 (4) PLC 프로그램

MEMO

■ 변수명

	변수 명	데이터 타입	메모리 할당	초기 값	변수 종류
1	공급실린더	BOOL	%QX0.3.0		VAR
2	금속제품	BOOL	<자동>		VAR
3	금속판별	BOOL	%IX0.1.10		VAR
4	물품확인	BOOL	<자동>		VAR
5	스토퍼검출	BOOL	%IX0.1.12		VAR
6	스토퍼전진_SOL	BOOL	%QX0.3.3		VAR
7	스토퍼후진솔_S	BOOL	%QX0.3.4		VAR
8	—18	BOOL	<자동>		VAR
9	제품검출	BOOL	%IX0.1.9		VAR
10	제품판별	BOOL	%IX0.1.11		VAR
11	컨베이어	BOOL	%QX0.3.6		VAR
12	흡착컵	BOOL	%QX0.3.5		VAR
13	LS1	BOOL	%IX0.1.13		VAR
14	LS2	BOOL	%IX0.1.14		VAR
15	M_FOR	BOOL	%QX0.3.7		VAR
16	M_REV	BOOL	%QX0.3.8		VAR
17	M1	BOOL	<자동>		VAR
18	M10	BOOL	<자동>		VAR
19	M11	BOOL	<자동>		VAR
20	M12	BOOL	<자동>		VAR
21	M13	BOOL	<자동>		VAR
22	M14	BOOL	<자동>		VAR
23	M15	BOOL	<자동>		VAR
24	M16	BOOL	<자동>		VAR
25	M17	BOOL	<자동>		VAR
26	M18	BOOL	<자동>		VAR
27	M2	BOOL	<자동>		VAR
28	M3	BOOL	<자동>		VAR
29	M4	BOOL	<자동>		VAR
30	M5	BOOL	<자동>		VAR
31	M6	BOOL	<자동>		VAR
32	M7	BOOL	<자동>		VAR
33	M8	BOOL	<자동>		VAR
34	M9	BOOL	<자동>		VAR
35	P0	BOOL	%IX0.0.0		VAR
36	P1	BOOL	%IX0.0.1		VAR
37	S1	BOOL	%IX0.1.1		VAR
38	S2	BOOL	%IX0.1.2		VAR
39	S3	BOOL	%IX0.1.3		VAR
40	S4	BOOL	%IX0.1.4		VAR
41	S5	BOOL	%IX0.1.6		VAR
42	S6	BOOL	%IX0.1.6		VAR
43	S7	BOOL	%IX0.1.7		VAR
44	S8	BOOL	%IX0.1.8		VAR
45	T0	FB Instance	<자동>		VAR
46	T1	FB Instance	<자동>		VAR
47	T2	FB Instance	<자동>		VAR
48	T3	FB Instance	<자동>		VAR
49	X축_SOL	BOOL	%QX0.3.1		VAR
50	Y축_SOL	BOOL	%QX0.3.2		VAR

그림 4 - 67 변수명

chapter

05

MPS 제어장치 초기동작

MPS PLC
PLC MPS
MPS PLC
PLC MPS
MPS PLC
PLC MPS
MPS PLC
PLC MPS

MPS 제어장치 초기동작

05 MPS 제어장치 초기동작

5 - 1. 초기동작 (1)

1) 시스템구성 및 초기상태

구 분	실린더 구분	후 진	제어용 솔레노이드
공급실린더	실린더1[CYL1]	후 진	편 솔레노이드
스토퍼 실린더	실린더1[CYL2]	후 진	편 솔레노이드
상·하 이송 실린더	실린더1[CYL3]	후 진	편 솔레노이드
전·후 이송 실린더	실린더1[CYL4]	후 진	양 솔레노이드
흡착 컵	흡착 컵1	정 지	편 솔레노이드

2) 초기동작

(가) 토글스위치[TG1]를 <ON>하면 초기동작이 선택된다.

(나) 시작스위치[PB1]를 누르면 시스템이 동작순서에 따라 다음과 같이 작동한다.

동작순서	구 분	동작 및 표시상태
1	실린더	CYL1+⇒ CYL1－ ⇒ CYL2+⇒ CYL2－ ⇒ CYL1+⇒ CYL1－ ⇒ CYL2+⇒ CYL2－
2	FND 1,2	아래 1단계부터 4단계까지 수행되어야 하며 각 단계는 1초씩 유지된다. (구분: 1단계 / 2단계 / 3단계 / 4단계) FND 1,2: 1 1 / 1 2 / 2 1 / 2 2 FND1, FND2는 4단계 이후에는 계속 0이 표시된다.
3	표시램프[PL1]	4초 간 점등 되었다가 소등된다.

3) 초기동작 프로그램

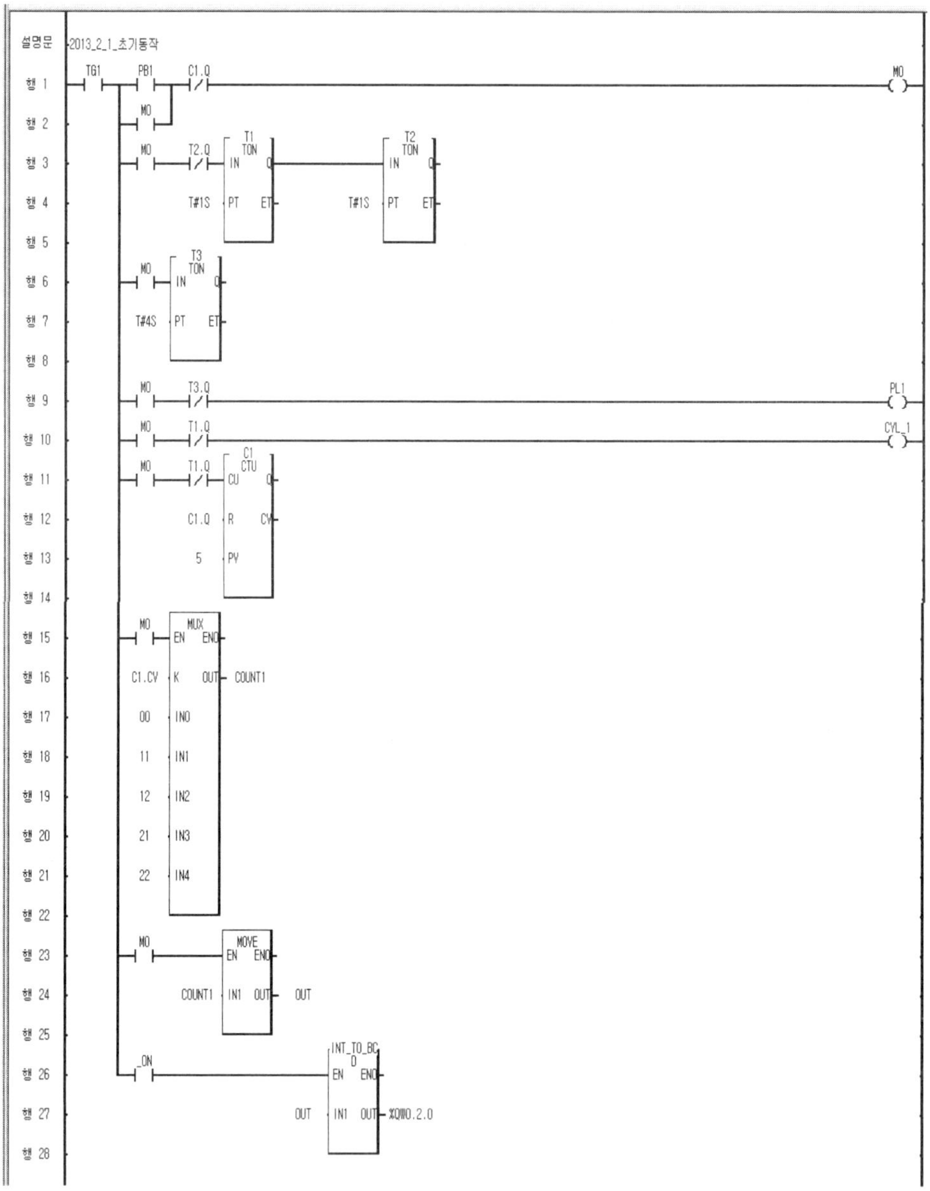

```
설명문  2013_2_1_초기동작
행 1    TG1  PB1  C1.Q                                    M0
행 2         M0
행 3         M0  T2.Q  T1 TON [IN  Q]        T2 TON [IN  Q]
행 4             T#1S  [PT  ET]              T#1S [PT  ET]
행 5
행 6         M0  T3 TON [IN  Q]
행 7         T#4S  [PT  ET]
행 8
행 9         M0  T3.Q                                     PL1
행 10        M0  T1.Q                                     CYL_1
행 11        M0  T1.Q  C1 CTU [CU  Q]
행 12            C1.Q  [R  CV]
행 13            5     [PV]
행 14
행 15        M0  MUX [EN  ENO]
행 16        C1.CV  [K  OUT]  COUNT1
행 17        00  [IN0]
행 18        11  [IN1]
행 19        12  [IN2]
행 20        21  [IN3]
행 21        22  [IN4]
행 22
행 23        M0  MOVE [EN  ENO]
행 24            COUNT1 [IN1  OUT]  OUT
행 25
행 26        _ON  INT_TO_BCD [EN  ENO]
행 27             OUT [IN1  OUT]  %QW0.2.0
행 28
```

그림 5 - 1 초기동작 프로그램(1)

5-2. 초기동작 (2)

1) 시스템구성 및 초기상태

구 분	실린더 구분	후 진	제어용 솔레노이드
공급실린더	실린더1[CYL1]	후 진	편 솔레노이드
스토퍼 실린더	실린더1[CYL2]	후 진	편 솔레노이드
상·하 이송 실린더	실린더1[CYL3]	후 진	편 솔레노이드
전·후 이송 실린더	실린더1[CYL4]	후 진	양 솔레노이드
흡착 컵	흡착 컵1	정 지	편 솔레노이드

2) 초기동작

(가) 토글스위치[TG1]를 <ON>하면 초기동작이 선택된다.

(나) 시작스위치[PB1]를 누르면 시스템이 동작순서에 따라 다음과 같이 작동한다.

동작순서	구 분	동작 및 표시상태
1	실린더	CYL3+⇒ CYL3- ⇒ CYL4+⇒ CYL3- ⇒ CYL3+⇒ CYL4- ⇒ CYL3+⇒ CYL3-
2	FND1, 2	아래 1단계부터 4단계까지 수행되어야 하며 각 단계는 1초씩 유지된다. (표: FND1 — 1단계 0, 2단계 4, 3단계 0, 4단계 4 / FND2 — 1단계 4, 2단계 0, 3단계 4, 4단계 0) FND1, FND2는 4단계 이후에는 계속 0이 표시된다.
3	표시램프[PL1]	3초 간 02초 간격으로 점멸 후 소등.

	1단계	2단계	3단계	4단계
FND1	0	4	0	4
FND2	4	0	4	0

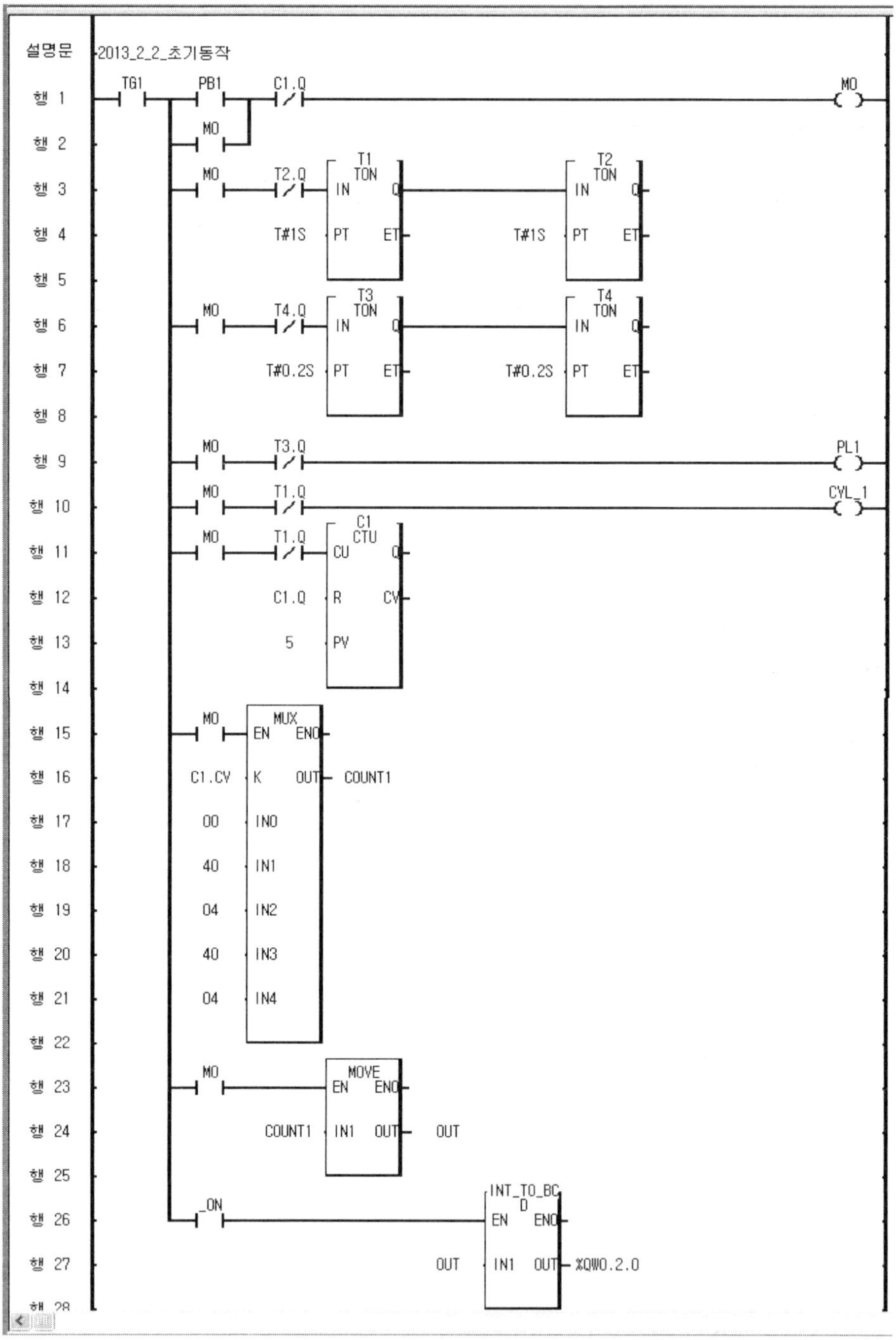

그림 5 - 2초기동작 프로그램 (2)

5 - 3. 초기동작(3)

1) 시스템구성 및 초기상태

구 분	실린더 구분	후 진	제어용 솔레노이드
공급실린더	실린더1[CYL1]	후 진	편 솔레노이드
스토퍼 실린더	실린더1[CYL2]	후 진	편 솔레노이드
상·하 이송 실린더	실린더1[CYL3]	후 진	편 솔레노이드
전·후 이송 실린더	실린더1[CYL4]	후 진	양 솔레노이드
흡착 컵	흡착 컵1	정 지	편 솔레노이드

2) 초기동작

㈎ 토글스위치[TG1]를 <ON>하면 초기동작이 선택된다.

㈏ 시작스위치[PB1]를 누르면 시스템이 동작순서에 따라 다음과 같이 작동한다.

<table>
<tr><th>동작순서</th><th>구 분</th><th>동작 및 표시상태</th></tr>
<tr><td>1</td><td>실린더</td><td>CYL1+⇒ 1초 ⇒ CYL1− ⇒ 1초 ⇒ CYL1+⇒ 1초 ⇒ CYL1− ⇒ 1초</td></tr>
<tr><td>2</td><td>FND1, 2</td><td>아래 1단계부터 4단계까지 수행되어야 하며 각 단계는 1초씩 유지된다.
<table>
<tr><th></th><th>1단계</th><th>2단계</th><th>3단계</th><th>4단계</th></tr>
<tr><td>FND1</td><td>1</td><td>0</td><td>1</td><td>0</td></tr>
<tr><td>FND2</td><td>0</td><td>1</td><td>0</td><td>1</td></tr>
</table>
FND1, FND2는 4단계 이후에는 계속 0이 표시된다.</td></tr>
<tr><td>3</td><td>표시램프[PL1]</td><td>3초 간 02초 간격으로 점멸 후 소등.</td></tr>
</table>

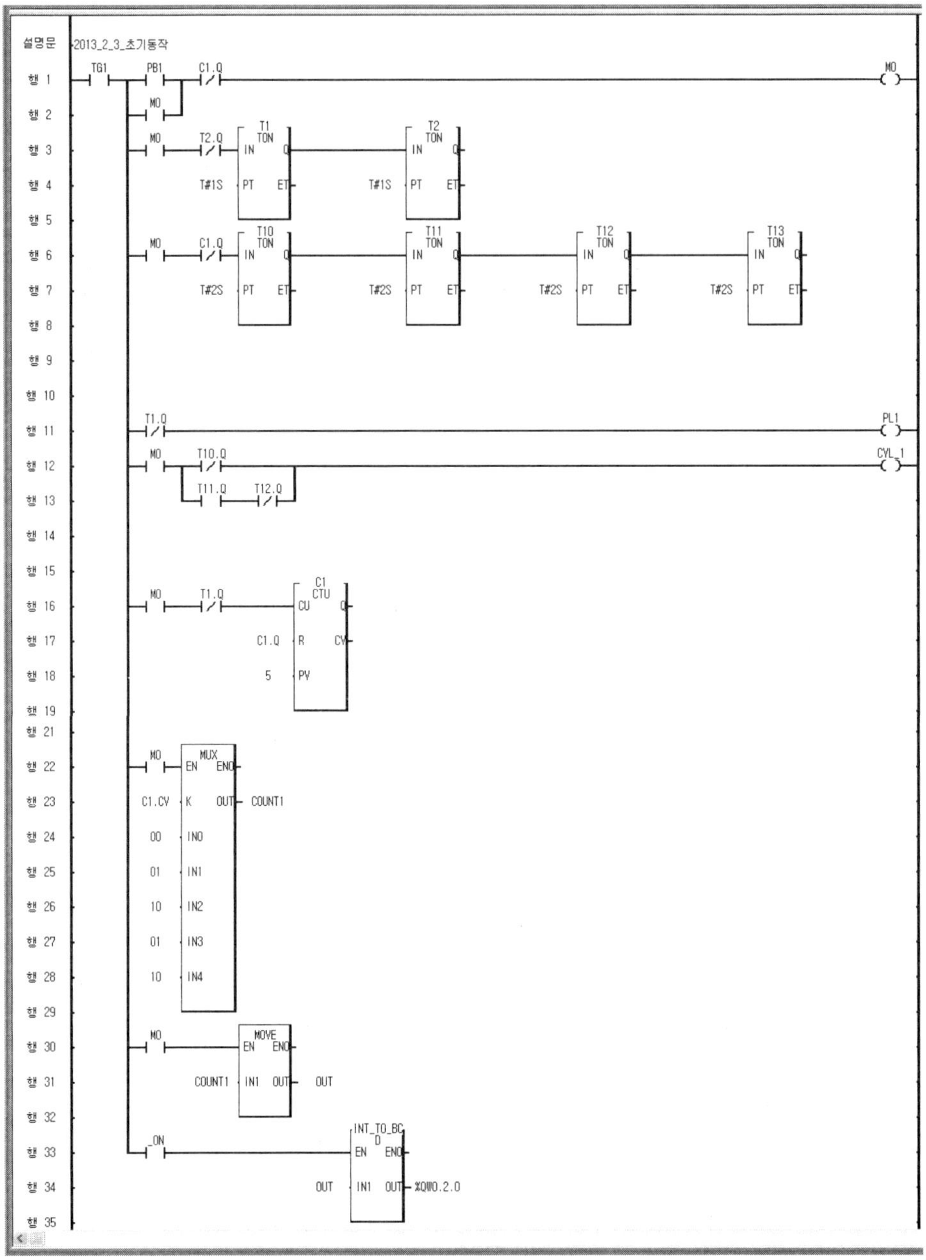

그림 5-3 초기동작 프로그램(3)

5-4. 초기동작(4)

1) 시스템구성 및 초기상태

구 분	실린더 구분	후 진	제어용 솔레노이드
공급실린더	실린더1[CYL1]	후 진	편 솔레노이드
스토퍼 실린더	실린더1[CYL2]	후 진	편 솔레노이드
상·하 이송 실린더	실린더1[CYL3]	후 진	편 솔레노이드
전·후 이송 실린더	실린더1[CYL4]	후 진	양 솔레노이드
흡착 컵	흡착 컵1	정 지	편 솔레노이드

2) 초기동작

(가) 토글스위치[TG1]를 <ON>하면 초기동작이 선택된다.

(나) 시작스위치[PB1]를 누르면 시스템이 동작순서에 따라 다음과 같이 작동한다.

<table>
<tr><th>동작순서</th><th>구 분</th><th>동작 및 표시상태</th></tr>
<tr><td>1</td><td>실린더</td><td>CYL3+⇒ CYL3- ⇒ CYL4+⇒ CYL3+⇒ CYL3- ⇒ CYL4-</td></tr>
<tr><td>2</td><td>FND1, 2</td><td>아래 1단계부터 4단계까지 수행되어야 하며 각 단계는 1초씩 유지된다.
<table>
<tr><th></th><th>1단계</th><th>2단계</th><th>3단계</th><th>4단계</th></tr>
<tr><td>FND1</td><td>0</td><td>1</td><td>2</td><td>3</td></tr>
<tr><td>FND2</td><td>1</td><td>2</td><td>3</td><td>0</td></tr>
</table>
FND1, FND2는 4단계 이후에는 계속 0이 표시된다.</td></tr>
<tr><td>3</td><td>표시램프[PL1]</td><td>2초 간 진공 발생 후 정지한다.</td></tr>
</table>

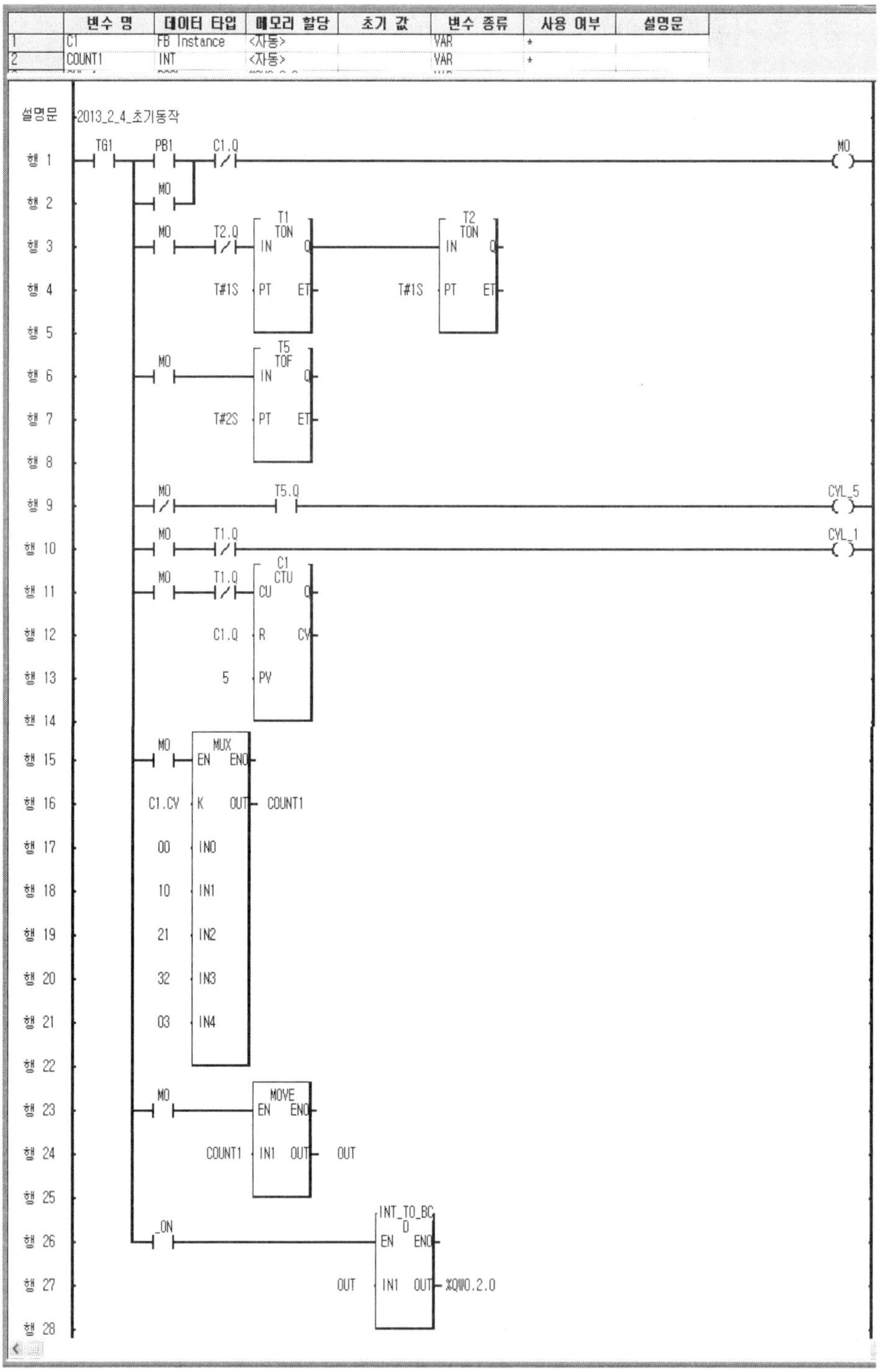

	변수 명	데이터 타입	메모리 할당	초기 값	변수 종류	사용 여부	설명문
1	C1	FB Instance	<자동>		VAR	*	
2	COUNT1	INT	<자동>		VAR	*	

그림 5-4초기동작 프로그램(4)

chapter

06

MPS 제어장치 기본, 응용동작

MPS PLC
PLC MPS
MPS PLC
PLC MPS
MPS PLC
PLC MPS
MPS PLC
PLC MPS

MPS 제어장치 기본, 응용동작

06 MPS 제어장치 기본, 응용동작

6-1. MPS 제어장치 기본동작(1)

1) **동작설명** : 기본동작은 초기동작을 수행한 수검자에 한하여 수행한다.

㈎ 매거진에 공작물을 재질구분 없이 공급한다.

㈏ 토글스위치[TG1]을 <ON>하면 아래의 동작 요소들이 제 조건에 따라 제어되도록 한다.

<table>
<tr><th>동작 요소</th><th>제어조건</th></tr>
<tr><td>표시램프
[PL1, PL2]</td><td>
<table>
<tr><th>단 계 / 실린더</th><th>점등</th><th>소등</th><th>점멸(1초)</th></tr>
<tr><td>FND1</td><td>시작버튼
[PB1]누르면</td><td>–</td><td>초기 또는 정지버튼[PB2]
누르면</td></tr>
<tr><td>FND2</td><td>–</td><td>매거진에
공작물이 있으면</td><td>매거진에
공작물이 없으면</td></tr>
</table>
</td></tr>
<tr><td>공급실린더
[CYL1]</td><td>① 매거진에 공작물이 있을 때 시작버튼[PB1]을 누르면 공작물을 공급한다.
② 첫 번째 공작물이 공급된 후에 매 10초 마다 공작물을 공급한다.
③ 매거진에 공작물이 없으면 동작하지 않는다.</td></tr>
<tr><td>컨베이어</td><td>① 공급실린더에 의해서 공작물이 공급되면 동작한다.
② 공급실린더가 10초를 초과하여 동작하지 않으면 정지한다.
③ 정지버튼[PB2]을 누르면 정지한다.</td></tr>
<tr><td>스토퍼 실린더
[CYL2]</td><td>① 공급된 공작물이 비금속이면 전진하여 3초 간 지연되고 후진한다.
② 정지버튼[PB2]을 누르면 후진한다.</td></tr>
</table>

2) 기본동작 NO 1 PLC 프로그램

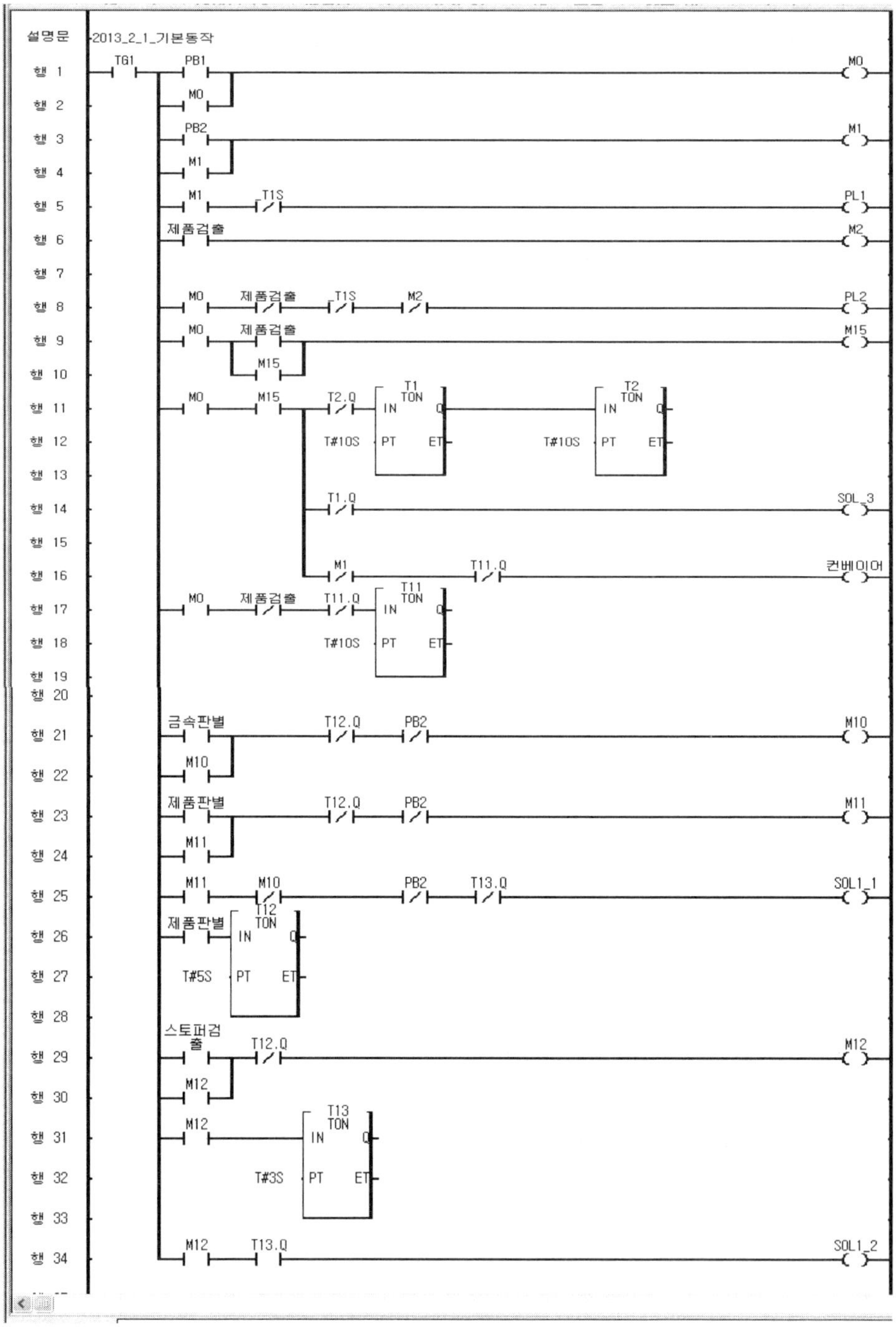

설명문 2013_2_1_기본동작
행 1 TG1 PB1 M0
행 2 M0
행 3 PB2 M1
행 4 M1
행 5 M1 T1S PL1
행 6 제품검출 M2
행 7
행 8 M0 제품검출 T1S M2 PL2
행 9 M0 제품검출 M15
행 10 M15
행 11 M0 M15 T2.Q T1 TON IN Q T2 TON IN Q
행 12 T#10S PT ET T#10S PT ET
행 13
행 14 T1.Q SOL_3
행 15
행 16 M1 T11.Q 컨베이어
행 17 M0 제품검출 T11.Q T11 TON IN Q
행 18 T#10S PT ET
행 19
행 20
행 21 금속판별 T12.Q PB2 M10
행 22 M10
행 23 제품판별 T12.Q PB2 M11
행 24 M11
행 25 M11 M10 PB2 T13.Q SOL1_1
행 26 제품판별 T12 TON IN Q
행 27 T#5S PT ET
행 28
행 29 스토퍼검출 T12.Q M12
행 30 M12
행 31 M12 T13 TON IN Q
행 32 T#3S PT ET
행 33
행 34 M12 T13.Q SOL1_2

그림 6-1 기본동작 (1) PLC 프로그램

6-2. MPS 제어장치 기본동작(2)

1) **동작설명** : 기본동작은 초기동작을 수행한 수검자에 한하여 수행한다.

(가) 매거진에 공작물을 재질구분 없이 공급한다.

(나) 토글스위치[TG1]을 <ON>하면 아래의 동작 요소들이 제 조건에 따라 제어되도록 한다.

<table>
<tr><th>동작 요소</th><th>제어조건</th></tr>
<tr><td>표시램프
[PL1, PL2]</td><td>
<table>
<tr><th>단 계 / 실린더</th><th>점등</th><th>소등</th><th>점멸(1초)</th></tr>
<tr><td>PL1</td><td>초기 또는 정지버튼
[PB2]누르면</td><td>-</td><td>시작버튼
[PB1]을 누르면</td></tr>
<tr><td>PL2</td><td>매거진에
공작물이 있으면</td><td>-</td><td>매거진에
공작물이 없으면</td></tr>
</table>
</td></tr>
<tr><td>공급실린더
[CYL1]</td><td>① 매거진에 공작물이 있을 때 시작버튼[PB1]을 누르면 공작물을 공급한다.
② 첫 번째 공작물이 공급된 후에 매 10초 마다 공작물을 공급한다.
③ 매거진에 공작물이 없으면 동작하지 않는다.</td></tr>
<tr><td>컨베이어</td><td>① 공급실린더에 의해서 공작물이 공급되면 동작한다.
② 공급실린더가 10초를 초과하여 동작하지 않으면 정지한다.
③ 정지버튼[PB2]을 누르면 정지한다.</td></tr>
<tr><td>스토퍼 실린더
[CYL2]</td><td>① 두 번째 금속 공작물이 공급 될 때만 전진하여 3초 간 지연되고 후진한다.
(이외에는 전진하지 않는다)
② 정지버튼[PB2]을 누르면 후진한다.</td></tr>
</table>

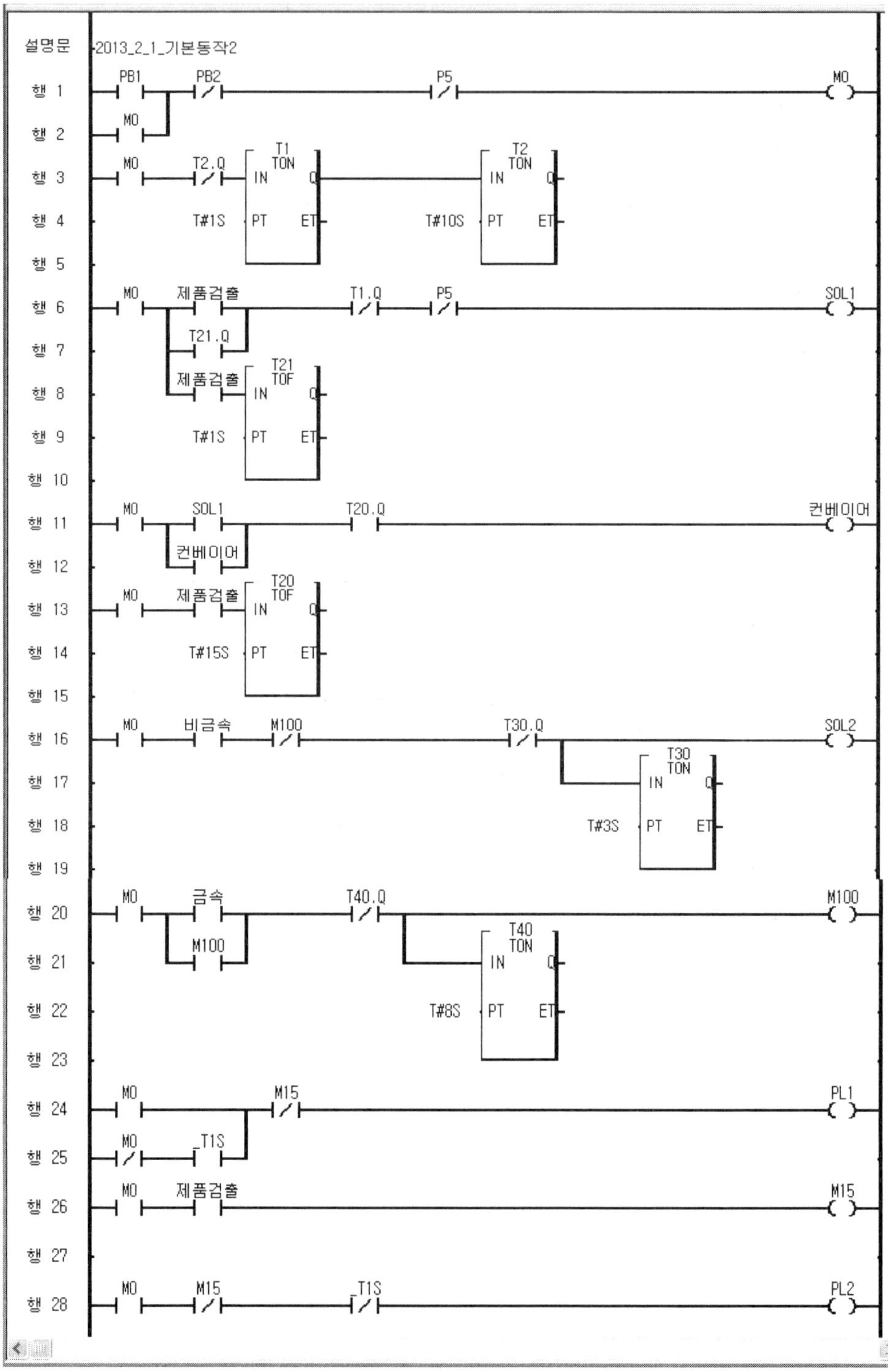

설명문 2013_2_1_기본동작2

행 1 PB1 PB2 P5 M0

행 2 M0

행 3 M0 T2.Q T1 TON IN Q T2 TON IN Q

행 4 T#1S PT ET T#10S PT ET

행 5

행 6 M0 제품검출 T1.Q P5 SOL1

행 7 T21.Q

행 8 제품검출 T21 TOF IN Q

행 9 T#1S PT ET

행 10

행 11 M0 SOL1 T20.Q 컨베이어

행 12 컨베이어

행 13 M0 제품검출 T20 TOF IN Q

행 14 T#15S PT ET

행 15

행 16 M0 비금속 M100 T30.Q SOL2

행 17 T30 TON IN Q

행 18 T#3S PT ET

행 19

행 20 M0 금속 T40.Q M100

행 21 M100 T40 TON IN Q

행 22 T#8S PT ET

행 23

행 24 M0 M15 PL1

행 25 M0 _T1S

행 26 M0 제품검출 M15

행 27

행 28 M0 M15 _T1S PL2

그림 6-2 기본동작(2) PLC 프로그램

6-3. MPS 제어장치 기본동작 (3)

1) **동작설명** : 기본동작은 초기동작을 수행한 수검자에 한하여 수행한다.

(가) 매거진에 공작물을 재질구분 없이 공급한다.

(나) 토글스위치[TG1]을 <ON>하면 아래의 동작 요소들이 제 조건에 따라 제어되도록 한다.

<table>
<tr><th>동작 요소</th><th>제어조건</th></tr>
<tr><td>표시램프
(PL1, PL2)</td><td>
<table>
<tr><th>단 계 / 실린더</th><th>점등</th><th>소등</th><th>점멸(1초)</th></tr>
<tr><td>PL1</td><td>시작버튼
[PB1]누르면</td><td>정지버튼[PB2]
누르면</td><td>-</td></tr>
<tr><td>PL2</td><td>매거진에
공작물이 있으면</td><td>-</td><td>매거진에
공작물이 없으면</td></tr>
</table>
</td></tr>
<tr><td>공급실린더
[CYL1]</td><td>① 매거진에 공작물이 있을 때 시작버튼[PB1]을 누르면 공작물을 공급한다.
② 첫 번째 공작물이 공급된 후에 매 10초 마다 공작물을 공급한다.
③ 매거진에 공작물이 없으면 동작하지 않는다.</td></tr>
<tr><td>컨베이어</td><td>① 공급실린더에 의해서 공작물이 공급되면 동작한다.
② 공급실린더가 10초를 초과하여 동작하지 않으면 정지한다.
③ 정지버튼[PB2]을 누르면 정지한다.</td></tr>
<tr><td>스토퍼 실린더
[CYL2]</td><td>① 공급된 공작물이 비금속이면 전진하여 3초 간 지연되고 후진한다.
② 정지버튼[PB2]을 누르면 후진한다.</td></tr>
</table>

설명문 2013_2_1_기본동작3
행 1 T61 PB1 M0
행 2 M0
행 3 PB2 M1
행 4 M1
행 5 M0 M1 PL1
행 6 M1 T1S
행 7 제품검출 M2
행 8
행 9 M0 제품검출 T1S M2 PL2
행 10
행 11 PB1 PB2 M0
행 12 M0
행 13 M0 T2.Q T3 TON IN Q T4 TON IN Q
행 14 T#1S PT ET T#10S PT ET
행 15
행 16 M0 제품검출 T1.Q PB2 SOL1
행 17 T21.Q
행 18 제품검출 T21 TOF IN Q
행 19 T#1S PT ET
행 20
행 21 M0 SOL1 T20.Q 컨베이어
행 22 컨베이어
행 23 M0 제품검출 T20 TOF IN Q
행 24 T#15S PT ET
행 25
행 26 M0 비금속 M100 T30.Q SOL2
행 27 T30 TON IN Q
행 28 T#3S PT ET
행 29
행 30 M0 금속 T40.Q M100
행 31 M100 T40 TON IN Q
행 32 T#8S PT ET
행 33

그림 6-3 기본동작(3) PLC 프로그램

6-4. MPS 제어장치 기본동작(4)

1) **동작설명** : 기본동작은 초기동작을 수행한 수검자에 한하여 수행한다.

(가) 매거진에 공작물을 재질구분 없이 공급한다.

(나) 토글스위치[TG1]을 <ON>하면 아래의 동작 요소들이 제 조건에 따라 제어되도록 한다.

<table>
<tr><th>동작 요소</th><th>제어조건</th></tr>
<tr><td>표시램프
(PL1, PL2)</td><td>
<table>
<tr><th>단 계 / 실린더</th><th>점등</th><th>소등</th><th>점멸(1초)</th></tr>
<tr><td>PL1</td><td>시작버튼[PB1]
누르면</td><td>정지버튼[PB2]
누르면</td><td>–</td></tr>
<tr><td>PL2</td><td>–</td><td>매거진에
공작물이 있으면</td><td>매거진에
공작물이 없으면</td></tr>
</table>
</td></tr>
<tr><td>공급실린더
[CYL1]</td><td>① 매거진에 공작물이 있을 때 시작버튼[PB1]을 누르면 공작물을 공급한다.
② 첫 번째 공작물이 공급된 후에 매 10초 마다 공작물을 공급한다.
③ 매거진에 공작물이 없으면 동작하지 않는다.</td></tr>
<tr><td>컨베이어</td><td>① 공급실린더에 의해서 공작물이 공급되면 동작한다.
② 공급실린더가 10초를 초과하여 동작하지 않으면 정지한다.
③ 정지버튼[PB2]을 누르면 정지한다.</td></tr>
<tr><td>스토퍼 실린더
[CYL2]</td><td>① 첫 번째 공작물이 공급되면 3초 간 지연되고 후진한다.
② 이후에 공급되는 것들이 첫 번째와 서로 다른 재질이면 전진하여 3초 간 지연되고 후진한다.
동일한 재질이면 전진하지 않는다.</td></tr>
</table>

6-5. MPS 제어장치 응용동작(1)

1) **동작설명** : 응용동작은 기본동작을 수행한 수검자에 한하여 수행한다.

(가) 토글스위치[TG1]을 <OFF>하고, 토글스위치[TG2]를 <ON>하면 기본동작 제어조건에 응용동작1, 응용동작2의 제어조건이 추가되어 동작되도록 한다.

(나) 토글스위치[TG2]를 <OFF>하고 토글스위치[TG1]을 <ON>하면 다시 기본동작만을 수행한다.

2) 응용동작1

<table>
<tr><th>동작 요소</th><th>제어조건</th></tr>
<tr><td>표시램프
[PL3]</td><td>
<table>
<tr><th>단 계 / 실린더</th><th>점등</th><th>소등</th><th>점멸(1초)</th></tr>
<tr><td>PL3</td><td>비금속 2개를 검출하면</td><td>정지버튼[PB2] 누르면</td><td>–</td></tr>
</table>
</td></tr>
<tr><td>공급실린더
[CYL1]</td><td>비금속 2개를 검출하면 공작물 공급을 중지한다.</td></tr>
<tr><td>흡착 컵
[CYL3, CYL4]</td><td>스토퍼가 전진 했을 때 공작물이 도착하면 적재부로 이송한다.
동작순서
CYL3+⇒ 흡착ON ⇒ CYL3– ⇒ CYL4+⇒ CYL3+⇒ 흡착OFF ⇒ CYL3+⇒ CYL4–</td></tr>
<tr><td>적재부</td><td>공작물이 stage2, stage3에 적재되도록 한다.</td></tr>
</table>

3) 응용동작2

(가) 시작스위치[PB1]를 누르면 FND1, FND2는 [0], [0]을 표시한다.

(나) 각 디스프레이 유닛은 다음과 같이 표시한다.

디스프레이 유닛	동작 및 표시 상태
FND1	공급실린더[CYL1]가 공작물을 공급 할 때마다 1씩 증가시키며 표시한다.
FND2	금속을 검출하면 금속을 검출하면 [1], 비금속을 검출 하면 [2]를 표시한다.

6-6. MPS 제어장치 응용동작(2)

1) **동작설명** : 응용동작은 기본동작을 수행한 수검자에 한하여 수행한다.

(가) 토글스위치[TG1]을 <OFF>하고, 토글스위치[TG2]를 <ON>하면 기본동작 제어조건에 응용동작1, 응용동작2의 제어조건이 추가되어 동작되도록 한다.

(나) 토글스위치[TG2]를 <OFF>하고 토글스위치[TG1]을 <ON>하면 다시 기본동작만을 수행한다.

2) **응용동작1**

<table>
<tr><th>동작 요소</th><th>제어조건</th></tr>
<tr><td>표시램프
[PL3]</td><td><table><tr><th>단 계 / 실린더</th><th>점등</th><th>소등</th><th>점멸(1초)</th></tr><tr><td>PL3</td><td>두 번째 금속 공작물을 검출하면</td><td>정지버튼[PB2] 누르면</td><td>첫 번째 공작물을 검출 하면</td></tr></table></td></tr>
<tr><td>공급실린더
[CYL1]</td><td>세 번째 금속 공작물을 검출하면 공작물 공급을 중지한다.</td></tr>
<tr><td>흡착 컵
[CYL3, CYL4]</td><td>스토퍼가 전진 했을 때 공작물이 도착하면 적재부로 이송한다.
동작순서
CYL3+⇒ 흡착ON ⇒ CYL3－ ⇒ CYL4+⇒ CYL3+⇒ 흡착OFF ⇒ CYL3+ ⇒ CYL4－</td></tr>
<tr><td>적재부</td><td>공작물이 stage1에 적재되도록 한다.</td></tr>
</table>

3) **응용동작2**

(가) 시작스위치[PB1]를 누르면 FND1, FND2는 [0], [2]을 표시한다.

(나) 각 디스프레이 유닛은 다음과 같이 표시한다.

디스프레이 유닛	동작 및 표시 상태
FND1	공급실린더[CYL1]가 공작물을 공급 할 때마다 1씩 증가시키며 표시한다.
FND2	숫자 [2] 에서 비금속을 검출 한 회수를 표시한다.

6-7. MPS 제어장치 응용동작(3)

1) **동작설명** : 응용동작은 기본동작을 수행한 수검자에 한하여 수행한다.

(가) 토글스위치[TG1]을 <OFF>하고, 토글스위치[TG2]를 <ON>하면 기본동작제어조건에 응용동작1, 응용동작2의 제어조건이 추가되어 동작되도록 한다.

(나) 토글스위치[TG2]를 <OFF>하고 토글스위치[TG1]을 <ON>하면 다시 기본동작만을 수행한다.

2) **응용동작1**

<table>
<tr><th>동작 요소</th><th>제어조건</th></tr>
<tr><td>표시램프
[PL3]</td><td><table><tr><th>실린더 \ 단계</th><th>점등</th><th>소등</th><th>점멸(1초)</th></tr><tr><td>PL3</td><td>비금속 2개를 검출하면</td><td>정지버튼[PB2] 누르면</td><td>–</td></tr></table></td></tr>
<tr><td>공급실린더
[CYL1]</td><td>비금속 2개를 검출하면 공작물 공급을 중지한다.</td></tr>
<tr><td>흡착 컵
[CYL3, CYL4]</td><td>스토퍼가 전진 했을 때 공작물이 도착하면 적재부로 이송한다.
동작순서
CYL3+⇒ 흡착ON ⇒ CYL3− ⇒ CYL4+⇒ CYL3+⇒ 흡착OFF ⇒ CYL3+ ⇒ CYL4−</td></tr>
<tr><td>적재부</td><td>공작물이 stage2, stage3에 적재되도록 한다.</td></tr>
</table>

3) **응용동작2**

(가) 시작스위치[PB1]를 누르면 FND1, FND2는 [0], [0] 을 표시한다.

(나) 각 디스프레이 유닛은 다음과 같이 표시한다.

디스프레이 유닛	동작 및 표시 상태
FND1	공급실린더[CYL1]가 공작물을 공급하기 위해 전진하는 순간수량을 1씩 증가하여 표시한다.
FND2	센서[S10, S11]에서 금속을 검출 하면을 검출하면 [0] 로 전환되고 비금속을 검출하면 [1] 으로 표시한다.

6-8. MPS 제어장치 응용동작(4)

1) **동작설명** : 응용동작은 기본동작을 수행한 수검자에 한하여 수행한다.

(가) 토글스위치[TG1]을 <OFF>하고, 토글스위치[TG2]를 <ON>하면 기본동작제어조건에 응용동작1, 응용동작2의 제어조건이 추가되어 동작되도록 한다.

(나) 토글스위치[TG2]를 <OFF>하고 토글스위치[TG1]을 <ON>하면 다시 기본동작만을 수행한다.

2) **응용동작1**

<table>
<tr><th>동작 요소</th><th>제어조건</th></tr>
<tr><td>표시램프[PL3]</td><td><table><tr><th>단 계 / 실린더</th><th>점등</th><th>소등</th><th>점멸(1초)</th></tr><tr><td>PL3</td><td>서로 다른 재질 2개를 검출하면</td><td>정지버튼[PB2] 누르면</td><td>－</td></tr></table></td></tr>
<tr><td>공급실린더[CYL1]</td><td>서로 다른 재질 2개를 검출하면 공작물 공급을 중지한다.</td></tr>
<tr><td>흡착 컵
[CYL3, CYL4]</td><td>스토퍼가 전진 했을 때 공작물이 도착하면 적재부로 이송한다.
동작순서
CYL3＋⇒ 흡착ON ⇒ CYL3－ ⇒ CYL4＋⇒ CYL3＋⇒ 흡착OFF ⇒ CYL3＋⇒ CYL4－</td></tr>
<tr><td>적재부</td><td>비금속 공작물이 stage2, stage3에 적재되도록 한다.</td></tr>
</table>

3) **응용동작2**

(가) 시작스위치[PB1]를 누르면 FND1, FND2는 [0], [0]을 표시한다.

(나) 각 디스프레이 유닛은 다음과 같이 표시한다.

디스프레이 유닛	동작 및 표시 상태
FND1	공작물이 센서[S10, S11]을 통과 할 때 금속을 검출한 횟수로 전환된다.
FND2	공작물이 센서[S10, S11]을 통과 할 때 비금속을 검출한 회수로 전환된다.

chapter

07

MPS 제어장치 PLC 제어 프로젝트

MPS PLC
PLC MPS
MPS PLC
PLC MPS
MPS PLC
PLC MPS
MPS PLC
PLC MPS

MPS 제어장치 PLC 제어 프로젝트

07 MPS 제어장치 PLC 제어

7-1. MPS 제어장치 PLC 프로그램(1)

■ 요구사항

1. [그림 1]의 시스템 구성도와 I/O 할당표를 참고하여 시스템을 구성하시오.
2. 다음 동작을 요구조건에 맞도록 PLC 프로그램을 작성하고, ❶❷❸ 동작순서를 지켜서 시운전하시오. ❶ 초기동작 ❷ 기본동작 ❸ 응용동작
3. 작성한 PLC 프로그램을 프린트 물과 함께 파일로 제출한다.

1〉 초기동작

1. 시스템 구성 및 초기상태

구 분	실린더 구분	후 진	제어용 솔레노이드
공급실린더	실린더1[CYL1]	후 진	편 솔레노이드
스토퍼 실린더	실린더1[CYL2]	후 진	편 솔레노이드
상·하 이송 실린더	실린더1[CYL3]	후 진	편 솔레노이드
전·후 이송 실린더	실린더1[CYL4]	후 진	양 솔레노이드
흡착 컵	흡착 컵1	정 지	편 솔레노이드

2. 초기동작

■ 초기동작은 기본동작 응용동작과 연결된 동작은 아니다.

1. 시작스위치[PB1]를 누르면 ON 시스템이 동작순서에 따라 다음과 같이 동작한다.
2. 동작이 완료되면 시작스위치[PB1]에 의해 초기동작을 다시 시작할 수 있다.

동작순서	동작 요소	동작 및 표시상태
1	적재부	흡착 컵 동작 위치에 다음과 같이 STAGE를 이동한 후 정지한다.
2	FND1 및 공급실린더	① FND1은 [1][3][5][7][9] 를 1초 간격으로 순차적으로 표시한다. ② 실린더는 FND1의 표시 값이 [9] 이면 전진하여 3초 후 후진한다.
3	FND2 및 컨베이어	① FND2은 [0][2][4][6][8] 를 1초 간격으로 순차적으로 표시한다. ② FND2의 표시 값이 [8] 보다 작으면 컨베이어는 작동하고 [8] 이면 정지한다.
4	표시램프	FND1, FND2에 [9] [8] 이 표시되면 PL1이 0.5초 간격으로 점멸한다.

2〉 기본동작

■ 기본동작은 초기동작을 수행한 사람에게만 진행한다.

1. 매거진에 공작물을 재질구분 없이 공급한다.
2. 토글스위치[TG1]을 <ON>하고 시작스위치[PB1]을 누르면 ON 시스템이 연속동작 한다.
3. 연속동작이 정지되면 시작스위치[PB1]에 의해 기본동작을 다시 시작할 수 있다.

<table>
<tr><th>동작 요소</th><th>제어조건</th></tr>
<tr><td>표시램프
[PL1, PL2, PL3]</td><td>
<table>
<tr><th>램프 상태</th><th>동작 중</th><th>정지 중</th></tr>
<tr><td>준비램프[PL1]</td><td>소 등</td><td>점멸[1초 간격]</td></tr>
<tr><td>운전표시램프[PL2]</td><td>점 등</td><td>소 등</td></tr>
<tr><td>매거진 공작물
재고표시램프[PL3]</td><td>공작물이 있으면 점등
공작물이 없으면 점멸
[0.5초 간격]</td><td>소 등</td></tr>
</table>
</td></tr>
<tr><td>공급실린더
[CYL1]</td><td>① 첫 번째 공작물은 운전표시램프[PL2]가 점등되면 공급하고, 2초 후 후진한다.
② 2번째 공작물로부터는 작업 중인 공작물이 배출 또는 저장이 완료되면 공급하고 2초 후 후진한다.
③ 매거진에 공작물이 없으면 동작하지 않는다.</td></tr>
<tr><td>컨베이어</td><td>① 운전표시램프[PL2]가 점등[ON]되면 동작한다.
② 선서[S12]가 공작물을 검출하면 일시정지 하고, 스토퍼 실린더[CYL2]가 후진 완료하면 다시 동작한다.
③ 연속동작을 종료하면 정지한다.</td></tr>
<tr><td>센서
[S10, S11]</td><td>① 금속이 검출되면 표시램프[PL4]를 배출 또는 저장 완료 시까지 점멸[0.5초 간격]한다.
② 비금속이 검출되면 표시램프[PL5]를 배출완료 시까지 점등한다.</td></tr>
<tr><td>스토퍼 실린더
[CYL2]</td><td>① 센서[S10, S11]에 금속 공작물이 검출되면 전진한다.
② 센서[S12]에 금속 공작물이 검출되면 3초 후 후진한다.
③ 센서[S10, S11]에 비금속 공작물이 검출되면 후진상태를 유지한다.</td></tr>
<tr><td>연속동작정지</td><td>① 정지스위치[PB2]를 누르면 [ON] 작업 중인 공작물이 배출 또는 저장이 완료되면 정지한다.
② 재고표시램프[PL3]가 5초 점멸하면 정지한다.
③ 정지되면 실린더는 초기상태가 되며, 준비램프[PL1]이 1초 간격으로 점멸한다.</td></tr>
</table>

3〉 응용동작1

■ 응용동작은 기본동작을 수행한 후 시행 한다.

1. 기본동작제어조건에 응용동작1, 응용동작2의 제어조건을 추가하여 동작되도록 한다.
2. 기본동작이 완료된 상태에서 토글스위치[TG1], 토글스위치[TG2]를 <ON>하고, 시작스위치[PB1]을 누르면 ON 시스템이 연속동작 한다.
3. 연속동작이 정지되면 시작스위치[PB1]에 의해 응용동작을 다시 시작할 수 있다.

1) 응용동작1

동작 요소	제어조건
공급실린더[CYL1]	① 센서[S10, S11]가 금속 공작물 2개를 검출하면 공작물 공급을 중지한다.
흡착이송 실린더 [흡착 컵1, CYL3, CYL4]	① 스토퍼 실린더의 [S12]에 금속 공작물이 검출되면 공작물을 적재부[STAGE]로 이송한다. ② 공작물 이송을 위한 실린더 및 흡착 컵의 동작순서는 간섭이 없고 원활한 동작이 되도록 수검자가 판단하여 정한다.
적재부	① 센서[S10, S11]가 금속 공작물을 검출하면 적재할 위치로 이동한다. ② 공작물은 STAGE 1, 3순으로 적재한다.
연속동작정지	① 적재부에 2개의 공작물이 저장되면 정지한다.

2) 응용동작2

(가) 시작스위치[PB1]를 누르면 [ON] FND1, FND2는 [0], [5] 를 표시한다.
(나) 각 디스프레이 유닛은 다음과 같이 표시한다.

디스프레이 유닛	동작 및 표시 상태
FND1	① 공급된 공작물의 전체 수량을 표시한다. ② 공급된 실린더[CYL1]가 전진하여 공작물을 공급하고 후진하면 수량을 1씩 증가하여 표시한다.
FND2	① 매거진에 공작물이 없어 재고표시램프[PL3]가 점멸하면, 1초 간격으로 [5]에서 1씩 감소하여 시간을 표시한다. ② 재고표시램프[PL3]가 점멸하면 [5][4][3][2][1][0]순으로 1씩 감소하여 표시한다. ③ 시간을 표시하다 매거진에 공작물을 표시하면 [5]를 표시한다.

7 - 2. MPS 제어장치 PLC 프로그램(2)

■ 프로젝트 요구사항

1. [그림 1]의 시스템 구성도와 I/O 할당표를 참고하여 시스템을 구성하시오.
2. 다음 동작을 요구조건에 맞도록 PLC 프로그램을 작성하고, ❶❷❸ 동작순서를 지켜서 시운전하시오. ❶ 초기동작 ❷ 기본동작 ❸ 응용동작
3. 작성한 PLC 프로그램을 프린트 물과 함께 파일로 제출한다.

1〉 초기상태

1. 시스템 구성 및 초기상태

구 분	실린더 구분	후 진	제어용 솔레노이드
공급실린더	실린더1[CYL1]	후 진	양 솔레노이드
스토퍼 실린더	실린더1[CYL2]	후 진	편 솔레노이드
상·하 이송 실린더	실린더1[CYL3]	후 진	편 솔레노이드
전·후 이송 실린더	실린더1[CYL4]	후 진	편 솔레노이드
흡착 컵	흡착 컵1	정 지	편 솔레노이드

2. 초기동작

■ 초기동작은 기본동작 응용동작과 연결된 동작은 아니다.

1. 시작스위치[PB1]를 눌렀다 떼면 <ON/OFF> 시스템이 동작순서에 따라 다음과 같이 동작한다.
2. 동작이 완료되면 시작스위치[PB1]에 의해 초기동작을 다시 시작할 수 있다.

동작순서	동작요소	제어조건
1	스토퍼 실린더	전진하여 3초 간 정지한 후 후진하는 동작을 3회 반복하고 정지한다.
2	상·하 이송 흡착 컵 및 실린더	① 실린더는 전진하여 5초 후 후진한다. ② 흡착 컵은 실린더가 전진 완료 후 5초 간 동작하고 정지한다.
3	FND2 및 컨베이어	① FND1은 [7][6][5][4][3][2][1][0]를 1초 간격으로 순차적으로 표시한다. ② FND2는 [0][1][2][3][4][5][6][7] 1초 간격으로 순차적으로 표시한다. ③ FND1은 먼저 표시되고, FND2가 표시되어야 한다.
4	표시램프	FND1, FND2에 [0][7]이 표시되면 PL2이 1초 간격으로 점멸한다.

2) 기본동작

■ 기본동작은 초기동작을 수행한 사람에게만 진행한다.

1. 매거진에 공작물을 재질구분 없이 공급한다.
2. 토글스위치[TG1]을 <ON>하고 시작스위치[PB1]을 눌렀다 떼면 <ON/OFF> 시스템이 연속동작 한다.
3. 연속동작이 정지되면 시작스위치[PB1]에 의해 기본동작을 다시 시작할 수 있다.

<table>
<tr><th>동작 요소</th><th>제어조건</th></tr>
<tr><td>표시램프
[PL3]</td><td>
<table>
<tr><th>단 계 / 실린더</th><th>동작 중</th><th>정지 중</th></tr>
<tr><td>준비램프[PL1]</td><td>점멸[1초 간격]</td><td>점 등</td></tr>
<tr><td>운전표시램프[PL2]</td><td>점멸[0.5초 간격]</td><td>소 등</td></tr>
<tr><td>매거진 공작물
재고표시램프[PL3]</td><td>공작물이 있으면 점등
공작물이 없으면 점멸
[1초 간격]</td><td>소 등</td></tr>
</table>
</td></tr>
<tr><td>공급실린더
[CYL1]</td><td>① 첫 번째 공작물은 운전표시램프[PL2]가 점등되면 공급하고, 2초 후 후진한다.
② 2번째 공작물로부터는 작업 중인 공작물이 배출 또는 저장이 완료되면 공급하고 후진한다.
③ 매거진에 공작물이 없으면 동작하지 않는다.</td></tr>
<tr><td>컨베이어</td><td>① 시작스위치[PB1]을 눌렀다 떼면 <ON/OFF> 3초 후 동작한다.
② 연속동작을 종료하면 정지한다.</td></tr>
<tr><td>센서
[S10, S11]</td><td>① 금속이 검출되면 표시램프[PL5]를 배출 또는 저장 완료 시까지 점멸[0.5초 간격]한다.
② 비금속이 검출되면 표시램프[PL5]를 배출완료 시까지 점등한다.</td></tr>
<tr><td>스토퍼 실린더
[CYL2]</td><td>① 컨베이어가 작동하면 전진한다.
② 센서[S12]에 금속 공작물이 검출되면 5초 후 후진한다.
③ 센서[S12]에 비금속 공작물이 검출되면 즉시 후진한다.</td></tr>
<tr><td>연속동작정지</td><td>① 정지스위치[PB2]를 눌렀다 떼면 <ON/OFF> 작업 중인 공작물이 배출 또는 저장이 완료되면 정지한다.
② 재고표시램프[PL3]가 7초 점멸하면 정지한다.
③ 정지되면 실린더는 초기상태가 되며, 준비램프[PL1]가 점등한다.</td></tr>
</table>

3〉 응용동작2

■ 응용동작은 기본동작을 수행한 후 시행 한다.

1. 기본동작제어조건에 응용동작1, 응용동작2의 제어조건을 추가하여 동작되도록 한다.
2. 기본동작이 완료된 상태에서 토글스위치[TG1], 토글스위치[TG2]를 <ON>하고, 시작스위치[PB1]을 누르면 ON 시스템이 연속동작 한다.
3. 연속동작이 정지되면 시작스위치[PB1]에 의해 응용동작을 다시 시작할 수 있다.

1) 응용동작1

동작 요소	제어조건
공급실린더[CYL1]	① 센서[S10, S11]가 금속 공작물 2개를 검출하면 공작물 공급을 중지한다.
흡착이송 실린더 [흡착 컵1, CYL3, CYL4]	① 스토퍼 실린더의 [S12]에 금속 공작물이 검출되면 공작물을 적재부[STAGE]로 이송한다. ② 공작물 이송을 위한 실린더 및 흡착 컵의 동작순서는 간섭이 없고 원활한 동작이 되도록 수검자가 판단하여 정한다.
적재부	① 흡착 컵1 이 금속 공작물을 흡착하여 후진하면 적재 위치로 이동한다. ② 공작물은 STAGE 2, 3순으로 적재한다.
연속동작정지	① 적재부에 2개의 공작물이 저장되면 정지한다.

2) 응용동작2

(가) 시작스위치[PB1]를 눌렀다 떼면 <ON/OFF> FND1, FND2는 [5][0]을 표시한다.
(나) 연속동작 중 디스플레이 유닛은 [FND1, FND2]은 다음과 같이 표시한다.

디스프레이 유닛	동작 및 표시 상태
FND1	① 매거진[MAGAZINE]에 저장된 공작물의 잔여 수량을 표시한다. ② 공급된 실린더[CYL1]가 공작물을 공급하고 후진하면, [5]에서 1씩 감소하여 표시한다. ③ FND1에서 [0]이 표시되면 연속동작을 정지한다.
FND2	① 매거진에 공작물이 없어 재고표시램프[PL3]가 점멸하면, 1초 간격으로 시간을 1씩 증가하여 표시한다. ② 재고표시램프[PL3]가 점멸하면 [1][2][3][4][5][6][7]순으로1씩 감소하여 표시한다. ③ 시간을 표시하다 매거진에 공작물을 표시하면 [0]를 표시한다.

7-3. MPS 제어장치 PLC 프로그램(3)

■ 프로젝트 요구사항

1. [그림 1]의 시스템 구성도와 I/O 할당표를 참고하여 시스템을 구성하시오.
2. 다음 동작을 요구조건에 맞도록 PLC 프로그램을 작성하고, ❶❷❸ 동작순서를 지켜서 시운전하시오. ❶ 초기동작 ❷ 기본동작 ❸ 응용동작
3. 작성한 PLC 프로그램을 프린트 물과 함께 파일로 제출한다.

1〉 초기상태

1. 시스템 구성 및 초기상태

구 분	실린더 구분	후 진	제어용 솔레노이드
공급실린더	실린더1[CYL1]	후 진	편 솔레노이드
스토퍼 실린더	실린더1[CYL2]	후 진	양 솔레노이드
상·하 이송 실린더	실린더1[CYL3]	후 진	편 솔레노이드
전·후 이송 실린더	실린더1[CYL4]	후 진	편 솔레노이드
흡착 컵	흡착 컵1	정 지	편 솔레노이드

2. 초기동작

■ 초기동작은 기본동작 응용동작과 연결된 동작은 아니다.

1. 시작스위치[PB1]를 누르면 ON 시스템이 동작순서에 따라 다음과 같이 동작한다.
2. 동작이 완료되면 시작스위치[PB1]에 의해 초기동작을 다시 시작할 수 있다.

동작순서	동작 요소	제어조건
1	전·후 이송 실린더	전진하여 5초 간 정지한 후 후진하는 동작을 2회 반복하고 정지한다.
2	FND1 및 컨베이어	① FND1은 [1] 과 [0] 를 5초 간격으로 3회 반복하여 표시하고 [0] 을 표시한다.[[1] :5초, [0] :5초 [1] :5초, [0] :5초. [1] :5초, [0] :5초.] ② FND1의 표시 값이 [1] 이면 컨베이어가 작동하고 [0] 이면 정지한다.

3	FND2 및 흡착 컵	① FND2은 [9] ~ [0] 를 5초 간격으로 3회 반복하여 표시하고 정지한다. ② FND2의 표시 값이 [3] 보다 크거나 같으면 흡착 컵이 작동하고 [3] 보다 적으면 정지한다.
4	표시램프	FND1, [3] FND2 [3] 이 표시되면 PL3가 1초 간격으로 점멸한다.

2〉 기본동작

■ 기본동작은 초기동작을 수행한 사람에게만 진행한다.

1. 매거진에 공작물을 재질구분 없이 공급한다.
2. 토글스위치[TG1]을 <ON>하고 시작스위치[PB1]을 누르면 ON 시스템이 연속동작 한다.
3. 연속동작이 정지되면 시작스위치[PB1]에 의해 기본동작을 다시 시작할 수 있다.

<table>
<tr><th>동작 요소</th><th>제어조건</th></tr>
<tr><td>표시램프
[PL3]</td><td>
<table>
<tr><th>램프 \ 상태</th><th>동작 중</th><th>정지 중</th></tr>
<tr><td>준비램프[PL1]</td><td>소 등</td><td>점 등</td></tr>
<tr><td>운전표시램프[PL2]</td><td>점 등</td><td>소 등</td></tr>
<tr><td>매거진 공작물
재고표시램프[PL3]</td><td>공작물이 있으면 점등
공작물이 없으면 점멸[0.5초 간격]</td><td>소 등</td></tr>
</table>
</td></tr>
<tr><td>공급실린더
[CYL1]</td><td>① 첫 번째 공작물은 시작스위치[PB1]를 누르면 [ON] 공급 하고 후진한다.
② 2번째 공작물부터는 작업 중인 공작물이 배출 또는 저장이 완료되면 공급하고 2초 후 후진한다.
③ 매거진에 공작물이 없으면 동작하지 않는다.</td></tr>
<tr><td>컨베이어</td><td>① 공급실린더[CYL1]가 전진 완료하면 동작한다.
② 선서[S12]가 공작물을 검출하면 일시정지 하고, 스토퍼 실린더[CYL2]가 후진 완료하면 다시 동작한다.
③ 연속동작을 종료하면 정지한다.</td></tr>
<tr><td>센서[S10, S11]</td><td>① 비금속이 검출되면 표시램프[PL4]를 배출 또는 적재 완료 시까지 점멸한다.
② 비금속이 검출되면 표시램프[PL5]를 배출완료 시까지 점등한다.</td></tr>
<tr><td>스토퍼 실린더
[CYL2]</td><td>① 시작스위치[PB1]을 누르면 [ON]3초 후 전진한다.
② 센서[S12]에 비금속 공작물이 검출되면 7초 후 후진한다.
③ 센서[S10, S11]에 금속 공작물이 검출되면 즉시 후진한다.</td></tr>
<tr><td>연속동작정지</td><td>① 정지스위치[PB2]를 누르면 [ON] 작업 중인 공작물이 배출 또는 저장이 완료되면 정지한다.
② 재고표시램프[PL3]가 10초 점멸하면 정지한다.
③ 정지되면 실린더는 초기상태가 되며, 준비램프[PL1]이 점등한다.</td></tr>
</table>

3〉 응용동작3

■ 응용동작은 기본동작을 수행한 후 시행 한다.

1. 기본동작제어조건에 응용동작1, 응용동작2의 제어조건을 추가하여 동작되도록 한다.
2. 기본동작이 완료된 상태에서 토글스위치[TG1], 토글스위치[TG2]를 <ON>하고, 시작스위치[PB1]을 누르면 ON 시스템이 연속동작 한다.
3. 연속동작이 정지되면 시작스위치[PB1]에 의해 응용동작을 다시 시작할 수 있다.

1) 응용동작1

동작 요소	제어조건
공급실린더[CYL1]	① 센서[S10, S11]가 금속 공작물 2개를 검출하면 공작물 공급을 중지한다.
흡착이송 실린더 [흡착 컵1, CYL3, CYL4]	① 스토퍼 실린더의 [S12]에 금속 공작물이 검출되면 공작물을 적재부[STAGE]로 이송한다. ② 공작물 이송을 위한 실린더 및 흡착 컵의 동작순서는 간섭이 없고 원활한 동작이 되도록 수검자가 판단하여 정한다.
적재부	① 센서[S10, S11]가 금속 공작물을 검출하면 적재할 위치로 이동한다. ② 공작물은 STAGE 1, 3순으로 적재한다.
연속동작정지	① 적재부에 2개의 공작물이 저장되면 정지한다.

2) 응용동작2

(가) 시작스위치[PB1]를 누르면 [ON] FND1, FND2는 [0], [0]를 표시한다.

(나) 각 디스프레이 유닛은 다음과 같이 표시한다.

디스프레이 유닛	동작 및 표시 상태
FND1	① 적재부에 저장된 비금속 공작물의 수량을 표시한다. ② 적재부에 공작물을 저장 하고 상·하 이송 실린더[CYL3]가 후진하면, 1씩 증가하여 표시한다.
FND2	① 스토퍼 실린더의 센서[S12]에 비금속 공작물이 검출되면 적재물 STAGE 번호를 저장을 완료할 때까지 표시한다.

7-4. MPS 제어장치 PLC 프로그램(4)

■ 프로젝트 요구사항

1. [그림 1]의 시스템 구성도와 I/O 할당표를 참고하여 시스템을 구성하시오.
2. 다음 동작을 요구조건에 맞도록 PLC 프로그램을 작성하고, ❶❷❸ 동작순서를 지켜서 시운전하시오. ❶ 초기동작 ❷ 기본동작 ❸ 응용동작
3. 작성한 PLC 프로그램을 프린트 물과 함께 파일로 제출한다.

1〉 초기동작

1. 시스템 구성 및 초기상태

구 분	실린더 구분	후 진	제어용 솔레노이드
공급실린더	실린더1[CYL1]	후 진	편 솔레노이드
스토퍼 실린더	실린더1[CYL2]	후 진	편 솔레노이드
상·하 이송 실린더	실린더1[CYL3]	후 진	양 솔레노이드
전·후 이송 실린더	실린더1[CYL4]	후 진	편 솔레노이드
흡착 컵	흡착 컵1	정 지	편 솔레노이드

2. 초기동작

■ 토글스위치[TG1]을 [ON]하면 초기동작이 선택 된다.

시작스위치[PB1]를 누르면 ON 시스템이 동작순서에 따라 다음과 같이 동작한다.

동작순서	동작 요소	제어조건
1	전·후 이송실린더	전진과 후진을 3회 반복하고 정지한다.
2	스토퍼 실린더 및 컨베이어	① 후진하여 5초 간 정지한 후 전진한다. ② 컨베이어는 실린더가 후진하면 동작하고, 전진하면 정지한다.
3	FND1, FND2	① FND1은 [0] ~ [9] 를 1초 간격으로 1씩 증가하여 [9] 를 표시한다. ② FND2의 [9] ~ [0] 를 0.5초 간격으로 1씩 감소하여 [0] 을 표시하고 [0] ~ [9] 를 0.5초 간격으로 1씩 증가하여 [9] 가 표시되어야 한다. ※ FND1, FND2는 동시에 감소 또는 증가하여 표시되어야 한다.
4	표시램프	FND1 [9] FND2에 [9] 이 표시되면 PL1은 1초 간격으로 점멸한다.

2〉 기본동작

■ 기본동작은 초기동작을 수행한 사람에게만 진행한다.

1. 매거진에 공작물을 재질구분 없이 공급한다.
2. 토글스위치[TG1]을 <ON>하고 시작스위치[PB1]을 누르면 ON 시스템이 연속동작 한다.
3. 연속동작이 정지되면 시작스위치[PB1]에 의해 기본동작을 다시 시작할 수 있다.

동작 요소	제어조건
표시램프 [PL1, PL2, PL3]	① 준비램프[PL1] : 점등 ② 운전표시램프[PL2] : 점등 ③ 공작물 재고표시램프[PL3] : 매거진 공작물이 있으면 점등하고, 공작물이 없으면 0.5초 간격으로 점멸한다. ① 연속동작 중 공작물이 없으면 3초 후 0.5초 간격으로 점멸한다. ② 재고표시램프[PL3]가 점멸하고, 10초 이내에 공작물을 공급하면 점등한다.
공급실린더 [CYL1]	① 표시램프[PL2]가 점등되면 5초 후 공작물을 공급하고 후진한다. ※ 연속동작에 따른 공작물은 작업 중인 공작물이 배출 또는 적재가 완료되면 공급한다. ② 표시램프[PL3]가 점멸하면 동작하지 않는다.
컨베이어	① 공급실린더[CYL1]가 공작물을 공급하고 후진하면 동작한다. ② 연속동작을 종료하면 정지한다.
센서[S10, S11]	① 금속을 검출하면 센서[S12]이 공작물이 검출되고 3초 후 스토퍼 실린더[CYL2]를 후진시켜 배출하고, 즉시 전진한다. ※ 금속이 검출되면 표시램프[PL4]를 배출 또는 적재완료 시까지 점등한다. ② 비금속이 검출되면 스토퍼 실린더[CYL2]를 즉시 후진시켜 배출하고 5초 후 전진한다. ※ 비금속이 검출되면 표시램프[PL5]를 배출완료 시까지 점등한다.

3〉 응용동작4

■ 기본동작이 진행되고 있는 상태에서 토글스위치[TG2]를 <ON>하면 기본동작 작동에 응용동작1의 동작요소를 추가하여 동작되도록 해야 한다.

1) 응용동작1

(가) 토글스위치[TG2]를 <ON>한다.

(나) 토글스위치[TG2]가 <ON>되고 최초 공급되는 공작물부터 다음 동작 요소를 추가하

여 연속동작이 되도록 해야 한다.

(다) 연속동작이 정지되면 시작스위치[PB1]에 의해 응용동작을 다시 시작할 수 있다.

동작 요소	제어조건
공급실린더 [CYL1]	① 센서[S10, S11]가 금속 공작물 3개를 검출하면 공작물 공급을 중지한다. ② 센서[S10, S11]가 금속 3개를 검출 하면 운전표시램프[PL2]는 점등한다.
스토퍼린더 [CYL2]	① 센서[S12]에 금속 공작물이 검출되면 상·하 이송 실린더[CYL3]와 흡착 컵1이 공작물을 흡착하면, 스토퍼 실린더[CYL2]는 후진하고 즉시 전진한다. ② 센서[S12]에 비금금속 공작물이 검출되면 즉시 후진하고, 5초 후 다시 전진한다.
흡착, 이송실린더 [흡착 컵, CYL3, CYL4]	① 스토퍼 실린더의 센서[S12]에 금속 공작물이 검출되면 3초 후 공작물 적재부[STAGE]로 이송한다. ② 공작물은 이송을 위한 실린더 및 흡착 컵의 동작순서는 간섭이 없고 원활한 동작이 되도록 수검자가 판단하여 정한다.
적재부	① 스토퍼 실린더[CYL2]가 후진했다 전진을 완료하면 적재해야 할 위치로 이동한다. ② 이송된 공작물은 ATAGE 2.1.3순으로 적재한다.
연속동작정지	① 정지스위치[PB2]를 누르면 [ON] 초기동작이 완료된 상태로 정지한다. ② 적재부에 3개의 공작물이 저장되면 초기동작이 완료된 상태로 저장된다. ③ 재고표시램프[PL3]가 10초 간 점멸하면, 초기동작이 완료 된 상태로 저장한다.

2) 응용동작2

(가) 기본동작 및 응용동작1의 작업한 결과를 디스플레이 유닛 [FND1, FND2, FND3]에 표시한다.
각 디스플레이 유닛은 [0] ~ [9] 까지 표시할 수 있다.

(나) 시작스위치[PB1]을 누르면 [ON] FND1, FND2, FND3은 [0] [6] [0] 을 표시한다.

(다) 각 디스플레이 유닛은 다음과 같이 표시한다.

디스프레이 유닛	동작 및 표시 상태
FND1	① 센서[S10, S11]가 검출한 금속 공작물의 수량을 가산하여 표시한다. ② 센서[S10, S11]가 검출한 비금속 공작물의 수량을 가산하여 표시한다. ③ 센서[S10, S11]가 금속 또는 비금속의 공작물을 검출하면 검출된 재질의 수량을 센서[S10, S11]가 다른 공작물을 검출 할 때까지 표시한다.
FND2	① 매거진[MAGAZINE]에 저장된 공작물의 잔여 수량을 표시한다. ② FND2에 [0] 이 표시되면 초기동작이 완료된 상태로 정지한다. 공급실린더[CYL1]가 공작물을 공급 하고 후진하면, [6] 에서 1씩 감산하여 표시한다.
FND3	① 스토퍼 실린더의 센서[S12]가 금속 공작물을 검출하면 적재될 STAGE 번호를 저장 완료할 때까지 표시한다. ② 저장이 완료되면 공작물의 수량을 표시한다. 센서[S12]가 공작물을 검출하면 적재 물 STAGE 번호를 표시하고 적재부에 공작물을 표시하고 흡착 컵1이 정지하면 공작물의 수량을 표시한다.

MEMO

7-5. MPS 제어장치 PLC 프로그램(5)

■ 프로젝트 요구사항

1. [그림 1]의 시스템 구성도와 I/O 할당표를 참고하여 시스템을 구성하시오.
2. 다음 동작을 요구조건에 맞도록 PLC 프로그램을 작성하고, ❶❷❸ 동작순서를 지켜서 시운전하시오. ❶ 초기동작 ❷기본동작 ❸ 응용동작
3. 작성한 PLC 프로그램을 프린트 물과 함께 파일로 제출한다.

1〉 초기동작

1. 시스템 구성 및 초기상태

구 분	실린더 구분	후 진	제어용 솔레노이드
공급실린더	실린더1[CYL1]	후 진	편 솔레노이드
스토퍼 실린더	실린더1[CYL2]	후 진	편 솔레노이드
상·하 이송 실린더	실린더1[CYL3]	후 진	편 솔레노이드
전·후 이송 실린더	실린더1[CYL4]	후 진	양 솔레노이드
흡착 컵	흡착 컵1	정 지	편 솔레노이드

2. 초기동작

1. 토글스위치[TG1]을 [ON]하면 초기동작이 선택 된다.
2. 시작스위치[PB1]를 누르면 ON 시스템이 동작순서에 따라 다음과 같이 동작한다.

동작순서	동작 요소	제어조건
1	적재부	흡착 컵 동작 위치에 다음과 같이 STAGE를 이동한 후 정지한다. 동작순서 : STAGE2－3초 정지－STAGE3－3초 정지－STAGE1
2	FND1	[0] [2] [4] [6] [8] 를 0.5초 간 표시한다.
3	FND2	[1] [3] [5] [7] [9] 를 0.5초 간격으로 순차적으로 표시하고 [8] 을 표시한다.
4	표시램프	FND1, FND2에 [0] 이 표시되면 PL1이 1초 간격으로 점멸한다.

2〉 기본동작

■ 기본동작은 초기동작을 수행한 사람에게만 진행한다.

1. 매거진에 공작물을 재질구분 없이 공급한다.
2. 토글스위치[TG1]을 <ON>하고 시작스위치[PB1]을 누르면 ON 시스템이 연속동작 한다.
3. 연속동작이 정지되면 시작스위치[PB1]에 의해 기본동작을 다시 시작할 수 있다.

동작 요소	제어조건
표시램프 [PL1, PL2, PL3]	① 준비램프[PL1] : 점등 ② 운전표시램프[PL2] : 점등 ③ 공작물 재고표시램프[PL3] : 매거진 공작물이 있으면 점등하고, 공작물이 없으면 0.5초 간격으로 점멸한다. ① 연속동작 중 공작물이 없으면 3초 후 0.5초 간격으로 점멸한다. ② 재고표시램프[PL3]가 점멸하고, 10초 이내에 공작물을 공급하면 점등한다.
공급실린더 [CYL1]	① 표시램프[PL2]가 점등되면 공작물을 공급하고, 3초 후 후진한다. ※ 연속동작에 따른 공작물은 작업 중인 공작물이 배출 또는 적재가 완료되면 공급한다. ② 표시램프[PL3]가 점멸하면 동작하지 않는다.
컨베이어	① 운전표시램프[PL2]가 점등되면 점등된다. ② 센서[S12]가 공작물을 검출하면 일시정지 하고, 스토퍼 실린더가 후진 완료하면 다시 동작한다. ③ 연속동작을 종료하면 정지한다.
센서[S10, S11]	① 금속을 검출하면 스토퍼 실린더[CYL2]를 전진 후 후진하여 배출한다. ※ 금속이 검출되면 표시램프[PL4]를 배출 또는 적재완료 시까지 점등한다. ② 비금속이 검출하면 컨베이어를 이용해 배출한다. ※ 비금속이 검출되면 표시램프[PL5]를 배출완료 시까지 점등한다.
스토퍼 실린더 [CYL2]	① 센서[S10, S11]에서 금속 공작물이 검출되면 전진하고, 센서[S12]가 공작물을 검출하면 3초 후 후진한다. ② 센서[S10, S11]에서 비금속 공작물이 검출되면 후진 상태를 유지한다.
연속동작정지	① 정지스위치[PB2]를 누르면 [ON] 초기동작이 완료된 상태로 정지한다. ② 재고표시램프[PL3]가 10초 간 점멸하면, 초기동작이 완료된 상태로 정지한다. ※ 초기동작이 완료된 상태 : 준비램프[PL1]가 1초 간격으로 점멸 상태.

3〉 응용동작5

■ 기본동작이 진행되고 있는 상태에서 토글스위치[TG2]를 <ON>하면 기본동작 작동에 응용동작1의 동작요소를 추가하여 동작되도록 해야 한다.

1) 응용동작1

(가) 토글스위치[TG2]를 <ON>한다.

(나) 토글스위치[TG2]가 <ON>되고 최초 공급되는 공작물부터 다음 동작 요소를 추가하여 연속동작이 되도록 해야 한다.

(다) 토글스위치[TG2]가 <OFF>되면 최초 공급되는 공작물부터 기본동작을 실행해야 한다.

(라) 연속동작이 정지되면 시작스위치[PB1]에 의해 응용동작을 다시 시작할 수 있다.

동작 요소	제어조건
동작 요소	제어조건
공급실린더[CYL1]	① 센서[S10, S11]가 금속 공작물 3개를 검출하면 공작물 공급을 중지한다.
스토퍼린더[CYL2]	① 센서[S10, S11]에 금속 공작물을 검출하면 전진하고, 흡착 컵1과 상·하 이송 실린더[CYL3]가 공작물을 흡착하여 후진하면 후진한다. * 컨베이어는 센서[S12]가 공작물을 검출하면 일시정지 하고, 스토퍼 실린더가 후진 완료하면 다시 동작한다. ② 센서[S10, S11]에서 비금속 공작물을 검출하면 후진 상태를 유지한다.
흡착, 이송 실린더 [흡착 컵, CYL3, CYL4]	① 스토퍼 실린더의 센서[S12]에 금속 공작물이 검출되면 공작물 적재부[STAGE]로 이송한다. * 공작물은 이송을 위한 실린더 및 흡착 컵의 동작순서는 간섭이 없고 원활한 동작이 되도록 수검자가 판단하여 정한다.

2) 응용동작2

(가) 기본동작 및 응용동작1의 작업한 결과를 디스플레이 유닛 [FND1, FND2, FND3]에 표시한다.

* 각 디스플레이 유닛은 [0] ~ [9] 까지 표시할 수 있다.

(나) 시작스위치[PB1]을 누르면 [ON] FND1, FND2, FND3은 [0], [0], [0] 을 표시한다.

(다) 각 디스플레이 유닛은 다음과 같이 표시한다.

디스프레이 유닛	동작 및 표시 상태
FND1	① 공급된 공작물의 전체 수량을 표시한다. * 공급실린더[CYL1]가 공작물을 공급하고 후진하면 수량을 1씩 증가하여 표시한다.
FND2	① 적재부에 저장된 금속 공작물의 수량을 표시한다. * 적재부에 공작물을 저장하고 흡착 컵이 정지하면 수량을 1씩 증가하여 표시한다.
FND3	① 센서[S10, S11]에서 금속을 검출 하면 STAGE 번호를 저장 완료할 때까지 표시한다. ② 작업이 종료 되면 공급된 공작물의 전체 수량에서 저장된 금속 수량을 빼기하여 그 수량을 표시한다. ※ 연속 작업이 종료되면 계산하여 표시한다.

MEMO

7-6. MPS 제어장치 PLC 프로그램(6)

■ 프로젝트 요구사항

1. [그림 1]의 시스템 구성도와 I/O 할당표를 참고하여 시스템을 구성하시오.
2. 다음 동작을 요구조건에 맞도록 PLC 프로그램을 작성하고, ❶❷❸ 동작순서를 지켜서 시운전하시오. ❶ 초기동작 ❷ 기본동작 ❸ 응용동작
3. 작성한 PLC 프로그램을 프린트 물과 함께 파일로 제출한다.

1〉 초기동작

1. 시스템 구성 및 초기상태

구 분	실린더 구분	후 진	제어용 솔레노이드
공급실린더	실린더1[CYL1]	후 진	양 솔레노이드
스토퍼 실린더	실린더1[CYL2]	후 진	편 솔레노이드
상·하 이송 실린더	실린더1[CYL3]	후 진	편 솔레노이드
전·후 이송 실린더	실린더1[CYL4]	후 진	편 솔레노이드
흡착 컵	흡착 컵1	정 지	편 솔레노이드

2. 초기동작

1. 토글스위치[TG1]을 [ON]하면 초기동작이 선택 된다.
2. 시작스위치[PB1]를 누르면 ON 시스템이 동작순서에 따라 다음과 같이 동작한다.

동작 순서	동작 요소	제어조건
1	공급실린더	전진과 후진을 3회 반복하고 전진한다.
2	상·하 이송 실린더 및 흡착 컵	① 실린더는 전진하여 3초 후에 후진한다. ② 흡착 컵은 실린더가 전진 완료 후 동작하고 후진 완료하면 정지한다.
3	FND1, FND2	① FND1, FND2순으로 [0] ~ [9] 를 0.5초 간격으로 1씩 증가하여 [9] 표시한다. ※ FND1이 먼저 표시되고, FND2가 표시되어야 한다.
4	표시램프	FND1, FND2에 [9] 가 표시되면 PL1이 1초 간격으로 점멸한다.

2〉 기본동작

■ 기본동작은 초기동작을 수행한 사람에게만 진행한다.

1. 매거진에 공작물을 재질구분 없이 공급한다.
2. 토글스위치[TG1]을 <ON>하고 시작스위치[PB1]을 누르면 ON 시스템이 연속동작 한다.
3. 연속동작이 정지되면 시작스위치[PB1]에 의해 기본동작을 다시 시작할 수 있다.

동작 요소	제어조건
표시램프 [PL1, PL2, PL3]	① 준비램프[PL1] : 점등 ② 운전표시램프[PL2] : 점등 ③ 공작물 재고표시램프[PL3] : 매거진 공작물이 있으면 점등하고, 공작물이 없으면 0.5초 간격으로 점멸한다. ① 연속동작 중 공작물이 없으면 3초 후 0.5초 간격으로 점멸한다. ② 재고표시램프[PL3]가 점멸하고, 10초 이내에 공작물을 공급하면 점등한다.
공급실린더 [CYL1]	① 표시램프[PL2]가 점등되면 공작물을 공급하고, 3초 후 후진한다. ※ 연속동작에 따른 공작물은 작업 중인 공작물이 배출 또는 적재가 완료되면 공급한다. ② 표시램프[PL3]가 점멸하면 동작하지 않는다.
컨베이어	① 공급실린더[CYL1]가 공작물을 공급하고 2초 후 동작한다. ② 연속동작을 종료하면 정지한다.
센서 [S10, S11]	① 금속을 검출하면 센서[S12]에 공작물이 검출되고, 3초 후 스토퍼 실린더[CYL2]를 후진시켜 배출한다. ※ 금속이 검출되면 표시램프[PL4]를 배출 또는 적재완료 시까지 점등한다. ② 비금속이 검출하면 스토퍼 실린더[CYL2]를 즉시 후진시켜 컨베이어를 이용해 배출한다. ※ 금속이 검출되면 표시램프[PL5]를 배출완료 시까지 점등한다.
스토퍼 실린더 [CYL2]	① 공급실린더[CYL1]가 전진을 완료하면 전진하고, 센서[S12]에 비금속 공작물이 검출되면 3초 후 후진한다. ② 공급실린더[CYL1]가 전진을 완료하면 전진하고, 센서[S10, S11]가 금속을 검출하면 즉시 후진한다.
연속동작정지	① 정지스위치[PB2]를 누르면 [ON] 초기동작이 완료된 상태로 정지한다. ② 재고표시램프[PL3]가 10초 간 점멸하면, 초기동작이 완료된 상태로 정지한다. ※ 초기동작이 완료된 상태 : 준비램프[PL1]가 1초 간격으로 점멸 상태.

3〉 응용동작6

■ 기본동작이 진행되고 있는 상태에서 토글스위치[TG2]를 <ON>하면 기본동작 작동에 응용동작1의 동작요소를 추가하여 동작되도록 해야 한다.

1) 응용동작1

㈎ 토글스위치[TG2]를 <ON>한다.

㈏ 토글스위치[TG2]가 <ON>되고 최초 공급되는 공작물부터 다음 동작 요소를 추가하여 연속동작이 되도록 해야 한다.

㈐ 토글스위치[TG2]가 <OFF>되면 최초 공급되는 공작물부터 기본동작을 실행해야 한다.

㈑ 연속동작이 정지되면 시작스위치[PB1]에 의해 응용동작을 다시 시작할 수 있다.

동작 요소	제어조건
공급실린더 [CYL1]	① 센서[S10, S11]가 금속 공작물 3개를 검출하면 공작물 공급을 중지한다. ※ 센서[S10, S11]가 비금속 3개를 검출하면 운전표시램프[PL2]는 0.5초 간격으로 점멸한다.
스토퍼린더 [CYL2]	① 공급실린더[CYL1]가 전진 완료하면 전진하고, 흡착 컵1과 상·하 이송 실린더[CYL3]가 공작물을 흡착하여 후진하면 후진한다. ② 공급실린더[CYL1]가 전진 완료하면 전진하고 센서[S10, S11]에서 금속 검출하면 즉시 후진한다.
흡착, 이송 실린더[흡착 컵, CYL3, CYL4]	① 스토퍼 실린더의 센서[S12]에 비금속 공작물이 검출되면 공작물 적재부[STAGE]로 이송한다. * 공작물은 이송을 위한 실린더 및 흡착 컵의 동작순서는 간섭이 없고 원활한 동작이 되도록 수검자가 판단하여 정한다.
적재부	① 흡착 컵1이 비금속 공작물을 흡착하면 저장위치로 이동한다. ② 공작물은 STAGE 2.3.1순으로 저장한다.
연속동작정지	① 정지스위치[PB2]를 누르면 [ON] 초기동작이 완료된 상태로 정지한다. ② 적재부에 3개의 공작물이 저장되면 초기동작이 완료된 상태로 저장된다. ③ 재고표시램프[PL3]가 10초 간 점멸하면, 초기동작이 완료 된 상태로 저장한다.

2) 응용동작2

(가) 기본동작 및 응용동작1의 작업한 결과를 디스플레이 유닛 [FND1, FND2, FND3]에 표시한다. 각 디스플레이 유닛은 [0]~[9]까지 표시할 수 있다.

(나) 시작스위치[PB1]을 눌렀다 떼면 <ON/OFF> FND1, FND2, FND3은 [9] [3] [0]을 표시한다.

(다) 각 디스플레이 유닛은 다음과 같이 표시한다.

디스프레이 유닛	동작 및 표시 상태
FND1	① 매거진[MAGAZING]에 저장된 공작물의 잔여 수량을 표시한다. ② FND1 [0]이 표시되면 초기동작이 완료된 상태로 정지한다. * 공급실린더[CYL1]가 공작물을 공급하고 후진하면, [9] 에서 1씩 감소하여 표시한다.
FND2	① 적재부에 저장된 급속 공작물의 수량을 표시한다. * 적재부에 공작물을 저장하고 흡착 컵이 정지하면, [3] 에서 1씩 감소하여 표시한다.
FND3	① 공급실린더[CYL1]가 공급한 공작물의 전체 수량에서 저장된 비금속 수량을 빼기하여 수량을 표시한다. ※ 적재부에 공작물을 저장하고 이송 실린더[CYL3]가 후진하면 계산하여 표시한다.

MEMO

7-7. MPS 제어장치 PLC 프로그램(7)

■ 프로젝트 요구사항

1. [그림 1]의 시스템 구성도와 I/O 할당표를 참고하여 시스템을 구성하시오.
2. 다음 동작을 요구조건에 맞도록 PLC 프로그램을 작성하고, ❶❷❸ 동작순서를 지켜서 시운전하시오. ❶ 초기동작 ❷ 기본동작 ❸ 응용동작
3. 작성한 PLC 프로그램을 프린트 물과 함께 파일로 제출한다.

1〉 초기동작

1. 시스템 구성 및 초기상태

구 분	실린더 구분	후 진	제어용 솔레노이드
공급실린더	실린더1[CYL1]	후 진	편 솔레노이드
스토퍼 실린더	실린더1[CYL2]	후 진	양 솔레노이드
상·하 이송 실린더	실린더1[CYL3]	후 진	편 솔레노이드
전·후 이송 실린더	실린더1[CYL4]	후 진	편 솔레노이드
흡착 컵	흡착 컵1	정 지	편 솔레노이드

2. 초기동작

■ 초기동작은 기본동작 응용동작과 연결된 동작은 아니다.

1. 시작스위치[PB1]를 누르면 ON 시스템이 동작순서에 따라 다음과 같이 동작한다.
2. 동작이 완료되면 시작스위치[PB1]에 의해 초기동작을 다시 시작할 수 있다.

동작 순서	동작 요소	제어조건
1	전·후 이송 실린더	전진하여 3초 간 정지한 후 후진한다.
2	상·하 이송 실린더	① 전진과 후진을 3회 반복하고 정지한다. ② 표시램프[PL1]가 0.5초 간격으로 점멸하고 정지하면 소등한다.
3	FND1, FND2	① FND1은 [9] ~ [0] 를 1초 간격으로 1씩 감소하여 [0] 을 표시한다. ② FND2은 [0] ~ [9] 를 1초 간격으로 1씩 감소하여 [9] 을 표시한다. ※ FND1, FND2는 동시에 감소 또는 증가하여 표시되어야 한다.
4	표시램프	FND1 [0], FND2에 [0] 이 표시되면 PL1이 1초 간격으로 점멸한다.

2〉 기본동작

■ 기본동작은 초기동작을 수행한 사람에게만 진행한다.

1. 매거진에 공작물을 재질구분 없이 공급한다.
2. 토글스위치[TG1]을 <ON>하고 시작스위치[PB1]을 누르면 ON 시스템이 연속동작 동작이 정지되면 시작스위치[PB1]에 의해 기본동작을 다시 시작할 수 있다.

동작 요소	제어조건
표시램프 [PL1.PL2. PL3]	① 준비램프[PL1] : 점등 ② 운전표시램프[PL2] : 점등 ③ 공작물 재고표시램프[PL3] : 매거진 공작물이 있으면 점등하고, 공작물이 없으면 0.5초 간격으로 점멸한다. ① 연속동작 중 공작물이 없으면 3초 후 0.5초 간격으로 점멸한다. ② 재고표시램프[PL3]가 점멸하고, 10초 이내에 공작물을 공급하면 점등한다.
공급실린더 [CYL1]	① 표시 램프[PL2]가 점등되면 공작물을 공급하고, 후진한다. ※ 연속동작에 따른 공작물은 작업 중인 공작물이 배출 또는 적재가 완료되면 공급한다. ② 표시램프[PL3]가 점멸하면 동작하지 않는다.
컨베이어	① 공급실린더[CYL1]가 공작물을 공급하고 2초 후 작동한다. ② 센서[S12]가 공작물을 검출하면 일시정지 하고, 스토퍼 실린더가 후진 완료하면 다시 동작한다. ③ 연속동작을 종료하면 정지한다.
센서[S10. S11]	① 금속을 검출하면 센서[S12]에 공작물이 검출되고, 3초 후 스토퍼 실린더 [CYL2]를 후진시켜 배출한다. ※ 금속이 검출되면 표시램프[PL4]를 배출 또는 적재완료 시까지 점등한다. ② 비금속이 검출하면 스토퍼 실린더[CYL2]를 즉시 후진시켜 컨베이어를 이용해 배출한다. ※ 금속이 검출되면 표시램프[PL5]를 배출완료 시까지 점등한다.

3〉 응용동작7

■ 기본동작이 진행되고 있는 상태에서 토글스위치[TG2]를 <ON>하면 기본동작 작동에 응용동작1의 동작요소를 추가하여 동작되도록 해야 한다.

1) 응용동작1

(가) 토글스위치[TG2]를 <ON>한다.

(나) 토글스위치[TG2]가 <ON>되고 최초 공급되는 공작물부터 다음 동작 요소를 추가하

여 연속동작이 되도록 해야 한다.

(다) 토글스위치[TG2]가 <OFF>되면 최초 공급되는 공작물부터 기본동작을 실행해야 한다.

(라) 연속동작이 정지되면 시작스위치[PB1]에 의해 응용동작을 다시 시작할 수 있다.

동작 요소	제어조건
공급실린더[CYL1]	① 센서[S10, S11]가 금속 공작물 3개를 검출하면 공작물 공급을 중지한다. ※ 센서[S10, S11]가 비금속 3개를 검출하면 운전표시램프[PL2]는 0.5초 간격으로 점멸한다.
스토퍼린더[CYL2]	① 컨베이어가 동작하면 전진하고, 흡착 컵1과 상·하 이송 실린더[CYL3]가 공작물을 흡착하여 후진하면 후진한다. ② 컨베이어가 동작하면 전진하고, 센서[S10, S11]에서 검출하면 즉시 후진한다.
흡착, 이송 실린더 [흡착 컵, CYL3, CYL4]	① 스토퍼 실린더의 센서[S12]에 비금속 공작물이 검출되면 3초 후 공작물 적재부[STAGE]로 이송한다. * 공작물은 이송을 위한 실린더 및 흡착 컵의 동작순서는 간섭이 없고 원활한 동작이 되도록 수검자가 판단하여 정한다.
적재부	① 전·후 이송 실린더[CYL4]가 전진을 완료하면 적재해야 할 위치로 이동한다. ② 이송된 공작물은 STAGE 1.3.2 순으로 저장한다.
연속동작정지	① 정지스위치[PB2]를 누르면 [ON] 초기동작이 완료된 상태로 정지한다. ② 적재부에 3개의 공작물이 저장되면 초기동작이 완료된 상태로 정지한다. ③ 재고표시램프[PL3]가 10초 점등되면, 초기동작이 완료된 상태로 정지한다.

2) 응용동작2

(가) 기본동작 및 응용동작1의 작업한 결과를 디스플레이 유닛 [FND1, FND2, FND3]에 표시한다. * 각 디스플레이 유닛은 [0] ~ [9] 까지 표시할 수 있다.

(나) 시작스위치[PB1]을 눌렀다 떼면 <ON/OFF> FND1, FND2, FND3은 [0] [3] [0] 을 표시한다.

(다) 각 디스플레이 유닛은 다음과 같이 표시한다.

디스프레이 유닛	동작 및 표시 상태
FND1	① 센서[S10, S11]에서 검출된 금속 공작물의 수량을 표시한다. ② 센서[S10, S11]에서 검출된 비금속 공작물의 수량을 표시한다. ③ 센서[S10, S11]에서 검출된 전체 공작물의 수량을 표시한다. * 센서[S10, S11]에서 공작물을 검출하면, 금속, 비금속 수량을 1초 간격으로 순차적으로 표시한다.
FND2	① 적재부에 저장된 급속 공작물의 수량을 표시한다. * 적재부에 공작물을 저장하고 흡착 컵이 정지하면, [3] 에서 1씩 감소하여 표시한다.
FND3	① 스토퍼 실린더의 센서[S12]가 금속 공작물을 검출하면 적재될 STAGE 번호를 저장을 완료할 때까지 표시한다. ② 저장이 완료되면 저장된 공작물의 수량을 표시한다. ※ 센서[S12]가 공작물을 검출하면 적재될 STAGE 번호를 표시하고, 적재부에 공작물을 저장하고 흡착 컵1이 정지하면 저장된 공작물의 수량을 표시한다.

MEMO

7-8. MPS 제어장치 PLC 프로그램(8)

■ 프로젝트 요구사항

1. [그림 1]의 시스템 구성도와 I/O 할당표를 참고하여 시스템을 구성하시오.
2. 다음 동작을 요구조건에 맞도록 PLC 프로그램을 작성하고, ❶❷❸ 동작순서를 지켜서 시운전하시오. ❶ 초기동작 ❷ 기본동작 ❸ 응용동작
3. 작성한 PLC 프로그램을 프린트 물과 함께 파일로 제출한다.

1〉 초기동작

1. 시스템 구성 및 초기상태

구 분	실린더 구분	후 진	제어용 솔레노이드
공급실린더	실린더1[CYL1]	후 진	양 솔레노이드
스토퍼 실린더	실린더1[CYL2]	후 진	편 솔레노이드
상·하 이송 실린더	실린더1[CYL3]	후 진	편 솔레노이드
전·후 이송 실린더	실린더1[CYL4]	후 진	편 솔레노이드
흡착 컵	흡착 컵1	정 지	편 솔레노이드

2. 초기동작

■ 초기동작은 기본동작 응용동작과 연결된 동작은 아니다.

1. 시작스위치[PB1]를 누르면 ON 시스템이 동작순서에 따라 다음과 같이 동작한다.
2. 동작이 완료되면 시작스위치[PB1]에 의해 초기동작을 다시 시작할 수 있다.

동작 순서	동작 요소	제어조건
1	공급실린더	전진하여 3초 간 정지한 후 후진하는 동작을 3회 반복하고 정지한다.
2	상·하 이송 실린더 및 흡착 컵	① 실린더는 전진하여 5초 후에 후진한다. ② 흡착 컵은 실린더가 전진 완료 후 동작하고 후진 완료하면 정지한다.
3	FND1, FND2	① FND1, FND2순으로 [9]~[0] 를 0.5초 간격으로 1씩 감소하여 [0] 표시한다. ※ FND1이 먼저 표시되고, FND2가 표시되어야 한다.
4	표시램프	FND1, FND2에 [0] 이 표시되면 PL1이 0.5초 간격으로 점멸한다.

2〉 기본동작

■ 기본동작은 초기동작을 수행한 사람에게만 진행한다.

1. 매거진에 공작물을 재질구분 없이 공급한다.
2. 토글스위치[TG1]을 <ON>하고 시작스위치[PB1]을 누르면 ON 시스템이 연속동작한다.
3. 연속동작이 정지되면 시작스위치[PB1]에 의해 기본동작을 다시 시작할 수 있다.

동작 요소	제어조건
표시램프 [PL1, PL2, PL3]	① 준비램프[PL1]: 점등 ② 운전표시램프[PL2] : 점등 ③ 공작물 재고표시램프[PL3] : 매거진 공작물이 있으면 점등하고, 공작물이 없으면 1초 간격으로 점멸한다. 　① 재고램프[PL3]가 10초 간 점멸하면 연속동작을 정지한다. 　② 재고표시램프[PL3]가 점멸할 때, 10초 이내에 공작물을 공급하면 점등한다.
공급실린더 [CYL1]	① 첫 번째 공작물은 운전표시램프[PL2]가 점등되면 5초 후 공급하고 후진한다. ② 두 번째 공작물로부터는 작업 중인 공작물이 배출 또는 저장이 완료되면 공급한다. ② 매거진에 공작물이 없으면 동작하지 않는다.
컨베이어	① 운전표시램프[PL2]가 점등되면 2초 후 동작한다. ② 연속동작을 종료하면 정지한다.
센서[S10, S11]	① 금속을 검출하면 표시램프[PL4]를 배출 또는 저장 완료 시까지 점등한다. ② 비금속이 검출되면 표시램프[PL4]를 배출완료 시까지 0.5초 간격으로 점멸한다.
스토퍼 실린더 [CYL2]	① 컨베이어가 작동하면 전진하고, 정지하면 후진한다. ② 센서[S12]에 금속 공작물이 검출되면 5초 후 후진하고, 3초 후 전진한다. ③ 센서[S10, S11]에 비금속 공작물이 검출되면 즉시 후진하고, 3초 후 전진한다.
연속동작정지	① 정지스위치[PB2]를 눌렀다 떼면 <ON/OFF> 작업 중인 공작물이 배출 또는 저장이 완료되면 정지한다. ② 재고표시램프[PL3]가 10초 간 점멸하면 정지한다.

3〉 응용동작8

■ 기본동작이 진행되고 있는 상태에서 토글스위치[TG2]를 <ON>하면 기본동작 요소에 응용동작1, 응용동작2의 동작요소를 추가 또는 변경하여 동작되도록 한다.

1) 응용동작1

1. 토글스위치[TG2]를 <ON>한다.
2. 토글스위치[TG2]를 <ON>되고 최초 공급되는 공작물부터 기본동작에 다음 동작요소를 추가 또는 변경하여 연속동작이 되도록 한다.
3. 토글스위치[TG2]가 <OFF>되면 최초 공급되는 공작물부터 기본동작을 실행한다.
4. 연속동작이 정지되면 시작스위치[PB1]에 의해 응용동작1을 다시 시작 할 수 있다

동작 요소	제어조건
2. 공급실린더[CYL1]	① 센서[S10, S11]가 금속 공작물 3개를 검출하면 공작물 공급을 중지한다. ② 일시정지하면 운전표시램프[PL2]는 1초 간격으로 점멸한다.
5. 스토퍼 실린더[CYL2]	① 컨베이어가 동작하면 전진하고, 정지하면 후진한다. ② 센서[S12]에 검출된 금속 공작물을 흡착 컵1과 상·하 이송 실린더[CYL3]가 흡착하여 후진하면 후진하고, 3초 후 전진한다.
6. 흡착이송 실린더 [흡착 컵1, CYL3, CYL4]	① 스토퍼 실린더의 [S12]에 금속 공작물이 검출되면 공작물을 적재부[STAGE]로 이송한다. ※ 공작물 이송을 위한 실린더 및 흡착 컵의 동작순서는 간섭이 없고 원활한 동작이 되도록 수검자가 판단하여 정한다.
7. 적재부	① 흡착 컵1이 금속 공작물을 흡착하여 후진하면 적재해야 할 위치로 이동한다. ② 공작물은 STAGE 3.2.1 순으로 적재한다.
8. 연속동작정지	① 적재부에 3개의 공작물이 저장되면 정지한다.

2) 응용동작2

(가) 응용동작1의 작업한 결과를 디스프레이 유닛[FND1, FND2, FND3]에 표시한다.

※ 각 디스프레이 유닛은 [0] ~ [9] 까지 표시할 수 있다.

(나) 시작스위치[PB1]를 눌렀다 떼면 <ON/OFF>FND1, FND2, FND3은 [9] [0] [0]]을 표시한다.

(다) 각 디스프레이 유닛은 다음과 같이 표시한다.

디스프레이 유닛	동작 및 표시 상태
FND1	① 매거진[MAGAZINE]에 저장된 공작물의 잔여 수량을 표시한다. ② FND1에 [0] 이 표시되면 작업 중인 공작물이 배출 또는 저장이 완료되면 정지한다. ※ 공급실린더[CYL1]가 공작물을 공급하고 후진하면, [9] 에서 한 개씩 감소하여 표시한다.
FND2	① 센서[S10, S11]가 금속 3개를 검출하여 공급실린더가 공작물 공급 일시정지하면 정지된 시간을 1씩 감소하여 표시한다. ※ 운전표시램프[PL2]가 점멸 할 때마다 [9] [8] [7] [6] [5] [4] [3] [2] [1] [0] 순으로 1씩 감소하여 [0] 을 표시한다. ② 시간을 표시하다 운전표시램프[PL2]가 소등하면 [0] 을 표시한다.
FND3	① 매거진[MAGAZINE]에 저장된 공작물의 잔여 수량에 저장된 금속 수량을 더하기(+)하여 그 수량을 표시한다. ※ 적재부에 공작물을 저장하고 이송 실린더[CYL3]가 후진하면 계산하여 표시한다.

MEMO

7-9. MPS 제어장치 PLC 프로그램(9)

■ 프로젝트 요구사항

1. [그림 1]의 시스템 구성도와 I/O 할당표를 참고하여 시스템을 구성하시오.
2. 다음 동작을 요구조건에 맞도록 PLC 프로그램을 작성하고, ❶❷❸ 동작순서를 지켜서 시운전하시오. ❶ 초기동작 ❷ 기본동작 ❸ 응용동작
3. 작성한 PLC 프로그램을 프린트 물과 함께 파일로 제출한다.

1〉 초기동작

1. 시스템 구성 및 초기상태

구 분	실린더 구분	후 진	제어용 솔레노이드
공급실린더	실린더1[CYL1]	후 진	편 솔레노이드
스토퍼 실린더	실린더1[CYL2]	후 진	양 솔레노이드
상·하 이송 실린더	실린더1[CYL3]	후 진	편 솔레노이드
전·후 이송 실린더	실린더1[CYL4]	후 진	편 솔레노이드
흡착 컵	흡착 컵1	정 지	편 솔레노이드

2. 초기동작

■ 초기동작은 기본동작 응용동작과 연결된 동작은 아니다.

1. 시작스위치[PB1]를 누르면 ON 시스템이 동작순서에 따라 다음과 같이 동작한다.
2. 동작이 완료되면 시작스위치[PB1]에 의해 초기동작을 다시 시작할 수 있다.

동작순서	동작 요소	제어조건
1	공급실린더	전진하여 3초 간 정지한 후 후진하는 동작을 3회 반복하고 정지한다.
2	FND1 및 흡착 컵	① FND1은 [9]~[0]를 1초 간격으로 1씩 감소하여 [0]을 표시한다. ② FND1의 표시 값이 [0]이면 흡착 컵이 5초 간 동작하고 정지한다.
3	FND2 및 컨베이어	① FND2는 [0]~[9]를 1초 간격으로 1씩 감소하여[0]을 표시하고, [9]~[0]을 1초 간격으로 1씩 감소하여 [0]을 표시한다. ② FND2의 표시 값이 [0]보다 크면 컨베이어는 동작하고 [0]이면 정지한다.
4	표시램프	FND1, [0], FND2에 [0]이 표시되면 PL1이 1초 간격으로 점멸한다.

2〉 기본동작

■ 기본동작은 초기동작을 수행한 사람에게만 진행한다.

1. 매거진에 공작물을 재질구분 없이 공급한다.
2. 토글스위치[TG1]을 <ON>하고 시작스위치[PB1]을 누르면 ON 시스템이 연속동작 한다.
3. 연속동작이 정지되면 시작스위치[PB1]에 의해 기본동작을 다시 시작할 수 있다.

동작 요소	제어조건
표시램프 [PL1, PL2, PL3]	① 준비램프[PL1] : 점등 ② 운전표시램프[PL2] : 점등 ③ 공작물 재고표시램프[PL3] : 매거진 공작물이 있으면 점등하고, 공작물이 없으면 1초 간격으로 점멸한다. ① 재고램프[PL3]가 10초 간 점멸하면 연속동작을 정지한다. ② 재고표시램프[PL3]가 점멸할 때, 10초 이내에 공작물을 공급하면 점멸한다.
공급실린더 [CYL1]	① 첫 번째 공작물은 운전표시램프[PL2]가 점등되면 3초 후 공급하고 후진한다. ② 두 번째 공작물로부터는 작업 중인 공작물이 배출 또는 저장이 완료되면 공급한다. ② 매거진에 공작물이 없으면 동작하지 않는다.
컨베이어	① 시작스위치[PB1]를 누르면 [ON] 동작한다. ② 센서[S12]가 공작물을 검출하면 일시정지 하고, 스토퍼 실린더가 후진 완료하면 다시 동작한다. ③ 연속동작을 종료하면 정지한다.
센서[S10, S11]	① 금속이 검출되면 표시램프[PL4]를 배출 또는 적재완료 시까지 점등한다. ② 비금속이 검출되면 표시램프[PL5]를 배출완료 시까지 점등한다.
스토퍼 실린더 [CYL2]	① 공급실린더[CYL1]가 전진하면 전진한다. ② 센서[S12]에 금속 공작물이 검출되면 5초 후 후진한다. ③ 센서[S10, S11]에 비금속 공작물이 검출되면 즉시 후진한다.
연속동작정지	① 정지스위치[PB2]를 누르면 [ON] 작업 중인 공작물이 배출 또는 저장이 완료되면 정지한다. ② 재고표시램프[PL3]가 10초 간 점멸하면 정지한다.

3〉 응용동작9

■ 기본동작이 진행되고 있는 상태에서 토글스위치[TG2]를 <ON>하면 기본동작 요소에 응용동작1, 응용동작2의 동작요소를 추가 또는 변경하여 동작되도록 한다.

1) 응용동작1

1. 토글스위[TG2]를 <ON>한다.
2. 토글스위치[TG2]를 <ON>되고 최초 공급되는 공작물부터 기본동작에 다음 동작 요소를 추가 또는 변경하여 연속동작이 되도록 한다.
3. 토글스위치[TG2]가 <OFF>되면 최초 공급되는 공작물부터 기본동작을 실행한다.
4. 연속동작이 정지되면 시작스위치[PB1]에 의해 응용동작1을 다시 시작할 수 있다.

동작 요소	제어조건
2. 공급실린더[CYL1]	① 센서[S10, S11]가 금속 공작물 3개를 검출하면 공작물 공급을 중지한다. ② 일시정지하면 운전표시램프[PL2]는 점등한다.
5. 스토퍼 실린더[CYL2]	① 컨베이어가 동작하면 전진하고, 정지하면 후진한다. ② 센서[S12]에 검출된 금속 공작물을 흡착 컵1과 상·하 이송 실린더[CYL3]가 흡착하여 후진하면 후진한다. ③ 센서[S10, S11]에 비금속 공작물이 검출되면 즉시 후진한다.
6. 흡착이송 실린더 [흡착 컵1, CYL3, CYL4]	① 스토퍼 실린더의 [S12]에 금속 공작물이 검출되면 3초 후 공작물 적재부[STAGE]로 이송한다. ※ 공작물 이송을 위한 실린더 및 흡착 컵의 동작순서는 간섭이 없고 원활한 동작이 되도록 수검자가 판단하여 정한다.
7. 적재부	① 전·후 이송 실린더[CYL4]가 전진을 완료하면 적재해야 할 위치로 이송한다. ② 이송된 공작물은 STAGE 3.2.1 순으로 적재한다.
8. 연속동작정지	① 적재부에 3개의 공작물이 저장되면 정지한다.

2) 응용동작2

(가) 응용동작1의 작업한 결과를 디스프레이 유닛[FND1, FND2, FND3]에 표시한다.
※ 각 디스프레이 유닛은 [0]~[9]까지 표시할 수 있다.

(나) 시작스위치[PB1]를 눌렀다 떼면 <ON/OFF>FND1, FND2, FND3은 [0] [3] [0]을 표시한다.

(다) 각 디스프레이 유닛은 다음과 같이 표시한다.

디스플레이 유닛	동작 및 표시 상태
FND1	① 센서[S10, S11]가 금속 3개를 검출하여 공급실린더가 공작물 공급을 일시정지하면 정지된 시간을 1씩 감소하여 표시한다. ※ 운전표시램프[PL2]가 점멸 할 때마다 [9] [8] [7] [6] [5] [4] [3] [2] [1] [0] 순으로 1씩 감소하여 [0]을 표시한다. ② 시간을 표시하다 운전표시램프[PL2]가 소등하면 [0]를 표시한다.
FND2	① 적재부에 저장될 금속 공작물의 잔여 수량을 표시한다. ※ 적재부에 공작물을 저장하고 상·하 이송 실린더[CYL3]가 후진하면 [3] 에서 1씩 감소하여 표시한다.
FND3	① 스토퍼 실린더 센서[S12]가 금속 공작물을 검출하면 적재될 STAGE 번호를 저장을 완료할 때까지 표시한다. ② 저장이 완료되면 저장된 공작물의 수량을 표시한다. ※ 센서[S12]가 공작물을 검출하면 적재될 STAGE 번호를 표시하고 적재부에 공작물을 저장하고 흡착 컵이 정지하면 저장된 공작물의 수량을 표시한다.

MEMO

7-10. MPS 제어장치 PLC 프로그램(10)

■ 프로젝트 요구사항

1. [그림 1]의 시스템 구성도와 I/O 할당표를 참고하여 시스템을 구성하시오.
2. 다음 동작을 요구조건에 맞도록 PLC 프로그램을 작성하고, ❶❷❸ 동작순서를 지켜서 시운전하시오. ❶ 초기동작 ❷ 기본동작 ❸ 응용동작
3. 작성한 PLC 프로그램을 프린트 물과 함께 파일로 제출한다.

1〉 초기동작

1. 시스템 구성 및 초기상태

구 분	실린더 구분	후 진	제어용 솔레노이드
공급실린더	실린더1[CYL1]	후 진	편 솔레노이드
스토퍼 실린더	실린더1[CYL2]	후 진	편 솔레노이드
상·하 이송 실린더	실린더1[CYL3]	후 진	편 솔레노이드
전·후 이송 실린더	실린더1[CYL4]	후 진	양 솔레노이드
흡착 컵	흡착 컵1	정 지	편 솔레노이드

2. 초기동작

■ 초기동작은 기본동작 응용동작과 연결된 동작은 아니다.

1. 시작스위치[PB1]를 누르면 ON 시스템이 동작순서에 따라 다음과 같이 동작한다.
2. 동작이 완료되면 시작스위치[PB1]에 의해 초기동작을 다시 시작할 수 있다.

<table>
<tr><th>동작순서</th><th>구 분</th><th>동작 및 표시상태</th></tr>
<tr><td>1</td><td>CYL3, CYL4</td><td>CYL4+⇒ CYL3+⇒ CYL3− ⇒ CYL4−\</td></tr>
<tr><td>2</td><td>FND1, 2</td><td>아래 1단계부터 4단계까지 수행되어야 하며
<table>
<tr><th>단 계 / 실린더</th><th>1단계</th><th>2단계</th><th>3단계</th><th>4단계</th></tr>
<tr><td>FND1</td><td>9</td><td>8</td><td>7</td><td>6</td></tr>
<tr><td>FND2</td><td>1</td><td>2</td><td>3</td><td>4</td></tr>
</table>
각 단계는 0.5초씩 유지된다.
FND1, FND2는 4단계 이후에는 계속 6 4 가 표시된다.</td></tr>
<tr><td>3</td><td>표시램프</td><td>FND1, FND2에 6 4 가 표시되면 PL1은 1초 간격으로 점멸한다.</td></tr>
</table>

2] 기본동작

■ 기본동작은 초기동작을 수행한 사람에게만 진행한다.

1. 매거진에 공작물을 재질구분 없이 공급한다.
2. 토글스위치[TG1]을 <ON>하고 시작스위치[PB1]을 누르면 ON 시스템이 연속동작 한다.
3. 연속동작이 정지되면 시작스위치[PB1]에 의해 기본동작을 다시 시작할 수 있다.

<table>
<tr><th>동작 요소</th><th colspan="3">제어조건</th></tr>
<tr><td rowspan="4">표시램프
[PL1, PL2, PL3]</td><td>램프 \ 상태</td><td>동작 중</td><td>정지 중</td></tr>
<tr><td>준비램프[PL1]</td><td>소 등</td><td>점멸[1초 간격]</td></tr>
<tr><td>운전표시램프[PL2]</td><td>1초 간격으로 점멸</td><td>소 등</td></tr>
<tr><td>매거진 공작물
재고표시램프[PL3]</td><td>공작물이 있으면 점등
공작물이 없으면 소등</td><td>소 등</td></tr>
<tr><td>공급실린더
[CYL1]</td><td colspan="3">① 첫 번째 공작물은 시작스위치[PB1]을 누르면 [ON] 공급하고 후진한다.
② 두 번째 공작물로부터는 작업 중인 공작물이 배출 또는 저장이 완료되면 공급하고 후진한다.
③ 매거진에 공작물이 없으면 동작하지 않는다.</td></tr>
<tr><td>컨베이어</td><td colspan="3">① 연속동작이 시작되면 1초 후 구동된다.
② 스토퍼 실린더[CYL2]가 전진되어 있을 때 센서[S12]가 공작물을 검출하면일시정지하고, 스토퍼 실린더가 후진 완료하면 다시 동작한다.
③ 연속동작을 종료하면 정지한다.</td></tr>
<tr><td>스토퍼 실린더
[CYL2]</td><td colspan="3">① 공급실린더[CYL1]가 전진 할 때마다 전진한다.
② 금속 공작물이 센서[S12]에 검출되면 3초 후 후진한다.
③ 비금속 공작물이 센서[S12]에 검출되면 즉시 후진한다.</td></tr>
<tr><td>연속동작정지</td><td colspan="3">① 정지스위치[PB2]를 누르면 [ON] 작업 중인 공작물이 배출 또는 저장이 완료되면 정지한다.
② 매거진에 12초 이상 공작물이 없으면 정지한다.
③ 정지 되었을 때 모든 공압 실린더는 초기상태가 되어야 하며, FND1, FND2는 관계없다.</td></tr>
</table>

3] 응용동작 NO 10

■ 응용동작은 기본동작을 수행한 수검자에 한하여 수행한다.

(가) 기본동작 제어조건에 응용동작1, 응용동작2의 제어조건이 추가되어 동작한다.

(나) 기본동작이 완료된 상태에서 토글스위치[TG1], 토글스위치[TG2]를 <ON>하고, 시작 수위치[PB1]를 누르면 ON 시스템이 연속동작 한다.

㈐ 연속동작이 정지되면 시작스위치[PB1]에 의해 응용동작을 다시 시작할 수 있다.

1) 응용동작1

동작 요소	제어조건
공급실린더	센서[S10, S11]에서 금속 2개를 검출하면 공작물 공급을 중지한다.
적재부	센서[S10, S11]에서 금속 공작물을 검출하면 공작물이 STAGE 3, 2, 순서로 저장되도록 적재부가 이동한다.
흡착 컵 [CYL3, CYL4]	스토퍼 실린더의 센서[S12]에 금속 공작물이 검출되면 공작물을 적재부로 이송한다. 동작순서 CYL3+⇒ 흡착ON ⇒ CYL3− ⇒ CYL4+⇒ CYL3+⇒ 흡착OFF ⇒ CYL3+ ⇒ CYL4−
연속동작정지	적재부에 2개의 공작물이 저장되면 정지한다.

2) 응용동작2

㈎ 시작스위치[PB1]를 누르면 FND1, FND2는 [0] [0] 을 표시한다.
㈏ 각 디스프레이 유닛은 다음과 같이 표시한다.

디스프레이 유닛	동작 및 표시 상태
FND1	공급실린더[CYL1]가 공작물을 공급할 때마다 1식 증가하여 표시한다.
FND2	센서[S10, S11]에서 금속을 검출 하면을 검출하면 적재될 STAGE 번호를 적재가 완료될 때까지 표시한다.

MEMO

7-11. MPS 제어장치 PLC 프로그램(11)

■ 프로젝트 요구사항

1. [그림 1]의 시스템 구성도와 I/O 할당표를 참고하여 시스템을 구성하시오.
2. 다음 동작을 요구조건에 맞도록 PLC 프로그램을 작성하고, ❶❷❸ 동작순서를 지켜서 시운전하시오. ❶ 초기동작 ❷ 기본동작 ❸ 응용동작
3. 작성한 PLC 프로그램을 프린트 물과 함께 파일로 제출한다.

1) 초기동작

1. 시스템 구성 및 초기상태

구 분	실린더 구분	후 진	제어용 솔레노이드
공급실린더	실린더1[CYL1]	후 진	편 솔레노이드
스토퍼 실린더	실린더1[CYL2]	후 진	편 솔레노이드
상·하 이송 실린더	실린더1[CYL3]	후 진	편 솔레노이드
전·후 이송 실린더	실린더1[CYL4]	후 진	양 솔레노이드
흡착 컵	흡착 컵1	정 지	편 솔레노이드

2. 초기동작

■ 초기동작은 기본동작 응용동작과 연결된 동작은 아니다.

1. 시작스위치[PB1]를 누르면 ON 시스템이 동작순서에 따라 다음과 같이 동작한다.
2. 동작이 완료되면 시작스위치[PB1]에 의해 초기동작을 다시 시작할 수 있다.

동작 순서	동작 요소	제어조건
1	적재부	적재부의 2번 위치가 흡착 컵 동작 위치에 위치하도록 이동한다.
2	FND1	[0] [1] [2] [3] [4] [5] [6] [7] [8] [9]를 0.5초 간격으로 순차적으로 표시하고 [0]을 표시한다.
3	FND2	[0] [1] [2] [3] [4] [5] [6] [7] [8] [9]를 0.5초 간격으로 순차적으로 표시, 표시하고 [0]을 표시한다.
4	표시램프	FND1, FND2에 [0]이 표시되면 PL1이 1초 간격으로 점멸한다.

2〉 기본동작

■ 기본동작은 초기동작을 수행한 사람에게만 진행한다.

1. 매거진에 공작물을 재질구분 없이 공급한다.
2. 토글스위치[TG1]을 <ON>하고 시작스위치[PB1]을 누르면 ON 시스템이 연속동작 한다.
3. 연속동작이 정지되면 시작스위치[PB1]에 의해 기본동작을 다시 시작할 수 있다.

동작 요소	제어조건
표시램프 [PL1, PL2, PL3]	① 준비램프[PL1] : 점등 ② 운전표시램프[PL2] : 점등 ③ 물품 재고표시램프[PL3] : 매거진 공작물이 있으면 점등하고, 공작물이 없으면 점등한다. ※ 연속동작 중 매거진에 물품이 없으면 3초 후 점등한다.
공급실린더[CYL1]	① 표시램프[PL2]가 점등되고, 3초 후 공작물을 공급하고 후진한다. ※ 연속동작에 따른 공작물 공급은 작업 중인 공작물이 배출 또는 적재가 완료되면 공급한다. ② 표시램프[PL3]가 점등되어 있으면 동작하지 않는다.
컨베이어	① 공급실린더[CYL1]가 전진 완료하면 동작한다. ② 연속동작을 종료하면 정지한다.
센서[S10, S11]	① 공급된 공작물이 금속이면 스토퍼 실린더[CYL2]를 전진시킨다. ※ 금속이 검출되면 표시램프[PL4]를 적재완료 시까지 점등한다. ② 공급된 공작물이 비금속이면 컨베이어를 통해 배출한다. ※ 비금속이 검출되면 표시램프[PL5]를 배출완료 시까지 점등한다.
스토퍼 실린더[CYL2]	① 센서[S10, S11]에 비금속 공작물이 검출하면, 전진하고, 센서[S12]가 공작물을 검출하면 3초 후 후진한다. ② 센서[S10, S11]에서 비금속을 검출하면 후진 상태를 유지한다.
연속동작정지	① 정지스위치[PB2]를 누르면 [ON] 초기동작이 완료된 상태로 정지한다. ② 재고표시램프[PL3]가 점등되면 초기동작이 완료된 상태로 정지한다.

3) 응용동작11

■ 기본동작이 진행되고 있는 상태에서 토글스위치[TG2]를 <ON>하면 기본동작 작동에 응용동작1의 동작요소를 추가하여 동작되도록 해야 한다.

1) 응용동작1

(가) 토글스위치[TG2]를 <ON>한다.

(나) 토글스위치[TG2]가 <ON>되고 최초 공급되는 공작물부터 다음 동작 요소를 추가하여 동작이 되도록 해야 한다.

(다) 토글스위치[TG2]가 <OFF>되면 최초 공급되는 공작물부터 기본동작을 실행해야 한다.

(라) 연속동작이 정지되면 시작스위치[PB1]에 의해 응용동작을 다시 시작할 수 있다.

동작 요소	제어조건
스토퍼 실린더[CYL2]	① 센서[S10, S11]에서 금속을 검출하면 전진하고, 흡착 컵과 상·하 이송 실린더[CYL3]가 공작물을 흡착하여 후진하면 후진한다. ② 센서[S10, S11]에서 검출하면 후진상태를 유지하여 비금속 공작물이 컨베이어를 통해 배출 되도록 한다.
흡착, 이송 실린더 [흡착 컵, CYL3, CYL4]	① 비금속 공작물이 적재부[STAGE]로 이송한다. * 공작물은 이송을 위한 실린더 및 흡착 컵의 동작순서는 간섭이 없고 원활한 동작이 되도록 수검자가 판단하여 정한다.
적재부	① 센서[S10, S11]에서 금속을 검출하면 적재해야 할 위치로 이동한다. ② 이송된 공작물은 STAGE 1.2.3순으로 적재한다. ③ STAGE 1.2.3에 적재가 완료되면 공급된 금속 공작물은 컨베이어를 통해 배출한다. ※ 표시 램프[PL4]를 배출완료 시까지 점등한다.
연속동작정지	① 정지스위치[PB2]를 누르면 [ON] 초기동작이 완료된 상태로 정지한다. ② 적재부에 3개의 공작물이 저장되면 초기동작이 완료된 상태로 정지한다. ③ 재고표시램프[PL3]가 10초 점등되면 초기동작이 완료된 상태로 정지한다.

2) 응용동작2

(가) 기본동작 및 응용동작1의 작업한 결과를 디스플레이 유닛 [FND1, FND2, FND3]에 표시한다. * 각 디스플레이 유닛은 [0] ~ [9] 까지 표시할 수 있다.

(나) 시작스위치[PB1]을 눌렀다 떼면 <ON/OFF> FND1, FND2, FND3은 [0] [3] [0] 을 표시한다.

(다) 각 디스플레이 유닛은 다음과 같이 표시한다.

디스프레이 유닛	동작 및 표시 상태
FND1	① 센서[S10, S11]에서 검출된 금속 공작물의 수량을 표시한다. ② 센서[S10, S11]에서 검출된 비금속 공작물의 수량을 표시한다. ③ 센서[S10, S11]에서 검출된 전체 공작물의 수량을 표시한다. * 센서[S10, S11]에서 공작물을 검출하면, 금속, 비금속 수량을 1초 간격으로 순차적으로 표시한다.
FND2	① 적재부에 저장된 급속 공작물의 수량을 표시한다. * 적재부에 공작물을 저장하고 흡착 컵이 정지하면, [3] 에서 1씩 감소하여 표시한다.
FND3	① 스토퍼 실린더의 센서[S12]가 금속 공작물을 검출하면 적재될 STAGE 번호를 저장을 완료할 때까지 표시한다. ② 저장이 완료되면 저장된 공작물의 수량을 표시한다. ※ 센서[S12]가 공작물을 검출하면 적재될 STAGE 번호를 표시하고, 적재부에 공작물을 저장하고 흡착 컵1이 정지하면 저장된 공작물의 수량을 표시한다.

MEMO

7-12. MPS 제어장치 PLC 프로그램(12)

■ 프로젝트 요구사항

1. [그림 1]의 시스템 구성도와 I/O 할당표를 참고하여 시스템을 구성하시오.
2. 다음 동작을 요구조건에 맞도록 PLC 프로그램을 작성하고, ❶❷❸ 동작순서를 지켜서 시운전하시오. ❶ 초기동작 ❷ 기본동작 ❸ 응용동작
3. 작성한 PLC 프로그램을 프린트 물과 함께 파일로 제출한다.

1〉 초기동작

1. 시스템 구성 및 초기상태

구 분	실린더 구분	후 진	제어용 솔레노이드
공급실린더	실린더1[CYL1]	후 진	편 솔레노이드
스토퍼 실린더	실린더1[CYL2]	후 진	편 솔레노이드
상·하 이송 실린더	실린더1[CYL3]	후 진	양 솔레노이드
전·후 이송 실린더	실린더1[CYL4]	후 진	양 솔레노이드
흡착 컵	흡착 컵1	정 지	편 솔레노이드

2. 초기동작

1. 토글스위치[TG1]을 <ON>하면 초기동작이 선택되고 동작순서에 따라 다음과 같이 동작한다.

동작 순서	동작 요소	제어조건
1	공급실린더	적재부의 2번 위치가 흡착 컵 동작 위치에 위치하도록 이동한다.
2	스토퍼 실린더	전진과 후진을 3회 반복하고 전진한다.
3	FND1, FND2	FND1, FND2 순으로 [0]~[9] 를 0.5초 간격으로 1씩 감소하여 [0] 을 표시한다. ※ FND1을 먼저 표시하고, FND2가 표시되어야 한다.
4	표시램프	FND1, FND2에 [0] 이 표시되면 PL1이 1초 간격으로 점멸한다.

2〉 기본동작

■ 기본동작은 초기동작을 수행한 사람에게만 진행한다.

1. 매거진에 공작물을 재질구분 없이 공급한다.
2. 토글스위치[TG1]을 <ON>하고 시작스위치[PB1]을 누르면 ON 시스템이 연속동작 한다.
3. 연속동작이 정지되면 시작스위치[PB1]에 의해 기본동작을 다시 시작할 수 있다.

동작 요소	제어조건
1. 표시램프 [PL1, PL2, PL3]	① 준비램프[PL1] : 점등 ② 운전표시램프[PL2] : 점등 ③ 물품 재고표시램프[PL3] : 매거진 공작물이 있으면 소등하고, 공작물이 없으면 점등한다. ※ 연속동작 중 매거진에 물품이 없으면 3초 후 점등한다.
2. 공급실린더 [CYL1]	① 표시램프[PL2]가 점등되고, 3초 후 공작물을 공급하고 후진한다. ※ 연속동작에 따른 공작물 공급은 작업 중인 공작물이 배출 또는 적재가 완료되면 공급한다. ② 표시램프[PL3]가 점등되어 있으면 동작하지 않는다.
3. 컨베이어	① 공급실린더[CYL1]가 전진 완료하면 동작한다. ② 연속동작을 종료하면 정지한다.
4. 센서[S10, S11]	① 공급된 공작물이 금속이면 스토퍼 실린더[CYL2]를 전진시킨다. ※ 금속이 검출되면 표시램프[PL4]를 적재완료 시까지 점등한다. ② 공급된 공작물이 비금속이면 컨베이어를 통해 배출한다. ※ 비금속이 검출되면 표시램프[PL5]를 배출완료 시까지 점등한다.
5. 스토퍼 실린더 [CYL2]	① 센서[S10, S11]에 비금속 공작물이 검출하면, 전진하고, 센서[S12]가 공작물을 검출하면 3초 후 후진한다. ② 센서[S10, S11]에서 비금속을 검출하면 후진 상태를 유지한다.

3〉 응용동작1

■ 기본동작이 진행되고 있는 상태에서 토글스위치[TG2]를 <ON>하면 기본동작 작동에 응용동작1의 동작요소를 추가하여 동작되도록 해야 한다.

1) 응용동작1

㈎ 토글스위치[TG2]를 <ON>한다.

(나) 토글스위치[TG2]가 <ON>되고 최초 공급되는 공작물부터 다음 동작 요소를 추가하여 연속동작이 되도록 해야 한다.

(다) 토글스위치[TG2]가 <OFF>되면 최초 공급되는 공작물부터 기본동작을 실행해야 한다.

(라) 연속동작이 정지되면 시작스위치[PB1]에 의해 응용동작을 다시 시작할 수 있다.

동작 요소	제어조건
2. 공급실린더[CYL1]	① 센서[S10, S11]에서 비금속을 3개를 검출하면 공급실린더는 공작물 공급을 일시 중지한다.
5. 스토퍼 실린더[CYL4]	① 센서[S10, S11]에서 비금속을 검출하면 전진하고, 흡착 컵과 상·하 이송 실린더[CYL3]가 공작물을 흡착하여 후진하면 후진한다. ② 센서[S10, S11]에서 금속을 검출하면 후진상태를 유지하여 공작물이 컨베이어를 통해 배출 되도록 한다.
6. 흡착이송 실린더 [흡착 컵1, CYL3, CYL4]	① 스토퍼 실린더에 이송된 공작물이 금속이면 적재부[STAGE]로 이송한다. * 공작물은 이송을 위한 실린더 및 흡착 컵의 동작순서는 간섭이 없고 원활한 동작이 되도록 수검자가 판단하여 정한다.
7. 적재부	① 센서[S10, S11]에서 비금속을 검출하면 적재해야 할 위치로 이동한다. ② 이송된 공작물은 STAGE 3.2.1 순으로 적재한다.
8. 연속동작 정지	① 정지스위치[PB2]를 누르면 [ON] 초기동작이 완료된 상태로 정지한다. ② 적재부에 3개의 공작물이 저장되면 초기동작이 완료된 상태로 정지한다. ③ 램프[PL3]가 1소등되면 초기동작 완료된 상태로 정지한다.

2) 응용동작12

(가) 기본동작 및 응용동작1의 작업한 결과를 디스플레이 유닛 [FND1, FND2, FND3]에 표시한다.

(나) 시작스위치[PB1]을 눌렀다 떼면 <ON/OFF> FND1, FND2, FND3은 [0] [3] [0] 을 표시하고 공급된 공작물의 수량과 적재부에 저장될 비금속 공작물의 잔여 수량, 금속 공작물의 수량을 다음과 같이 표시한다.

디스프레이 유닛	동작 및 표시 상태
FND1	① 공급된 공작물의 전재 수량을 표시한다. ※ 공급실린더[CYL1]가 공작물을 공급하고 후진하면 수량을 1씩 증가하여 표시한다.
FND2	① 적재부에 저장된 비금속 공작물의 잔여 수량을 표시한다. * 적재부에 공작물을 저장하고 흡착 컵이 정지하면 [3] 에서 1씩 감소하여 표시한다.
FND3	① 공급된 공작물의 전체 수량에서 저장된 비금속 수량을 빼기하여 그 수량을 표시한다. ※ 적재부에 공작물을 저장하고 흡착 컵1이 정지하면 계산하여 표시한다.

MEMO

7-13. MPS 제어장치 PLC 프로그램(13)

※ 다음의 요구사항을 시험시간 내에 완성하시오.

1. [그림 1]의 시스템 구성도와 I/O 할당표를 참고하여 시스템을 구성하시오.
2. 다음 동작을 요구조건에 맞도록 PLC 프로그램을 작성하고, ❶❷❸ 동작순서를 지켜서 하시오. ❶ 초기동작 ❷ 기본동작 ❸ 응용동작
3. 작성한 PLC 프로그램을 프린트 물과 함께 파일로 제출한다.

1) 초기동작

1. 시스템 구성 및 초기상태

구 분	실린더 구분	후 진	제어용 솔레노이드
공급실린더	실린더1[CYL1]	후 진	편 솔레노이드
스토퍼 실린더	실린더1[CYL2]	후 진	편 솔레노이드
상·하 이송 실린더	실린더1[CYL3]	후 진	양 솔레노이드
전·후 이송 실린더	실린더1[CYL4]	후 진	양 솔레노이드
흡착 컵	흡착 컵1	정 지	편 솔레노이드

2. 초기동작

■ 초기동작은 기본동작 및 응용동작과 연결되는 동작이 아니다.

1. 시작스위치[PB1]를 누르면 시스템이 동작순서에 따라 다음과 같이 동작한다.
2. 동작이 완료되면 시작스위치[PB1]에 의해 초기동작을 다시 시작할 수 있다.

동작 순서	동작 요소	제어조건
1	공급실린더 및 컨베이어	CYL1전진 ⇒ 1초 지연 ⇒ 컨베이어구동 ⇒ CYL1후진 ⇒ 컨베이어 5초 후 정지한다.
2	FND1	[1] [3] [5] [7] [9] 1초 간격으로 순차적으로 표시한다.
3	FND2	[2] [4] [6] [8] [0] 1초 간격으로 순차적으로 표시한다.
4	표시램프	FND1, FND2에 [9] [8] 이 표시되면 PL1이 점등된다.

2〉 기본동작

■ 기본동작은 초기동작을 수행한 사람에게만 진행한다.

1. 매거진에 공작물을 재질구분 없이 공급한다.
2. 토글스위치[TG1]을 <ON>하고 시작스위치[PB1]을 누르면 ON 시스템이 연속동작 한다.
3. 연속동작이 정지되면 시작스위치[PB1]에 의해 기본동작을 다시 시작할 수 있다.

<table>
<tr><th>동작 요소</th><th>제어조건</th></tr>
<tr><td>표시램프
[PL1, PL2, PL3]</td><td>
<table>
<tr><th>상태 / 램프</th><th>동작 중</th><th>정지 중</th></tr>
<tr><td>준비램프[PL1]</td><td>점 등</td><td>점 등</td></tr>
<tr><td>운전표시램프[PL2]</td><td>점 등</td><td>소 등</td></tr>
<tr><td>매거진 공작물
재고표시램프[PL3]</td><td>공작물이 있으면 점등
공작물이 없으면 점멸
[1초 간격]</td><td>소 등</td></tr>
</table>
</td></tr>
<tr><td>공급실린더
[CYL1]</td><td>① 첫 번째 공작물은 시작스위치[PB1]를 누르면 공급 된다.
※ CYL1 전진 ⇒ CYL1 후진
② 두 번째 공작물로부터는 작업 중인 공작물이 배출 또는 저장이 완료되면 공급 된다.
③ 매거진에 공작물이 없으면 공급되지 않는다.</td></tr>
<tr><td>컨베이어</td><td>① 공급실린더[CYL1]가 전진 완료하면 동작한다.
② 연속동작을 종료하면 정지한다.</td></tr>
<tr><td>스토퍼 실린더
[CYL2]</td><td>① 센서[S10, S11]에 금속 공작물이 검출하면 전진하고 5초 후 후진한다.
② 센서[S10, S11]에서 비금속 공작물이 검출되면 후진 상태를 유지한다.</td></tr>
<tr><td>연속동작정지</td><td>① 정지스위치[PB2]를 누르면 [ON] 초기동작이 완료된 상태로 정지한다.
② 재고표시램프[PL3]가 5초 간 점멸하면 정지한다.</td></tr>
</table>

3〉 응용동작1

■ 응용동작은 기본동작을 수행한 수험자에 한하여 수행한다.

(가) 기본동작 제어조건에 응용동작1, 응용동작2의 제어조건을 추가하여 동작되도록 한다.

(나) 기본동작이 완료된 상태에서 토글스위치[TG1], 토글스위치[TG2]를 <ON>하고, 시

작스위치[PB1]을 누르면 시스템이 연속동작 한다.

(다) 연속동작이 정지되면 시작스위치[PB1]에 의해 응용동작을 다시 시작할 수 있다.

동작 요소	제어조건
공급실린더[CYL1]	① 센서[S10, S11]에서 금속을 2개를 검출하면 공작물 공급을 중지한다.
흡착이송 실린더 [흡착 컵1, CYL3, CYL4]	① 스토퍼 실린더의 센서[S12]에 금속 공작물이 적재부[STAGE]로 이송한다. * 공작물은 이송을 위한 실린더 및 흡착 컵의 동작순서는 간섭이 없고 원활한 동작이 되도록 수검자가 판단하여 정한다.
적재부	① 센서[S10, S11]에서 비금속을 검출하면 적재해야 할 위치로 이동한다. ② 공작물은 3, 1 순으로 적재한다.
연속동작 정지	① 적재부에 2개의 공작물이 저장되면 정지한다.

2) 응용동작2

(가) 시작스위치[PB1]를 누르면 FND1, FND2는 [0] [5] 를 표시한다.
각 디스플레이 유닛은 다음과 같이 표시한다.

디스프레이 유닛	동작 및 표시 상태
FND1	① 공급된 공작물의 전체 수량을 표시한다. ※ 센서[S10, S11]가 금속 공작물을 검출하면 수량을 1씩 증가하여 표시한다.
FND2	① 매거진에 공작물이 없어 재고표시램프[PL3]가 점멸하면, 1초 간격으로 [5] 에서 1씩 감소하여 시간을 표시한다. * 재고표시램프[PL3]가 점멸하면 [4] [3] [2] [1] [0] 순으로 1씩 감소하여 [5] 을 표시한다. ② 시간을 표시하다 매거진에 공작물을 공급하면 [5] 를 표시한다.

7 - 14. MPS 제어장치 PLC 프로그램(14)

※ 다음의 요구사항을 시험시간 내에 완성하시오.

1. [그림 1]의 시스템 구성도와 I/O 할당표를 참고하여 시스템을 구성하시오.
2. 다음 동작을 요구조건에 맞도록 PLC 프로그램을 작성하고, ❶❷❸ 동작순서를 지켜서 시운전하시오. ❶ 초기동작 ❷ 기본동작 ❸ 응용동작
3. 작성한 PLC 프로그램을 프린트 물과 함께 파일로 제출한다.

1〉 초기동작

1. 시스템 구성 및 초기상태

구 분	실린더 구분	후 진	제어용 솔레노이드
공급실린더	실린더1[CYL1]	후 진	양 솔레노이드
스토퍼 실린더	실린더1[CYL2]	후 진	편 솔레노이드
상·하 이송 실린더	실린더1[CYL3]	후 진	편 솔레노이드
전·후 이송 실린더	실린더1[CYL4]	후 진	편 솔레노이드
흡착 컵	흡착 컵1	정 지	편 솔레노이드

2. 초기동작

■ 초기동작은 기본동작 및 응용동작과 연결되는 동작이 아니다.

1. 시작스위치[PB1]를 누르면 시스템이 동작순서에 따라 다음과 같이 동작한다.
2. 동작이 완료되면 시작스위치[PB1]에 의해 초기동작을 다시 시작할 수 있다.

동작 순서	동작 요소	제어조건
1	상·하 이송 실린더 및 흡착 컵	CYL3전진 ⇒ 1초 지연 ⇒ 흡착 컵 ⇒ 1초 지연 ⇒ CYL3후진 ⇒ 1초 후 컨베이어 정지
2	FND1	[5] [4] [3] [2] [1] 1초 간격으로 순차적으로 표시한다.
3	FND2	[0] [2] [3] [4] [5] 1초 간격으로 순차적으로 표시한다.
4	표시램프	FND1, FND2에 [0] [5] 가 표시되면 PL1이 점등된다.

2〉 기본동작

■ 기본동작은 초기동작을 수행한 사람에게만 진행한다.

1. 매거진에 공작물을 재질구분 없이 공급한다.
2. 토글스위치[TG1]을 <ON>하고 시작스위치[PB1]을 누르면 ON 시스템이 연속동작 한다.
3. 연속동작이 정지되면 시작스위치[PB1]에 의해 기본동작을 다시 시작할 수 있다.

<table>
<tr><th>동작 요소</th><th>제어조건</th></tr>
<tr><td>표시램프
[PL1, PL2, PL3]</td><td>
<table>
<tr><th>램프 \ 상태</th><th>동작 중</th><th>정지 중</th></tr>
<tr><td>준비램프[PL1]</td><td>점 등</td><td>점 등</td></tr>
<tr><td>운전표시램프[PL2]</td><td>점멸[2초 간격]</td><td>소 등</td></tr>
<tr><td>매거진 공작물
재고표시램프[PL3]</td><td>공작물이 있으면 점등
공작물이 없으면 점멸
[1초 간격]</td><td>소 등</td></tr>
</table>
</td></tr>
<tr><td>공급실린더
[CYL1]</td><td>① 첫 번째 공작물은 시작스위치[PB1]를 누르면 공급 된다. 이때 공급실린더의 동작은 아래와 같다.
※ CYL1 전진 ⇒ 3초 후 정지 ⇒ CYL1 후진
② 두 번째 공작물로부터는 작업 중인 공작물이 배출 또는 저장이 완료되면 공급실린더가 전진하여 공급되고 공급실린더는 3초 후 후진한다.
③ 매거진에 공작물이 없으면 공급되지 않는다.</td></tr>
<tr><td>컨베이어</td><td>① 공급실린더[CYL1]가 전진 완료하면 동작한다.
② 연속동작을 종료하면 정지한다.</td></tr>
<tr><td>스토퍼 실린더
[CYL2]</td><td>① 공급실린더[CYL1]가 전진 완료하면 동작한다.
② 센서[S12]에 금속 공작물이 검출하면 5초 후 후진한다.
② 센서[S12]에서 비금속 공작물이 검출되면 즉시 후진한다.</td></tr>
<tr><td>연속
동작정지</td><td>① 정지스위치[PB2]를 누르면 작업 중인 공작물이 배출 또는 저장이 완료되면 정지한다.
② 재고표시램프[PL3]가 6초 간 점멸하면 정지한다.</td></tr>
</table>

3〉 응용동작1

■ 응용동작은 기본동작을 수행한 수험자에 한하여 수행한다.

(가) 기본동작 제어조건에 응용동작1, 응용동작2의 제어조건을 추가하여 동작되도록 한다.

(나) 기본동작이 완료된 상태에서 토글스위치[TG1], 토글스위치[TG2]를 <ON>하고, 시작스위치[PB1]을 누르면 시스템이 연속동작 한다.

(다) 연속동작이 정지되면 시작스위치[PB1]에 의해 응용동작을 다시 시작할 수 있다.

동작 요소	제어조건
공급실린더[CYL1]	① 센서[S10, S11]에서 금속을 2개를 검출하면 공작물 공급을 중지한다.
흡착이송 실린더 [흡착 컵1, CYL3, CYL4]	① 스토퍼 실린더의 센서[S12]에 금속 공작물이 적재부[STAGE]로 이송한다. * 공작물은 이송을 위한 실린더 및 흡착 컵의 동작순서는 간섭이 없고 원활한 동작이 되도록 수검자가 판단하여 정한다.
적재부	① 센서[S12]에 금속을 검출되면 적재 위치로 이동한다. ② 공작물은 2, 1 순으로 적재한다.
연속동작 정지	① 적재부에 2개의 공작물이 저장되면 정지한다.

2) 응용동작2

(가) 시작스위치[PB1]를 누르면 FND1, FND2는 [0] [5] 를 표시한다.

(나) 각 디스플레이 유닛은 다음과 같이 표시한다.

디스프레이 유닛	동작 및 표시 상태
FND1	① 매거진[MAGAZINE]에 저장된 공작물의 잔여 수량을 표시한다. ※ 공급실린더[CYL1]가 공작물을 공급하고 후진하면, [6] 에서 1씩 감소하여 표시한다. ② FND1에 [0] 이 표시되면 연속동작을 정지한다.
FND2	① 매거진에 공작물이 없어 재고표시램프[PL3]가 점멸하면, 1초 간격으로 시간을 1씩 증가하여 표시한다. * 재고표시램프[PL3]가 점멸하면 [1] [0] [2] [3] [4] [5] 순으로 1씩 증가하여 표시한다. ② 시간을 표시하다 매거진에 공작물을 공급하면 [0] 을 표시한다.

■ 7 - 14 제어장치 PLC 프로그램(14) 사용자 정의

	변수 명	데이터 타입	메모리 할당	초기 값	변수 종류	사용 여부
1	공급전진	BOOL	<자동>		VAR	*
2	공급전진센서	BOOL	%IX0.1.0		VAR	
3	공급후진센서	BOOL	%IX0.1.1		VAR	
4	금속	BOOL	<자동>		VAR	*
5	금속센서	BOOL	%IX0.1.9		VAR	*
6	램프1	BOOL	<자동>		VAR	*
7	램프2	BOOL	<자동>		VAR	*
8	램프3	BOOL	<자동>		VAR	*
9	매거진센서	BOOL	%IX0.1.8		VAR	*
10	비금속	BOOL	<자동>		VAR	*
11	비금속센서	BOOL	%IX0.1.10		VAR	*
12	상하전진센서	BOOL	%IX0.1.4		VAR	
13	상하후진센서	BOOL	%IX0.1.5		VAR	
14	스토퍼검출	BOOL	%IX0.1.11		VAR	*
15	스토퍼전진	BOOL	<자동>		VAR	*
16	스토퍼전진센서	BOOL	%IX0.1.6		VAR	
17	스토퍼후진센서	BOOL	%IX0.1.7		VAR	
18	전후전진센서	BOOL	%IX0.1.2		VAR	
19	전후후진센서	BOOL	%IX0.1.3		VAR	
20	창고1	BOOL	%IX0.1.14		VAR	
21	창고2	BOOL	%IX0.1.13		VAR	
22	창고3	BOOL	%IX0.1.12		VAR	
23	창고역회전	BOOL	%QX0.3.7		VAR	
24	창고정회전	BOOL	%QX0.3.6		VAR	
25	컨베이어	BOOL	<자동>		VAR	*
26	CON	BOOL	%QX0.3.15		VAR	*
27	M0	BOOL	<자동>		VAR	*
28	M1	BOOL	<자동>		VAR	*
29	PB1	BOOL	%IX0.0.0		VAR	*
30	PB2	BOOL	%IX0.0.1		VAR	*
31	PB3	BOOL	%IX0.0.2		VAR	
32	PB4	BOOL	%IX0.0.3		VAR	
33	PB5	BOOL	%IX0.0.4		VAR	
34	PB6	BOOL	%IX0.0.5		VAR	
35	PB7	BOOL	%IX0.0.6		VAR	
36	PL1	BOOL	%QX0.3.8		VAR	*
37	PL2	BOOL	%QX0.3.9		VAR	*
38	PL3	BOOL	%QX0.3.10		VAR	*
39	PL4	BOOL	%QX0.3.11		VAR	
40	PL5	BOOL	%QX0.3.12		VAR	
41	SOL1	BOOL	%QX0.3.0		VAR	
42	SOL1_1	BOOL	%QX0.3.1		VAR	
43	SOL2	BOOL	%QX0.3.2		VAR	*
44	SOL3	BOOL	%QX0.3.3		VAR	
45	SOL4	BOOL	%QX0.3.4		VAR	*
46	SOL5	BOOL	%QX0.3.5		VAR	
47	T1	FB Instance	<자동>		VAR	*
48	T100	FB Instance	<자동>		VAR	*
49	T101	FB Instance	<자동>		VAR	*
50	T2	FB Instance	<자동>		VAR	*
51	T3	FB Instance	<자동>		VAR	*
52	T4	FB Instance	<자동>		VAR	*
53	T5	FB Instance	<자동>		VAR	*
54	T6	FB Instance	<자동>		VAR	*
55	TG	BOOL	%IX0.0.7		VAR	*

그림 7 - 1 MPS 제어장치 PLC 프로그램(14) 사용자 정의

■ 7 - 14. MPS 제어장치 PLC 프로그램 (14)

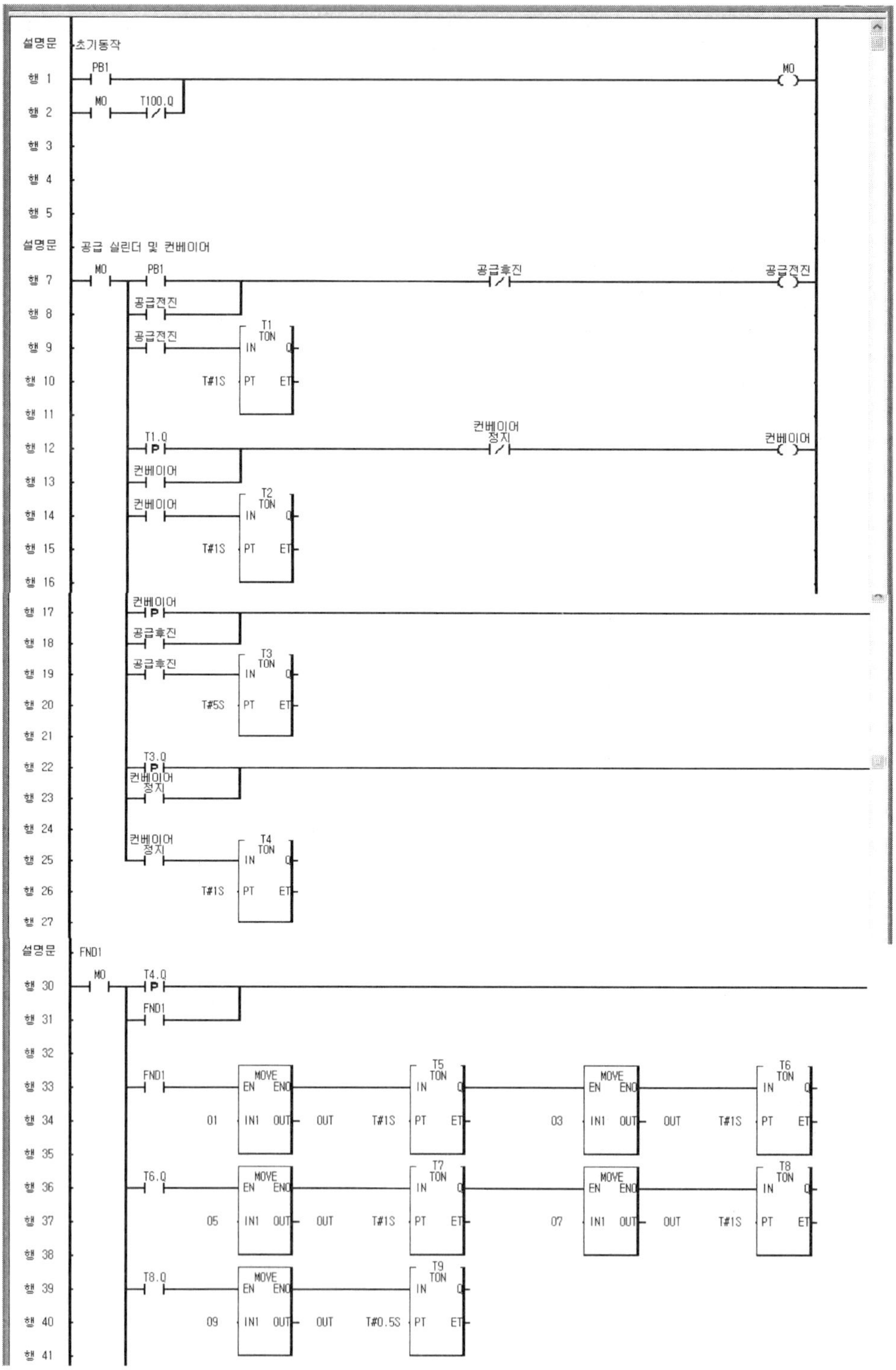

```
설명문  초기동작
행 1    PB1 ─┤ ├─────────────────────────────────────( )─ M0
행 2    M0 ─┤ ├─ T100.Q ─┤/├─┘
행 3
행 4
행 5
설명문  공급 실린더 및 컨베이어
행 7    M0 ─┤ ├─ PB1 ─┤ ├──────── 공급후진 ─┤/├────────( )─ 공급전진
행 8              공급전진 ─┤ ├─┘
행 9              공급전진 ─┤ ├── T1 TON [IN  Q]
행 10                        T#1S [PT  ET]
행 11
행 12             T1.Q ─┤P├──────── 컨베이어 정지 ─┤/├───( )─ 컨베이어
행 13             컨베이어 ─┤ ├─┘
행 14             컨베이어 ─┤ ├── T2 TON [IN  Q]
행 15                        T#1S [PT  ET]
행 16
행 17             컨베이어 ─┤P├──────────
행 18             공급후진 ─┤ ├─┘
행 19             공급후진 ─┤ ├── T3 TON [IN  Q]
행 20                        T#5S [PT  ET]
행 21
행 22             T3.Q ─┤P├──────────
행 23             컨베이어 정지 ─┤ ├─┘
행 24
행 25             컨베이어 정지 ─┤ ├── T4 TON [IN  Q]
행 26                        T#1S [PT  ET]
행 27
설명문  FND1
행 30   M0 ─┤ ├─ T4.Q ─┤P├──────────
행 31             FND1 ─┤ ├─┘
행 32
행 33             FND1 ─┤ ├── MOVE [EN  ENO] ── T5 TON [IN  Q] ── MOVE [EN  ENO] ── T6 TON [IN  Q]
행 34                     01 [IN1  OUT] OUT   T#1S [PT  ET]    03 [IN1  OUT] OUT   T#1S [PT  ET]
행 35
행 36             T6.Q ─┤ ├── MOVE [EN  ENO] ── T7 TON [IN  Q] ── MOVE [EN  ENO] ── T8 TON [IN  Q]
행 37                     05 [IN1  OUT] OUT   T#1S [PT  ET]    07 [IN1  OUT] OUT   T#1S [PT  ET]
행 38
행 39             T8.Q ─┤ ├── MOVE [EN  ENO] ── T9 TON [IN  Q]
행 40                     09 [IN1  OUT] OUT   T#0.5S [PT  ET]
행 41
```

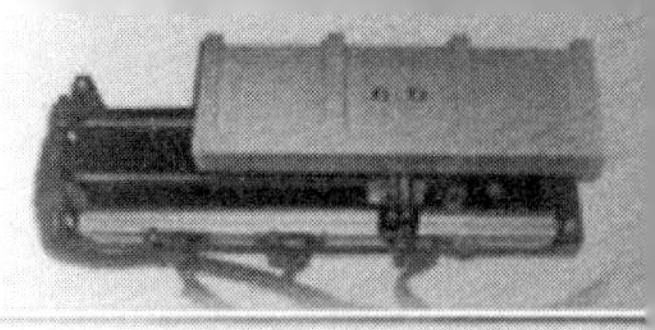

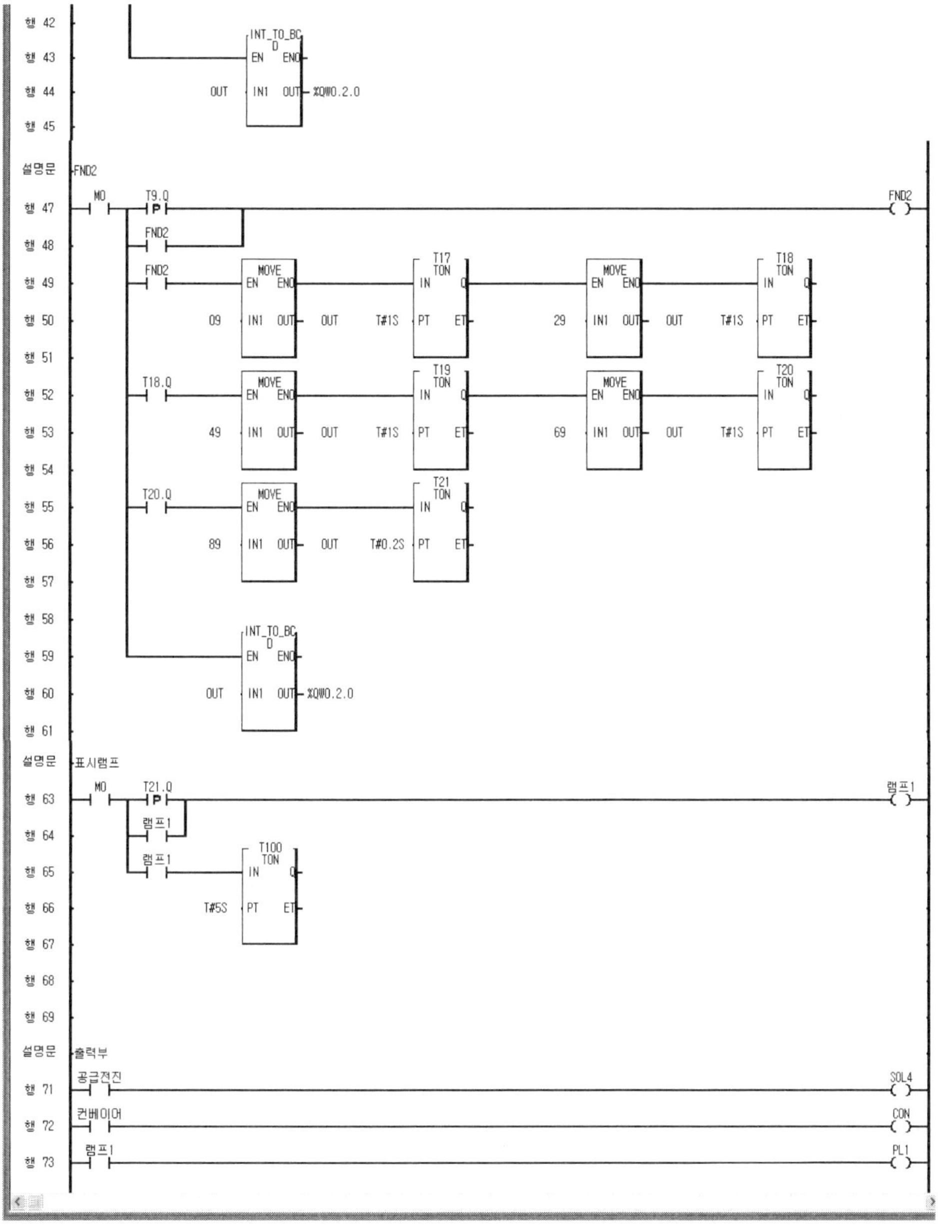

그림 7-2 MPS 제어장치 PLC 초기동작

■ 7 - 14. MPS 제어장치(14) 기본동작, PLC 프로그램

	변수 명	데이터 타입	메모리 할당	초기 값	변수 종류	사용 여부	설명문
1	공급전진	BOOL	<자동>		VAR	*	
2	공급전진센서	BOOL	%IX0.1.0		VAR		

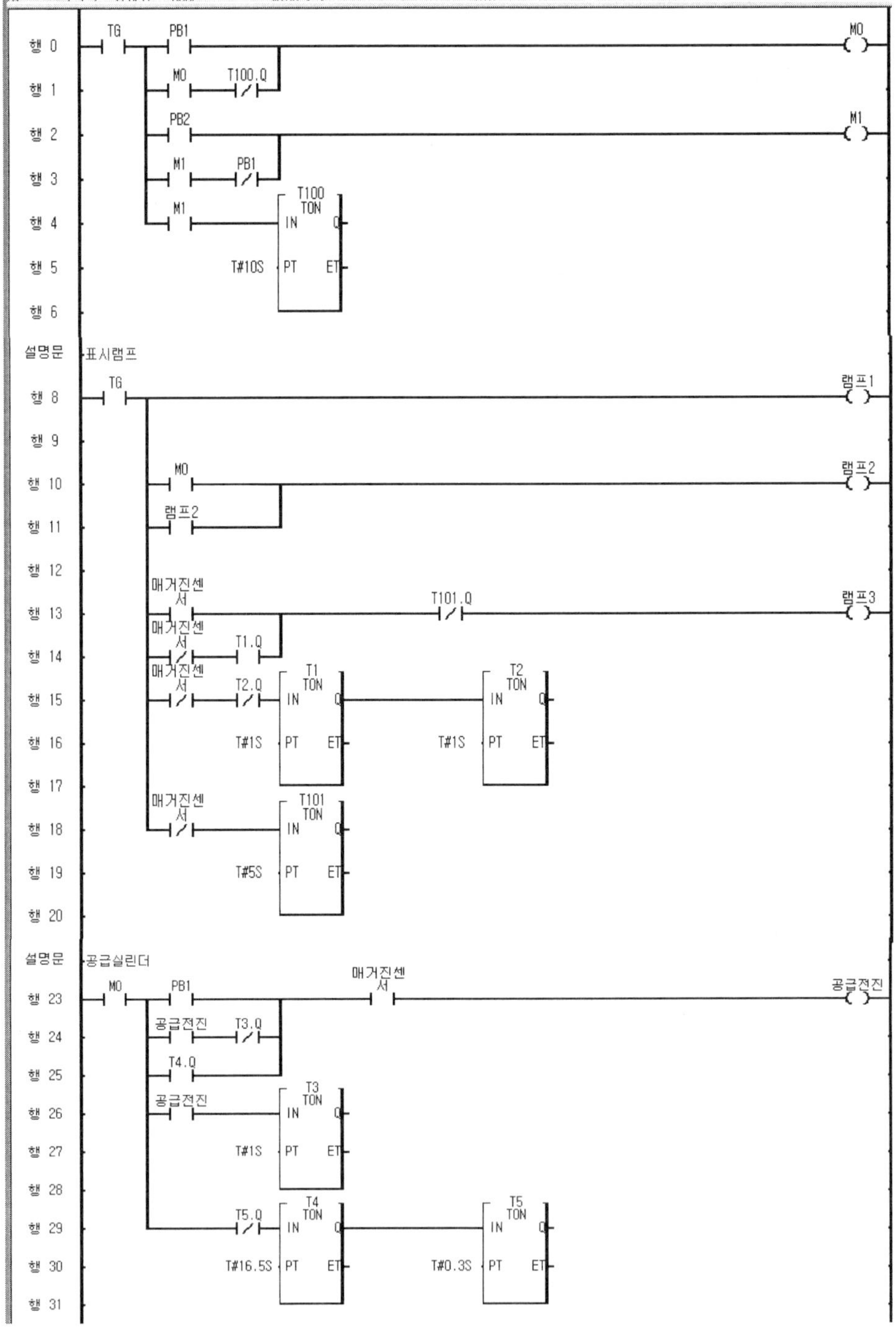

행 0: TG, PB1 → M0
행 1: M0, T100.Q
행 2: PB2 → M1
행 3: M1, PB1
행 4: M1 → T100 TON IN Q
행 5: T#10S PT ET
행 6

설명문: 표시램프

행 8: TG → 램프1
행 9
행 10: M0 → 램프2
행 11: 램프2
행 12
행 13: 매거진센서, T101.Q → 램프3
행 14: 매거진센서, T1.Q
행 15: 매거진센서, T2.Q → T1 TON IN Q → T2 TON IN Q
행 16: T#1S PT ET, T#1S PT ET
행 17
행 18: 매거진센서 → T101 TON IN Q
행 19: T#5S PT ET
행 20

설명문: 공급실린더

행 23: M0, PB1, 매거진센서 → 공급전진
행 24: 공급전진, T3.Q
행 25: T4.Q
행 26: 공급전진 → T3 TON IN Q
행 27: T#1S PT ET
행 28
행 29: T5.Q → T4 TON IN Q → T5 TON IN Q
행 30: T#16.5S PT ET, T#0.3S PT ET
행 31

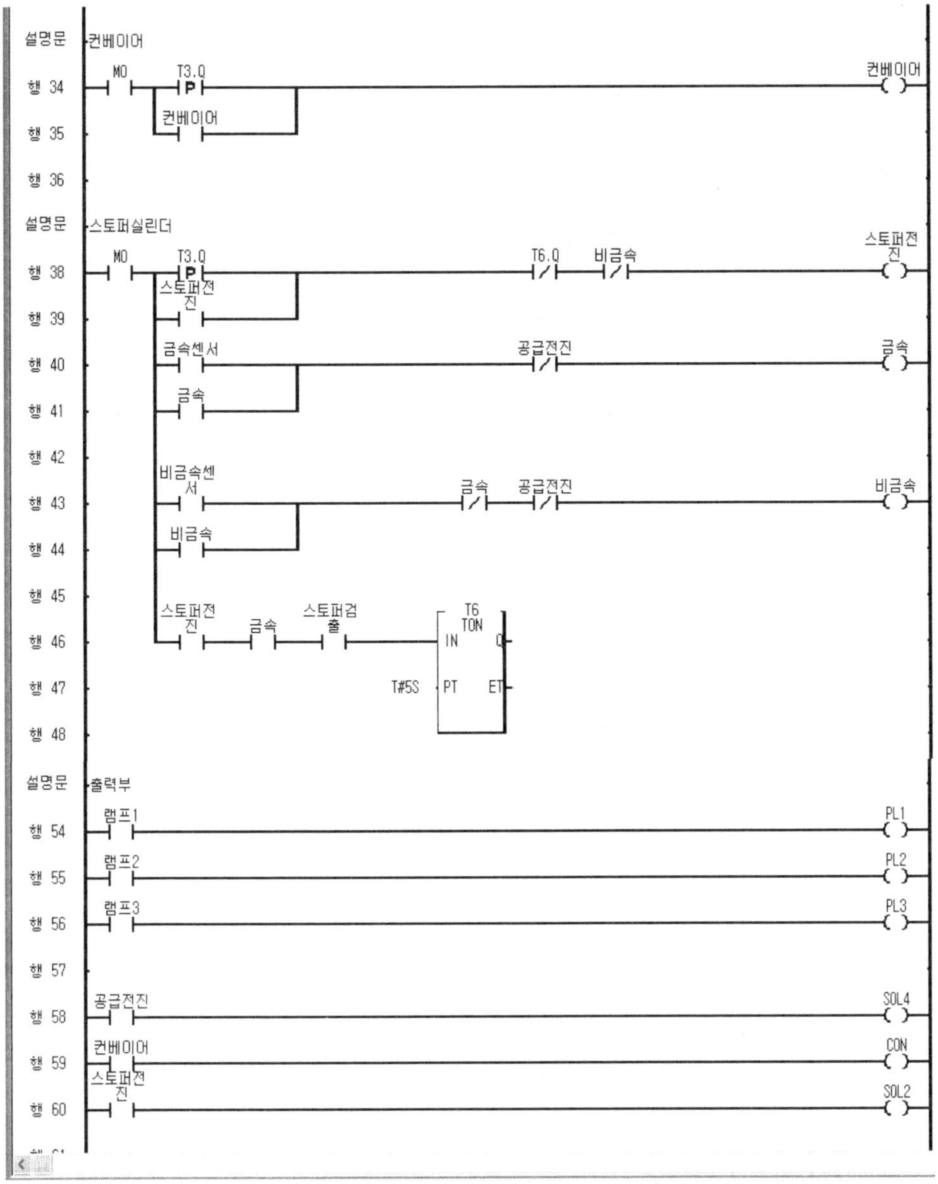

설명문 컨베이어

행 34 MO T3.Q P 컨베이어

행 35 컨베이어

행 36

설명문 스토퍼실린더

행 38 MO T3.Q P T6.Q 비금속 스토퍼전진

행 39 스토퍼전진

행 40 금속센서 공급전진 금속

행 41 금속

행 42

행 43 비금속센서 금속 공급전진 비금속

행 44 비금속

행 45

행 46 스토퍼전진 금속 스토퍼검출 T6 TON IN Q

행 47 T#5S PT ET

행 48

설명문 출력부

행 54 램프1 PL1

행 55 램프2 PL2

행 56 램프3 PL3

행 57

행 58 공급전진 SOL4

행 59 컨베이어 CON

행 60 스토퍼전진 SOL2

그림 7-3 MPS 제어장치 PLC 제어 기본동작

■ 7 - 14. MPS 제어장치(14) 초기동작 PLC 프로그램

행 0 TG PB1 C2.Q M0
행 1 M0 T100.Q
행 2 PB2 M1
행 3 M1 PB1
행 4 M1 T100 TON IN Q
행 5 T#10S PT ET
행 6
행 7 TG TG2 C2.Q M2
행 8 M2
행 9
설명문 표시램프
행 11 TG 램프1
행 12
행 13 M0 램프2
행 14 램프2
행 15
행 16 매거진센서 T101.Q 램프3
행 17 매거진센서 T1.Q
행 18 매거진센서 T2.Q T1 TON IN Q T2 TON IN Q
행 19 T#1S PT ET T#1S PT ET
행 20
행 21 매거진센서 T101 TON IN Q
행 22 T#5S PT ET
행 23
행 24 M0 PB1 매거진센서 C1.Q 공급전진
행 25 공급전진 T3.Q
행 26 T4.Q
행 27 공급전진 T3 TON IN Q
행 28 T#1S PT ET
행 29
행 30 T5.Q T4 TON IN Q T5 TON IN Q
행 31 T#19S PT ET T#0.3S PT ET

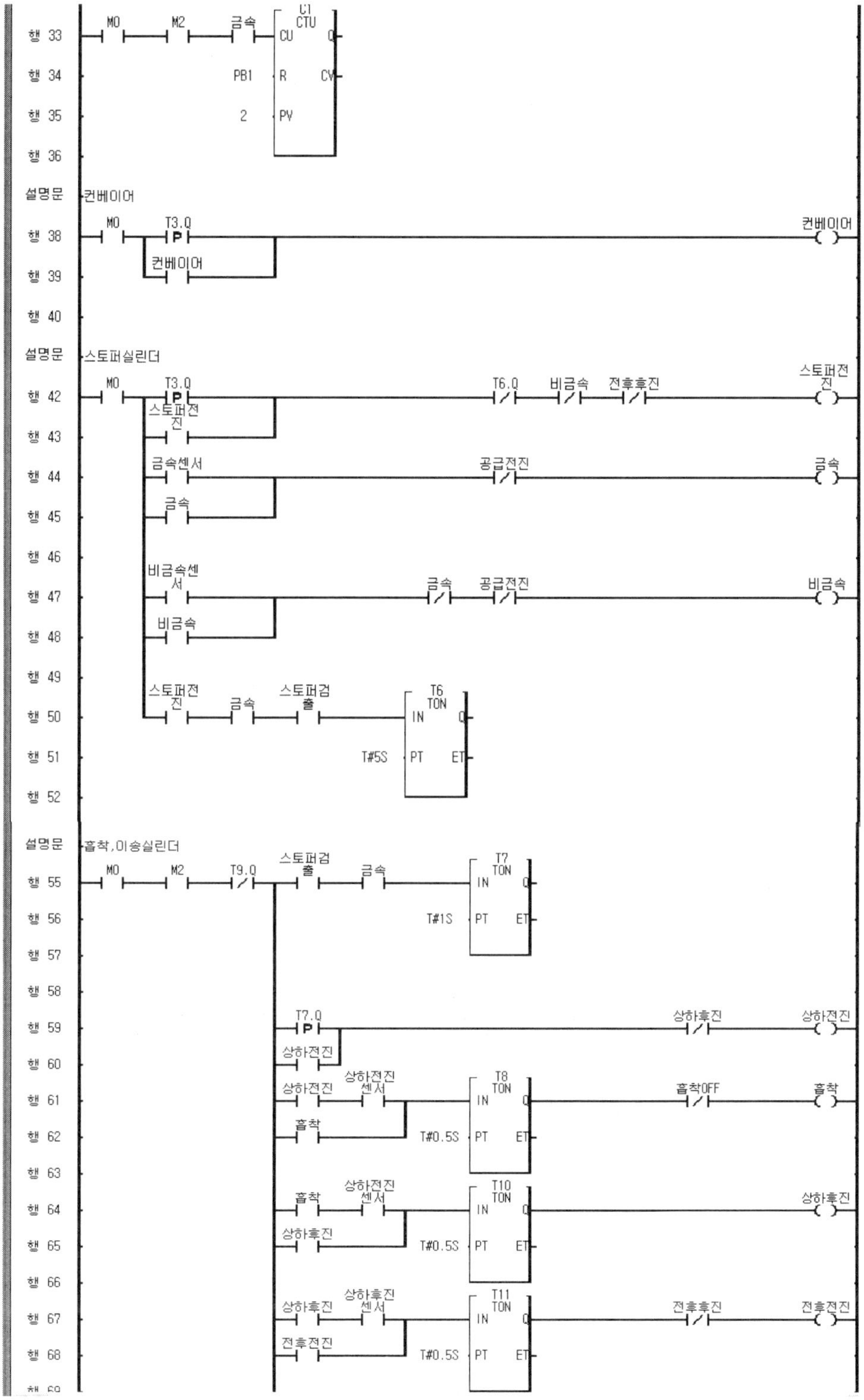

```
M0  M2  금속  C1 CTU  CU  Q
          PB1  R  CV
          2  PV

설명문 컨베이어
M0  T3.Q (P)  컨베이어 ( )
    컨베이어

설명문 스토퍼실린더
M0  T3.Q (P)  T6.Q (/)  비금속 (/)  전후후진 (/)  스토퍼전진 ( )
    스토퍼전진
    금속센서  공급전진 (/)  금속 ( )
    금속
    비금속센서  금속 (/)  공급전진 (/)  비금속 ( )
    비금속
    스토퍼전진  금속  스토퍼검출  T6 TON  IN  Q
                          T#5S  PT  ET

설명문 흡착,이송실린더
M0  M2  T9.Q (/)  스토퍼검출  금속  T7 TON  IN  Q
                          T#1S  PT  ET
    T7.Q (P)  상하후진 (/)  상하전진 ( )
    상하전진
    상하전진  상하전진센서  T8 TON  IN  Q  흡착OFF (/)  흡착 ( )
    흡착  T#0.5S  PT  ET
    흡착  상하전진센서  T10 TON  IN  Q  상하후진 ( )
    상하후진  T#0.5S  PT  ET
    상하후진  상하후진센서  T11 TON  IN  Q  전후후진 (/)  전후전진 ( )
    전후전진  T#0.5S  PT  ET
```

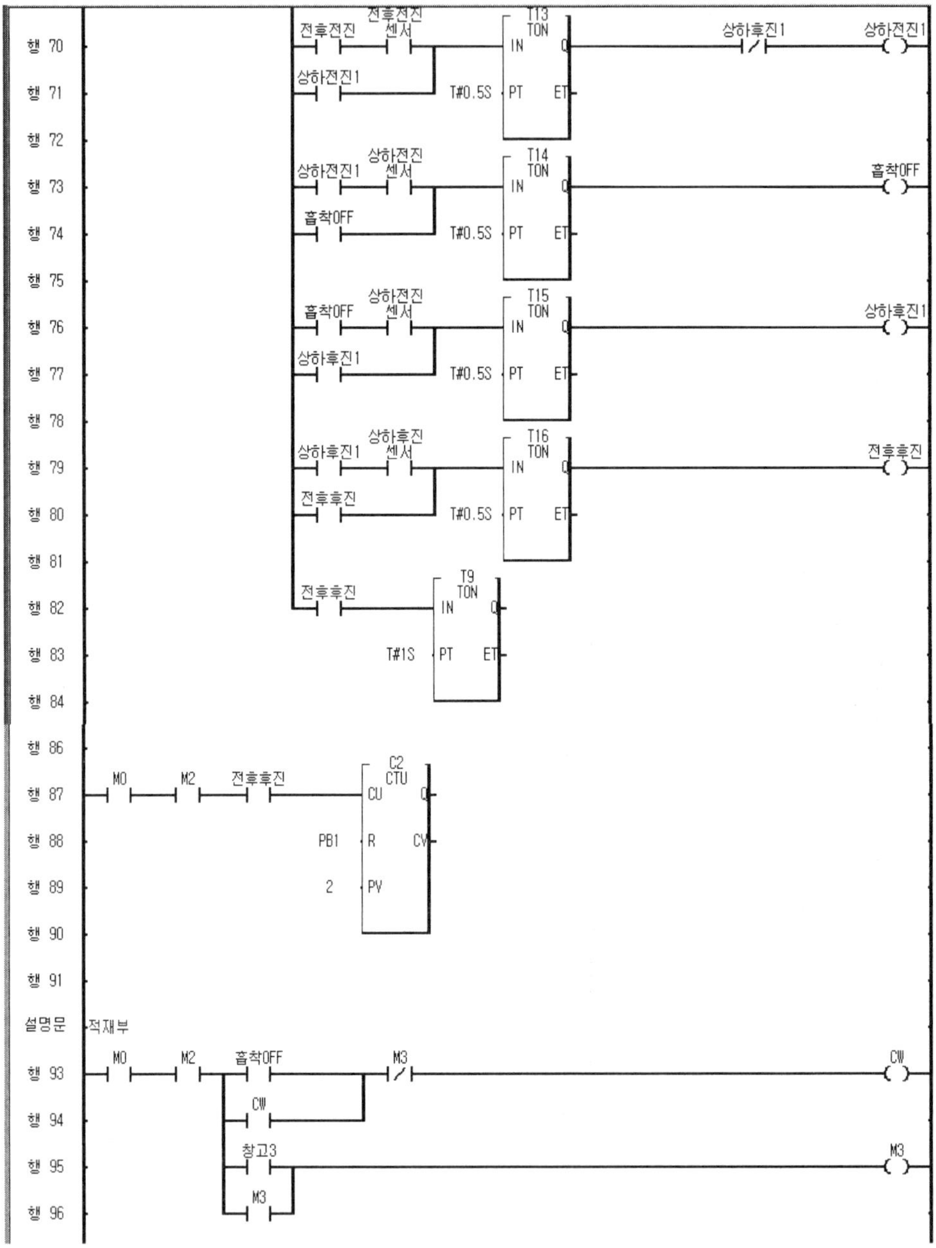

```
행 70   전후전진  전후전진 센서   T13 TON  IN  Q   상하후진1(B)   상하전진1 ( )
행 71   상하전진1              T#0.5S  PT  ET
행 72
행 73   상하전진1  상하전진 센서   T14 TON  IN  Q                  흡착OFF ( )
행 74   흡착OFF                T#0.5S  PT  ET
행 75
행 76   흡착OFF  상하전진 센서     T15 TON  IN  Q                  상하후진1 ( )
행 77   상하후진1              T#0.5S  PT  ET
행 78
행 79   상하후진1  상하후진 센서   T16 TON  IN  Q                  전후후진 ( )
행 80   전후후진               T#0.5S  PT  ET
행 81
행 82   전후후진               T9 TON  IN  Q
행 83                          T#1S  PT  ET
행 84
행 86
행 87   M0  M2  전후후진       C2 CTU  CU  Q
행 88                          PB1  R  CV
행 89                          2  PV
행 90
행 91
설명문  적재부
행 93   M0  M2  흡착OFF   M3(B)                                    CW ( )
행 94             CW
행 95             창고3                                            M3 ( )
행 96             M3
```

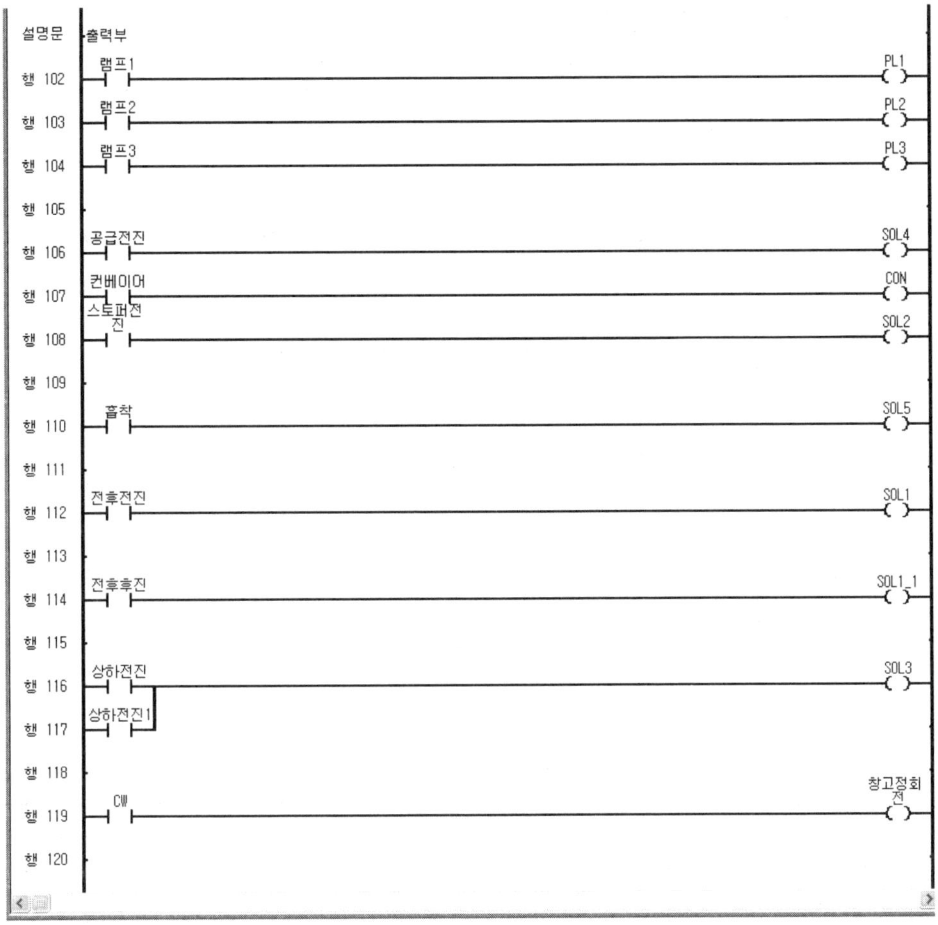

행	접점	출력
설명문	출력부	
행 102	램프1	PL1
행 103	램프2	PL2
행 104	램프3	PL3
행 105		
행 106	공급전진	SOL4
행 107	컨베이어	CON
행 108	스토퍼전진	SOL2
행 109		
행 110	흡착	SOL5
행 111		
행 112	전후전진	SOL1
행 113		
행 114	전후후진	SOL1_1
행 115		
행 116	상하전진	SOL3
행 117	상하전진1	
행 118		
행 119	CW	창고정회전
행 120		

그림 7-4 MPS제어 장치 응용동작1 PLC 프로그램

MEMO

■ 7-14 MPS 제어장치(14) 초기동작 PLC 프로그램(2)

변수 명	데이터 타입	메모리 할당	초기 값	변수 종류	사용 여부	설명문

행 0: PB1 (행 1: M0 병렬) → M0
행 2: M0 → T1 TON (PT T#1S) → T2 TON (PT T#1S) → T3 TON (PT T#5S) → T4 TON (PT T#1S)
행 5: M0, T2.Q(b접점) → 공급실린더
행 6: T1.Q (행 7: 컨베이어 병렬), T3.Q(b접점) → 컨베이어
행 8: T4.Q → MOVE (1 → %MW0) → T10 TON (T#1S) → MOVE (3 → %MW0) → T11 TON (T#1S)
행 11: T11.Q → MOVE (5 → %MW0) → T12 TON (T#1S) → MOVE (7 → %MW0) → T13 TON (T#1S)
행 14: T13.Q → MOVE (9 → %MW0) → T14 TON (T#1S)
행 17: %MW0.0 → A
행 18: %MW0.1 → B
행 19: %MW0.2 → C
행 20: %MW0.3 → D
행 22: T14.Q → MOVE (0 → %MW1) → T20 TON (T#1S) → MOVE (2 → %MW1) → T21 TON (T#1S)
행 25: T21.Q → MOVE (4 → %MW1) → T22 TON (T#1S) → MOVE (6 → %MW1) → T23 TON (T#1S)
행 28: T23.Q → MOVE (8 → %MW1) → T24 TON (T#1S)
행 31: %MW1.0 → E
행 32: %MW1.1 → F
행 33: %MW1.2 → G
행 34: %MW1.3 → H
행 35: T14.Q, T23.Q → PL1

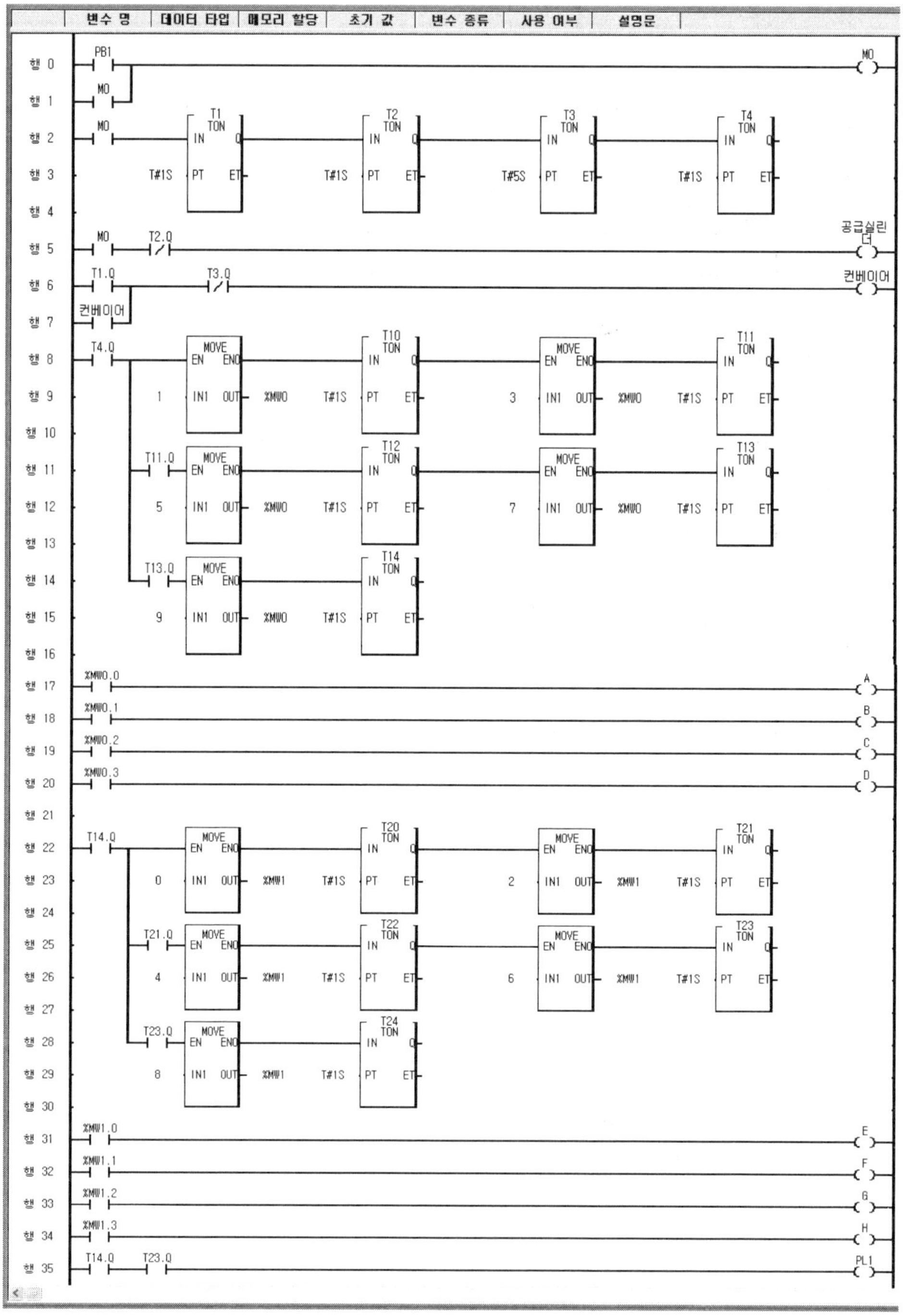

그림 7-5 MPS 제어장치(14) 초기동작 PLC 프로그램(2)

■ 7 - 14 MPS 제어장치 기본동작 PLC 프로그램(2)

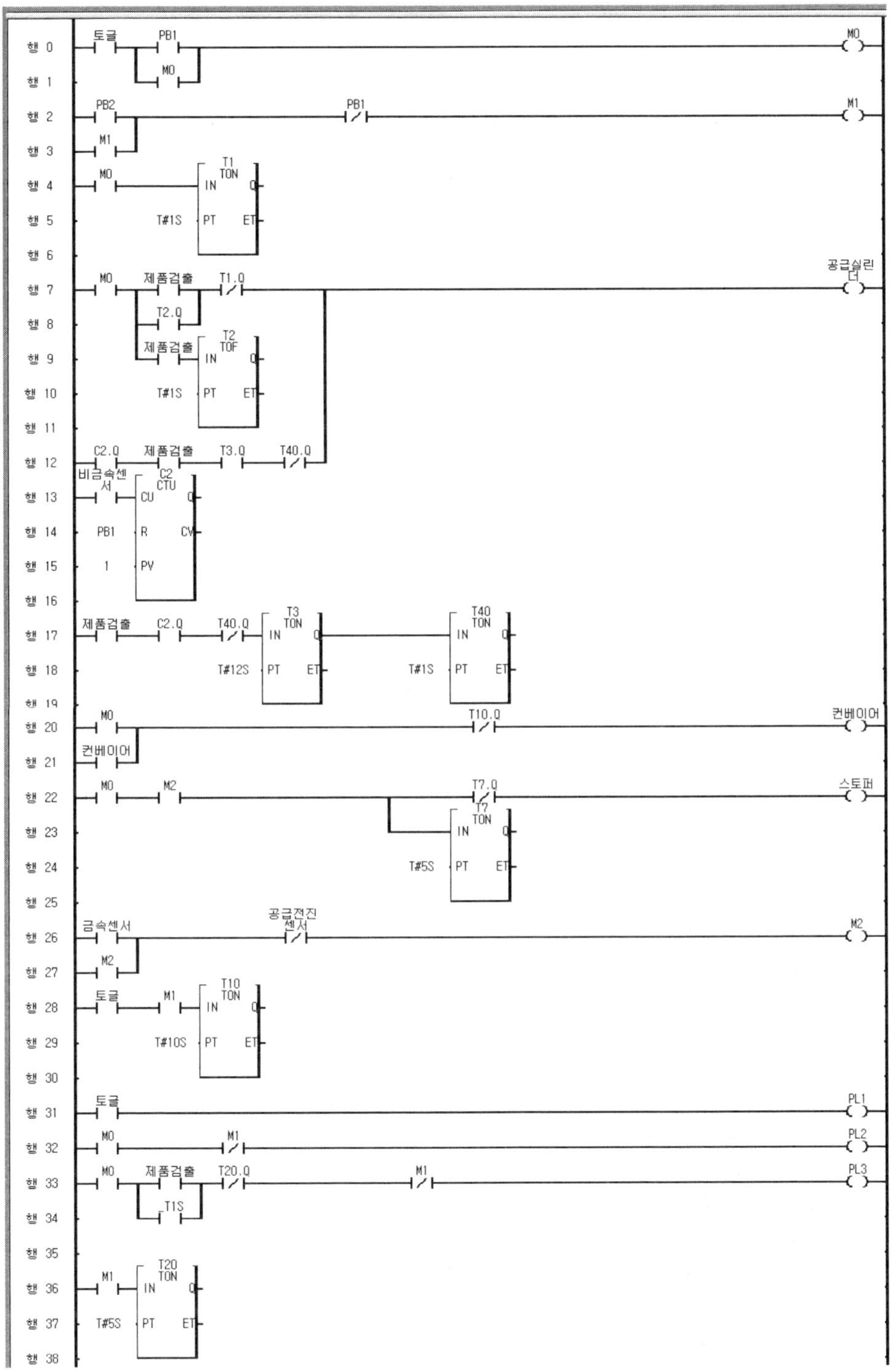

```
행 0   토글  PB1                                         M0
행 1        M0
행 2   PB2              PB1                              M1
행 3   M1
행 4   M0       T1 TON  IN  Q
행 5       T#1S         PT  ET
행 6
행 7   M0  제품검출  T1.Q                                   공급실린더
행 8       T2.Q
행 9       제품검출  T2 TOF  IN  Q
행 10      T#1S          PT  ET
행 11
행 12  C2.Q  제품검출  T3.Q  T40.Q
행 13  비금속센서   C2 CTU  CU  Q
행 14  PB1                R   CV
행 15  1                  PV
행 16
행 17  제품검출  C2.Q  T40.Q  T3 TON  IN  Q      T40 TON  IN  Q
행 18               T#12S        PT  ET   T#1S         PT  ET
행 19
행 20  M0                        T10.Q                   컨베이어
행 21  컨베이어
행 22  M0  M2                    T7.Q                    스토퍼
행 23                            T7 TON  IN  Q
행 24                       T#5S         PT  ET
행 25
행 26  금속센서          공급전진센서                          M2
행 27  M2
행 28  토글  M1   T10 TON  IN  Q
行 29       T#10S          PT  ET
행 30
행 31  토글                                               PL1
행 32  M0           M1                                    PL2
행 33  M0  제품검출  T20.Q        M1                          PL3
행 34      T1S
행 35
행 36  M1   T20 TON  IN  Q
행 37  T#5S          PT  ET
행 38
```

그림 7 - 6 MPS 제어장치(14) 기본동작 PLC 프로그램(2)

■ 7 - 14. MPS 제어장치 응용동작1 PLC 프로그램(2)

변수 명	데이터 타입	메모리 할당	초기 값	변수 종류	사용 여부	설명문

행 0 토글 PB1 M1 M0
행 1 M0
행 2 PB2 PB1 M1
행 3 M1
행 4 M0 T1 TON IN Q
행 5 T#1S PT ET
행 6
행 7 M0 제품검출 T1.Q C5.Q 공급실린더
행 8 T2.Q
행 9 제품검출 T2 TOF IN Q
행 10 T#1S PT ET
행 11
행 12 C2.Q 제품검출 T3.Q T40.Q
행 13 비금속센서 C2 CTU CU Q
행 14 PB1 R CV
행 15 1 PV
행 16
행 17 제품검출 C2.Q T40.Q T3 TON IN Q T40 TON IN Q
행 18 T#12S PT ET T#1S PT ET
행 19
행 20 M0 T10.Q C77.Q 컨베이어
행 21 컨베이어
행 22 M0 M2 T7.Q 스토퍼
행 23 T7 TON IN Q
행 24 T#5S PT ET
행 25
행 26 금속센서 공급전진센서 M2
행 27 M2
행 28 토글 M1 T10 TON IN Q
행 29 T#10S PT ET
행 30
행 31 토글 PL1
행 32 M0 M1 PL2
행 33 M0 제품검출 T20.Q M1 PL3
행 34 T1S
행 35
행 36 M1 T20 TON IN Q
행 37 T#5S PT ET
행 38

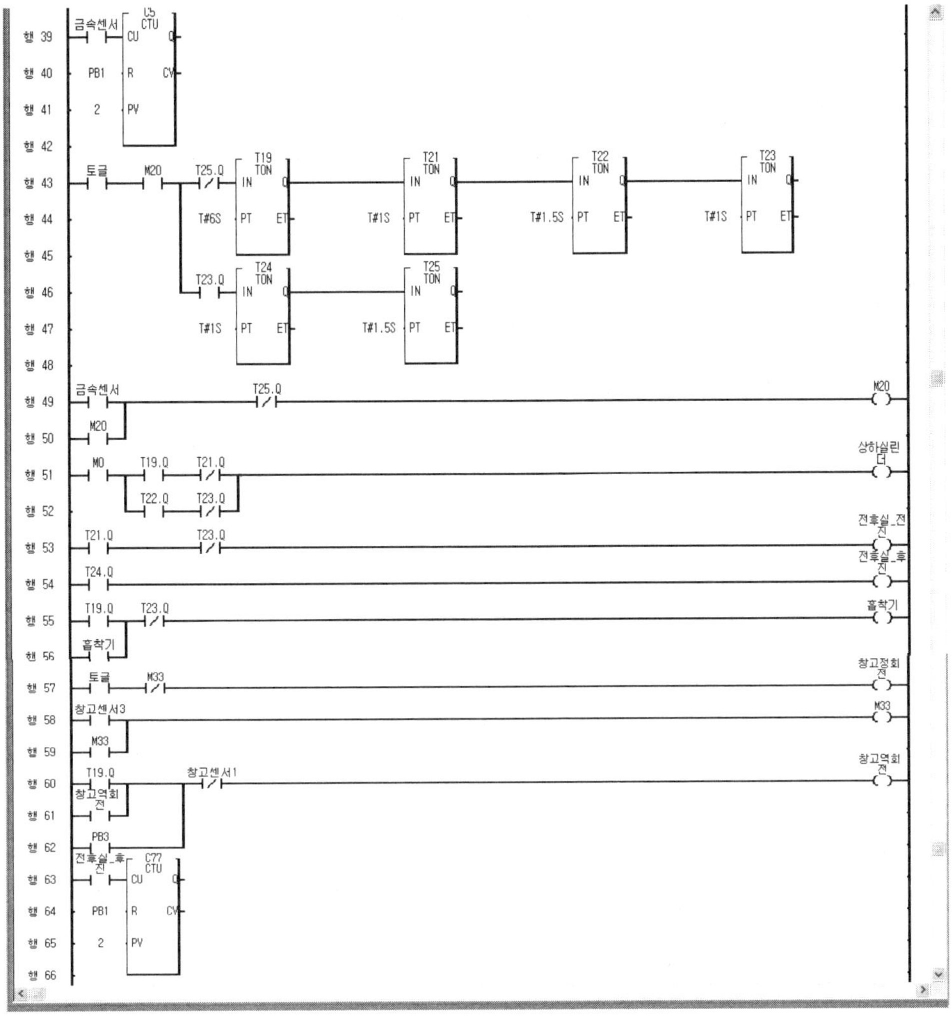

```
행 39  금속센서  C5 CTU CU  Q
행 40  PB1  R  CV
행 41  2  PV
행 42
행 43  토글  M20  T25.Q  T19 TON IN Q  T21 TON IN Q  T22 TON IN Q  T23 TON IN Q
행 44  T#6S PT ET  T#1S PT ET  T#1.5S PT ET  T#1S PT ET
행 45
행 46  T23.Q  T24 TON IN Q  T25 TON IN Q
행 47  T#1S PT ET  T#1.5S PT ET
행 48
행 49  금속센서  T25.Q  M20
행 50  M20
행 51  M0  T19.Q  T21.Q  상하실린더
행 52  T22.Q  T23.Q
행 53  T21.Q  T23.Q  전후실_전진
행 54  T24.Q  전후실_후진
행 55  T19.Q  T23.Q  흡착기
행 56  흡착기
행 57  토글  M33  창고정회전
행 58  창고센서3  M33
행 59  M33
행 60  T19.Q  창고센서1  창고역회전
행 61  창고역회전
행 62  PB3
행 63  전후실_후진  C77 CTU CU  Q
행 64  PB1  R  CV
행 65  2  PV
행 66
```

그림 7-7 MPS 제어장치 (14) 응용동작1 PLC 프로그램 (2)

■ 7 - 14. MPS 제어장치 응용동작2 PLC 프로그램 (2)

```
행 0   -| 토글 |-+-| PB1 |-+------------------------------------------( M0 )
행 1            +-| M0  |-+
행 2   -+-| PB2 |-+------------------ -|/| PB1 ---------------------( M1 )
行 3    +-| M1  |-+
행 4   -| M0 |------------ [T1 TON  IN  Q]
행 5                 T#1S  [        PT  ET]
행 7   -| M0 |-+-| 제품검출 |-+-|/| T1.Q -+---------------------( 공급실린더 )
행 8           +-| T2.Q    |-+            |
행 9           +-| 제품검출 |- [T2 TOF IN Q]  |
행 10                 T#1S  [       PT ET] |
행 12  -| C2.Q |-| 제품검출 |-| T3.Q |-|/| T40.Q -+
행 13  -| 비금속센서 |- [C2 CTU CU  Q]
행 14           PB1 - [       R   CV]
행 15             1 - [       PV]
행 17  -| 제품검출 |-| C2.Q |-|/| T40.Q |- [T3 TON IN Q] ------ [T40 TON IN Q]
행 18                         T#12S [      PT ET]   T#1S [       PT ET]
행 20  -+-| M0     |-+------------ -|/| T10.Q ---- -|/| C77.Q ------( 컨베이어 )
행 21   +-| 컨베이어 |-+
행 24  -+-| 금속센서 |-+-------------------------------------------( M2 )
행 25   +-| M2     |-+
행 26  -| 토글 |-| M1 |- [T10 TON IN Q]
행 27              T#10S [        PT ET]
행 29  -| 토글 |---------------------------------------------------( PL1 )
행 30  -| M0 |-------- -|/| M1 ---------------------------------------( PL2 )
행 34  -| M1 |- [T20 TON IN Q]
행 35     T#5S  [        PT ET]
```

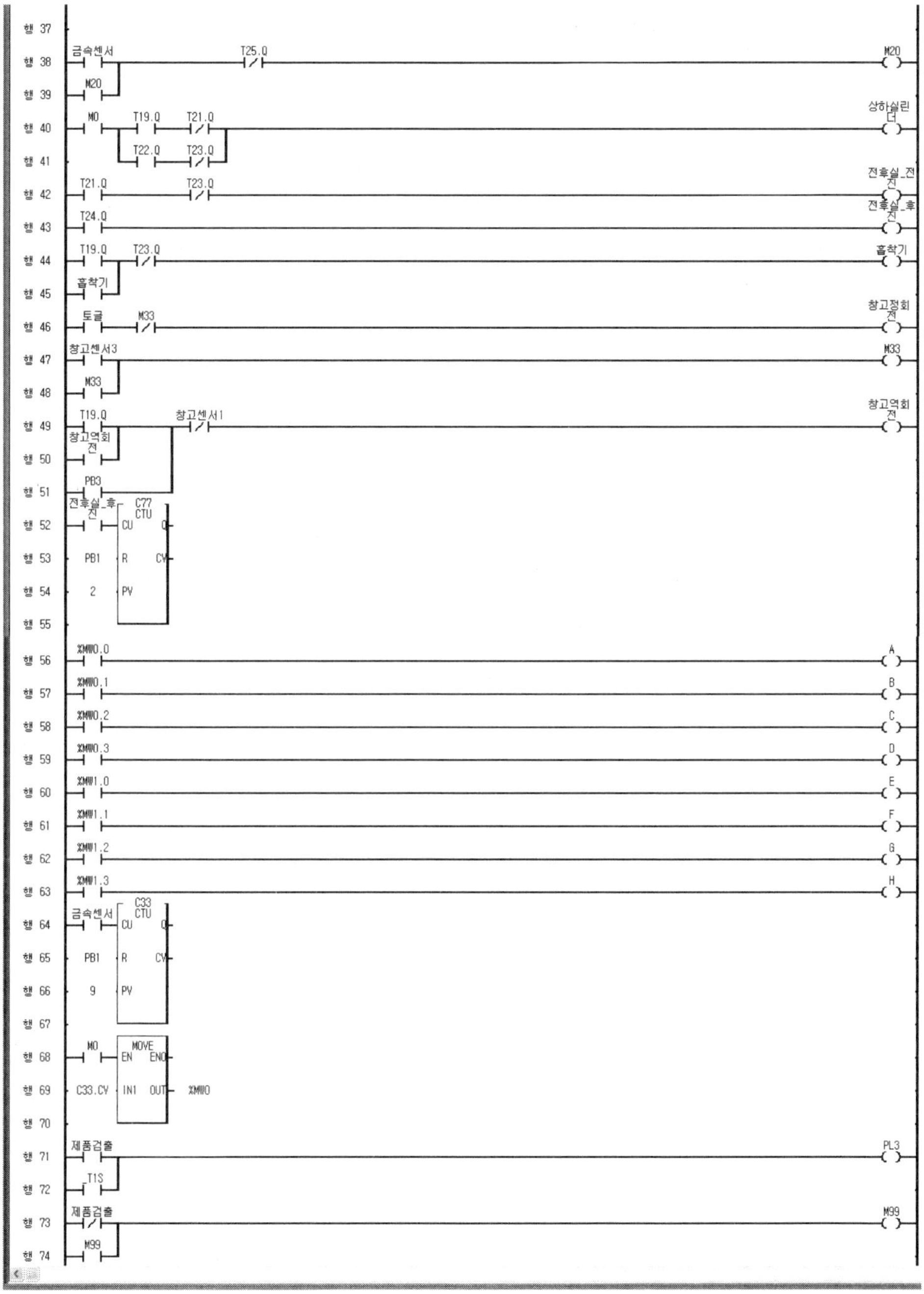

행	접점 / 명령	출력
행 37		
행 38	금속센서, T25.Q	M20
행 39	M20	
행 40	M0, T19.Q, T21.Q	상하실린더
행 41	T22.Q, T23.Q	
행 42	T21.Q, T23.Q	전후실_전진
행 43	T24.Q	전후실_후진
행 44	T19.Q, T23.Q	흡착기
행 45	흡착기	
행 46	토글, M33	창고정회전
행 47	창고센서3	M33
행 48	M33	
행 49	T19.Q, 창고센서1	창고역회전
행 50	창고역회전	
행 51	PB3	
행 52	전후실_후진 — C77 CTU: CU, Q	
행 53	PB1 — R, CV	
행 54	2 — PV	
행 55		
행 56	%MW0.0	A
행 57	%MW0.1	B
행 58	%MW0.2	C
행 59	%MW0.3	D
행 60	%MW1.0	E
행 61	%MW1.1	F
행 62	%MW1.2	G
행 63	%MW1.3	H
행 64	금속센서 — C33 CTU: CU, Q	
행 65	PB1 — R, CV	
행 66	9 — PV	
행 67		
행 68	M0 — MOVE: EN, ENO	
행 69	C33.CV — IN1, OUT — %MW0	
행 70		
행 71	제품검출	PL3
행 72	T1S	
행 73	제품검출	M99
행 74	M99	

그림 7-8 MPS 제어장치 응용동작2 PLC 프로그램 (2)

7 - 15. MPS 제어장치 PLC 프로그램(15)

※ 다음의 요구사항을 작업시간 내에 완성하시오.

1. [그림1]의 시스템구성도와 I/O 할당표를 참고하여 시스템을 구성하시오.
2. 다음동작을 요구조건에 맞도록 PLC 프로그램을 작성하고, ❶❷❸ 동작 순서를 지켜서 시운전하시오. ❶ 초기동작 ❷ 기본동작 ❸ 응용동작
3. 작성한 PLC 프로그램을 프린트 물과 함께 파일로 제출한다.

1> 초기동작

1. 시스템 구성 및 초기상태

구 분	실린더 구분	후 진	제어용 솔레노이드
공급실린더	실린더1(CYL1)	후 진	편 솔레노이드
스토퍼실린더	실린더1(CYL2)	후 진	양 솔레노이드
상·하 이송실린더	실린더1(CYL3)	후 진	편 솔레노이드
전·후 이송실린더	실린더1(CYL4)	후 진	편 솔레노이드
흡착 컵	흡착 컵1	정 지	편 솔레노이드

2. 초기동작

■ 초기동작은 기본동작 및 응용동작과 연결되는 동작이 아니다.

1. 시작스위치[PB1]를 누르면 시스템이 동작순서에 따라 다음과 같이 동작한다.

<table>
<tr><th>동작 순서</th><th>구 분</th><th>동작 및 표시상태</th></tr>
<tr><td>1</td><td>실린더</td><td>CYL + ⇒ [CYL2 +] ⇒ [CYL1_] ⇒ [CYL2 +] ⇒ CYL1 ⇒ [CYL3 +]
[CYL2 −] ⇒ [CYL2 +] ⇒ [CYL3 −] ⇒ [CYL3 +]</td></tr>
<tr><td></td><td>FND1.2</td><td>아래표의 1단계부터 4단계까지 순차적으로 표시하며, 각 단계는 1초씩 유지된다.
<table>
<tr><th>단 계 / 실린더</th><th>1단계</th><th>2단계</th><th>3단계</th><th>4단계</th></tr>
<tr><td>FND 1.2</td><td>1 1</td><td>2 3</td><td>3 2</td><td>1 1</td></tr>
</table>
FND1, FND2는 4단계 이후에는 계속 0 을 표시한다.</td></tr>
<tr><td>3</td><td>컨베이어</td><td>3초 회전⇒1초 정지⇒3초 회전⇒정지</td></tr>
</table>

2〉 기본동작

■ 기본동작은 초기동작을 수행한 사람에게만 진행한다.

1. 매거진에 공작물을 재질구분 없이 공급한다.
2. 토글스위치[TG1]을 <ON>하면 아래의 동작 요소들이 제어조건에 따라 제어되도록 한다.

<table>
<tr><th>동작 요소</th><th>제어조건</th></tr>
<tr><td>표시램프
[PL1, PL2]</td><td>
<table>
<tr><th>램프 \ 상태</th><th>점 등</th><th>소 등</th><th>점멸(1초 간격)</th></tr>
<tr><td>PL1</td><td>시작버튼[PB1]을 누르면</td><td>정지버튼[PB2] 누르면</td><td>–</td></tr>
<tr><td>PL2</td><td>매거진에 공작물이 있으면</td><td>–</td><td>매거진에 공작물이 없으면</td></tr>
</table>
</td></tr>
<tr><td>공급실린더
[CYL1]</td><td>① 매거진에 공작물이 있을 때 시작버튼[PB1]을 누르면 공작물을 공급한다. [CYL1+ ⇒CYL1-]
② 첫 번째 공작물이 공급된 이후 매 10초 마다 공작물을 공급한다.
③ 매거진에 공작물이 없으면 동작하지 않는다.</td></tr>
<tr><td>컨베이어</td><td>① 공급실린더가 전진하면 동작한다.
② 공급실린더가 10초를 초과 하여 동작하지 않으면 정지한다.
③ 정지버튼[PB2]을 누르면 정지한다.</td></tr>
<tr><td>스토퍼실린더
[CYL2]</td><td>① 첫 번째 금속공작물이 공급될 때만 전진하여 3초 간 정지했다 후진한다.(이 외에는 전진하지 않는다)
② 정지버튼[PB2]을 누르면 후진한다.</td></tr>
</table>

MEMO

3) 응용동작15

■ 응용동작은 기본동작을 수행한 수험자에 한하여 수행한다.

(가) 토글스위치1[TG1]과 토글스위치2[TG2]를 모두 <ON>하면 기본동작 조건에 응용동작1, 응용동작2의 제어조건이 추가되어 동작되도록 한다.

(나) 토글스위치2[TG2]를 <OFF>하고 토글스위치1[TG1]만 <ON>되어 있으면 다시 기본동작만을 수행한다.

<table>
<tr><th>동작 요소</th><th>제어조건</th></tr>
<tr><td>표시램프[PL3]</td><td><table><tr><th>램프 \ 상태</th><th>점 등</th><th>소 등</th><th>점멸(2초 간격)</th></tr><tr><td>PL3</td><td>–</td><td>컨베이어가 정지되면</td><td>첫 번째 금속 공작물을 검출하면</td></tr></table></td></tr>
<tr><td>공급실린더
[CYL1]</td><td>공작물 분류센서(1), (2)가 두 번째 금속 공작물을 검출하면 공작물 공급을 중지 한다.</td></tr>
<tr><td>흡착 컵
[CYL3, CYL4]</td><td>스토퍼가 전진 했을 때 공작물이 도착하면 적재부로 이송한다.
동작순서
CYL3＋ ⇒ 흡착ON ⇒ CYL3－ ⇒ CYL4＋ ⇒ CYL3＋ ⇒ 흡착OFF ⇒ CYL3－ ⇒ CYL4－</td></tr>
<tr><td>적재부</td><td>공작물을 STAGE에 적재한다.</td></tr>
</table>

2) 응용동작2

(가) 시작스위치[PB1]를 누르면 FND1, FND2는 0, 0을 표시한다.

(나) 각 디스플레이 유닛은 다음과 같이 표시한다.

디스프레이 유닛	동작 및 표시상태
FND1	공작물 분류센서(1), (2)에 금속 공작물이 검출되면 2를 표시한다.
FND2	적재부가 이동하고 있는 동안에는 1초 간격으로 0과 1을 번갈아 표시하고, 적재부가 정지하면 0을 표시한다.

7-16. MPS 제어장치 PLC 프로그램(16)

※ 다음의 요구사항을 작업시간 내에 완성하시오.

1. [그림1]의 시스템구성도와 I/O 할당표를 참고하여 시스템을 구성하시오.
2. 다음동작을 요구조건에 맞도록 PLC 프로그램을 작성하고, ❶❷❸ 동작 순서를 지켜서 시운전하시오. ❶ 초기동작 ❷ 기본동작 ❸ 응용동작
3. 작성한 PLC 프로그램을 프린트 물과 함께 파일로 제출한다.

1〉 초기동작

1. 시스템 구성 및 초기상태

구 분	실린더 구분	후 진	제어용 솔레노이드
공급실린더	실린더1(CYL1)	후 진	편 솔레노이드
스토퍼실린더	실린더1(CYL2)	후 진	양 솔레노이드
상·하 이송실린더	실린더1(CYL3)	후 진	편 솔레노이드
전·후 이송실린더	실린더1(CYL4)	후 진	편 솔레노이드
흡착 컵	흡착 컵1	정 지	편 솔레노이드

2. 초기동작

■ 초기동작은 기본동작 및 응용동작과 연결되는 동작이 아니다.

1. 시작스위치[PB1]를 누르면 시스템이 동작순서에 따라 다음과 같이 동작한다.

동작 순서	구 분	동작 및 표시상태
1	실린더	CYL+ ⇒ CYL1- ⇒ [CYL1+] ⇒ [CYL1] ⇒ [CYL1+] ⇒ [CYL1 -] ⇒ [CYL2+] ⇒ [CYL2-] ⇒ [CYL3+] ⇒ [CYL3-]
2	FND1, FND2	아래표의 1단계부터 4단계까지 순차적으로 표시하며, 각 단계는 1초씩 유지된다. <table><tr><td>단 계 / 실린더</td><td>1단계</td><td>2단계</td><td>3단계</td><td>4단계</td></tr><tr><td>FND 1, 2</td><td>0 1</td><td>1 2</td><td>2 3</td><td>3 4</td></tr></table> FND1, FND2는 4단계 이후에는 계속 0을 표시한다.
3	표시램프[PL1]	0.2초 간격으로 3초 간 점멸 후 소등한다.

2〉 기본동작

■ 기본동작은 초기동작을 수행한 사람에게만 진행한다.

1. 매거진에 공작물을 재질구분 없이 공급한다.
2. 토글스위치[TG1]을 <ON>하면 아래의 동작 요소들이 제어조건에 따라 제어되도록 한다.

<table>
<tr><th>동작 요소</th><th>제어조건</th></tr>
<tr><td>표시램프
[PL1, PL2]</td><td>
<table>
<tr><th>램프 \ 상태</th><th>점 등</th><th>소 등</th><th>점멸(1초 간격)</th></tr>
<tr><td>PL1</td><td>시작버튼[PB1]을 누르면</td><td>정지버튼[PB2] 누르면</td><td>–</td></tr>
<tr><td>PL2</td><td>–</td><td>매거진에 공작물이 있으면</td><td>매거진에 공작물이 없으면</td></tr>
</table>
</td></tr>
<tr><td>공급실린더
[CYL1]</td><td>① 매거진에 공작물이 있을 때 시작버튼[PB1]을 누르면 공작물을 공급한다. [CYL1+ ⇒ CYL1−]
② 첫 번째 공작물이 공급된 이후 매 10초 마다 공작물을 공급한다.
③ 매거진에 공작물이 없으면 동작하지 않는다.</td></tr>
<tr><td>컨베이어</td><td>① 공급실린더가 전진하면 동작한다.
② 공급실린더가 10초를 초과 하여 동작하지 않으면 정지한다.
③ 정지버튼[PB2]을 누르면 정지한다.</td></tr>
<tr><td>스토퍼실린더
[CYL2]</td><td>① 첫 번째 금속공작물이 공급될 때만 전진하여 3초 간 정지했다 후진한다. (이 외에는 전진하지 않는다)
② 정지버튼[PB2]을 누르면 후진한다.</td></tr>
</table>

MEMO

3〉 응용동작16

■ 응용동작은 기본동작을 수행한 수험자에 한하여 수행한다.

1) 응용동작1

(가) 토글스위치1[TG1]과 토글스위치2[TG2]를 모두 <ON>하면 기본동작 조건에 응용동작1, 응용동작2의 제어조건이 추가되어 동작되도록 한다.

(나) 토글스위치2[TG2]를 <OFF>하고 토글스위치1[TG1]만 <ON>되어 있으면 다시 기본동작만을 수행한다.

<table>
<tr><th>동작 요소</th><th>제어조건</th></tr>
<tr><td>표시램프[PL3]</td><td><table><tr><th>램프＼상태</th><th>점 등</th><th>소 등</th><th>점멸(1초 간격)</th></tr><tr><td>PL3</td><td>세 번째 금속공작물을 검출하면</td><td>정지버튼[PB2]를 누르면</td><td>금속 공작물을 검출하면 3초 동안만</td></tr></table></td></tr>
<tr><td>공급실린더
[CYL1]</td><td>공작물 분류센서(1), (2)가 세 번째 금속 공작물을 검출하면 공작물 공급을 중지 한다.</td></tr>
<tr><td>흡착 컵
[CYL3, CYL4]</td><td>스토퍼가 전진 했을 때 공작물이 도착하면 적재부로 이송한다.
동작순서
CYL3＋ ⇒ 흡착ON ⇒ CYL3－ ⇒ CYL4＋ ⇒ CYL3＋ ⇒ 흡착OFF ⇒ CYL3－ ⇒ CYL4－</td></tr>
<tr><td>적재부</td><td>공작물을 STAGE에 적재한다.</td></tr>
</table>

2) 응용동작2

(가) 시작스위치[PB1]를 누르면 FND1, FND2는 [0], [0]을 표시한다.

(나) 각 디스플레이 유닛은 다음과 같이 표시한다.

디스프레이 유닛	동작 및 표시상태
FND1	공급실린더[CYL1]가 공작물을 공급하고 후진하면 1씩 증가하여 표시한다.
FND2	금속 공작물이 검출되면 숫자3에서 1씩 감소하여 표시한다.

chapter

08

시퀀스 PLC 제어

MPS PLC
PLC MPS
MPS PLC
PLC MPS
MPS PLC
PLC MPS
MPS PLC
PLC MPS

시퀀스 PLC 제어

08 시퀀스 PLC 제어

1. AC 단상 모터 시퀀스 제어를 PLC 제어로 변환하기

1) 동작설명

P1을 <ON>하면 MC가 여자되고 MC에 의해 AC 모터가 기동한다. 이때 L1이 점등되고 L2가 소등된다. P0를 <ON>하면 초기화 된다.

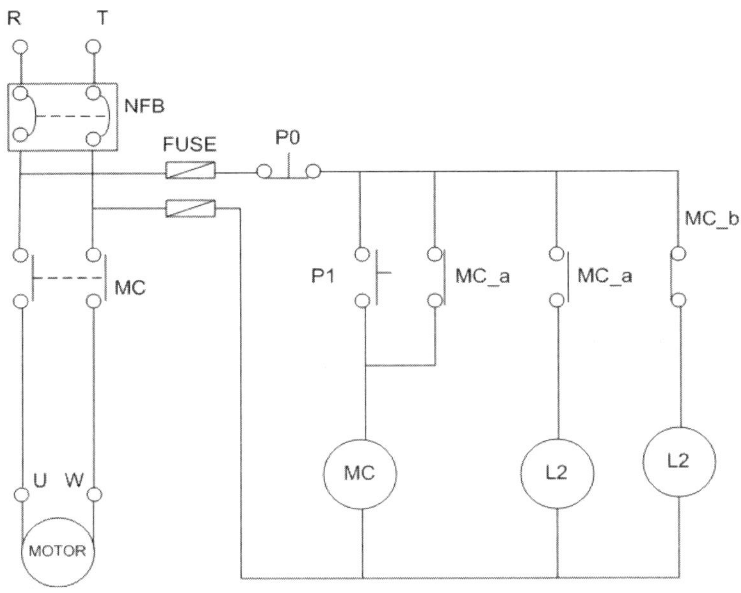

그림 8-1 AC 모터 시퀀스 제어

2) PLC 입·출력 결선도

시퀀스 도면에서 입력과 출력을 설정하여 PLC 입·출력 결선도를 작성한다. 입력 : P0, P1 스위치를 입력으로 설정하고, MC, L1, L2를 출력으로 설정한다. 주의 할 것은 AC 모터는 출력으로 설정하지 않는다.MC가 여자되어 MC_a접점이 <ON>되면 모터가 회전하기 때문이다.

3) PLC 입·출력 결선도

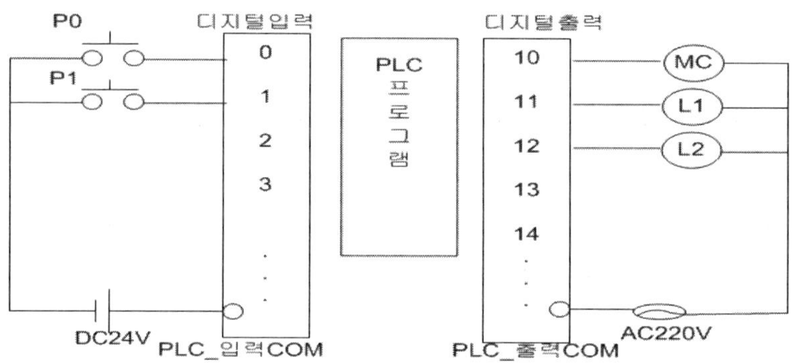

그림 8-2 AC 모터 시퀀스 PLC 입·출력 결선도

4) PLC 프로그램

위 시퀀스도를 PLC 제어 프로그램으로 변환 하면 다음과 같다. 주의사항은 PLC 프로그램 작성시 동일하게 동작사항이 일치하여야 한다.

	변수 명	데이터 타입	메모리 할당	초기 값	변수 종류	사용 여부	설명문
1	L1	BOOL	%QX0.2.1		VAR	*	
2	L2	BOOL	%QX0.2.2		VAR	*	
3	M0	BOOL	<자동>		VAR	*	
4	MC	BOOL	%QX0.2.0		VAR	*	
5	P0	BOOL	%IX0.0.0		VAR	*	
6	P1	BOOL	%IX0.0.1		VAR	*	

설명문 시퀀스+PLC제어_1
행 1 P1 P0 M0
행 2 M0
행 3 M0 MC
행 4 M0 L1
행 5 M0 L2

그림 8-3 AC 모터 시퀀스 제어 PLC 프로그램

2. 시퀀스 타이머 제어 회로의 PLC 프로그램

1) 동작설명

P1을 <ON>하면 타이머가 동작한다. 타이머에 의해서 L1이 소등되고 L2가 점등한다.

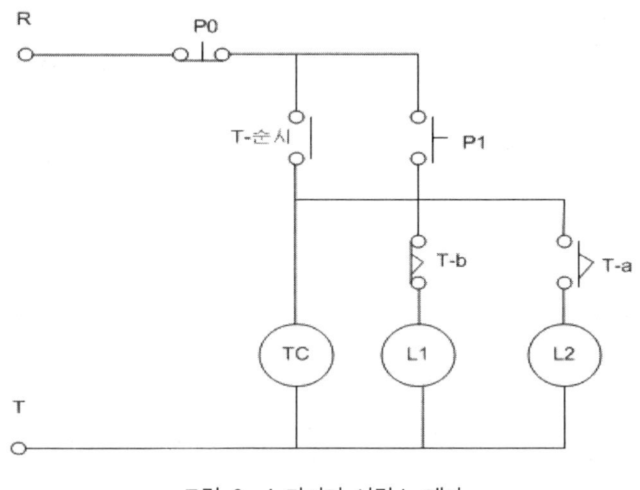

그림 8-4 타이머 시퀀스 제어

2) PLC 입·출력 결선도

타이머, 릴레이 카운터는 PLC 프로그램 안에 내장되어 있다, 특히 타이머 카운터를 잘 활용 할 수 있어야 한다.

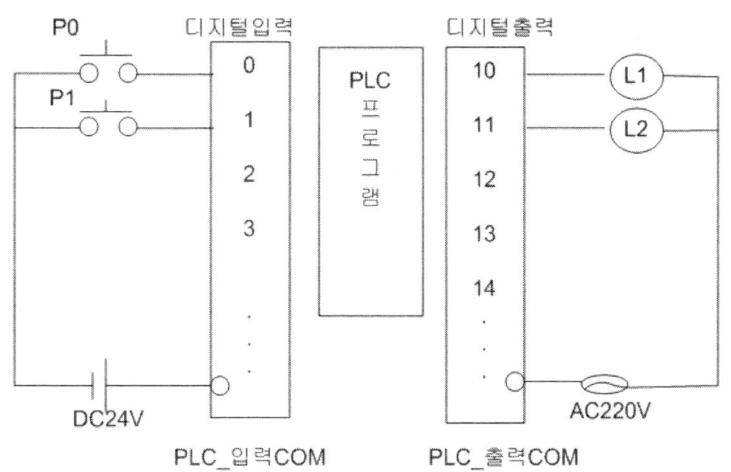

그림 8-5 타이어 시퀀스 PLC 입·출력 결선도

3) 타이머의 PLC 프로그램

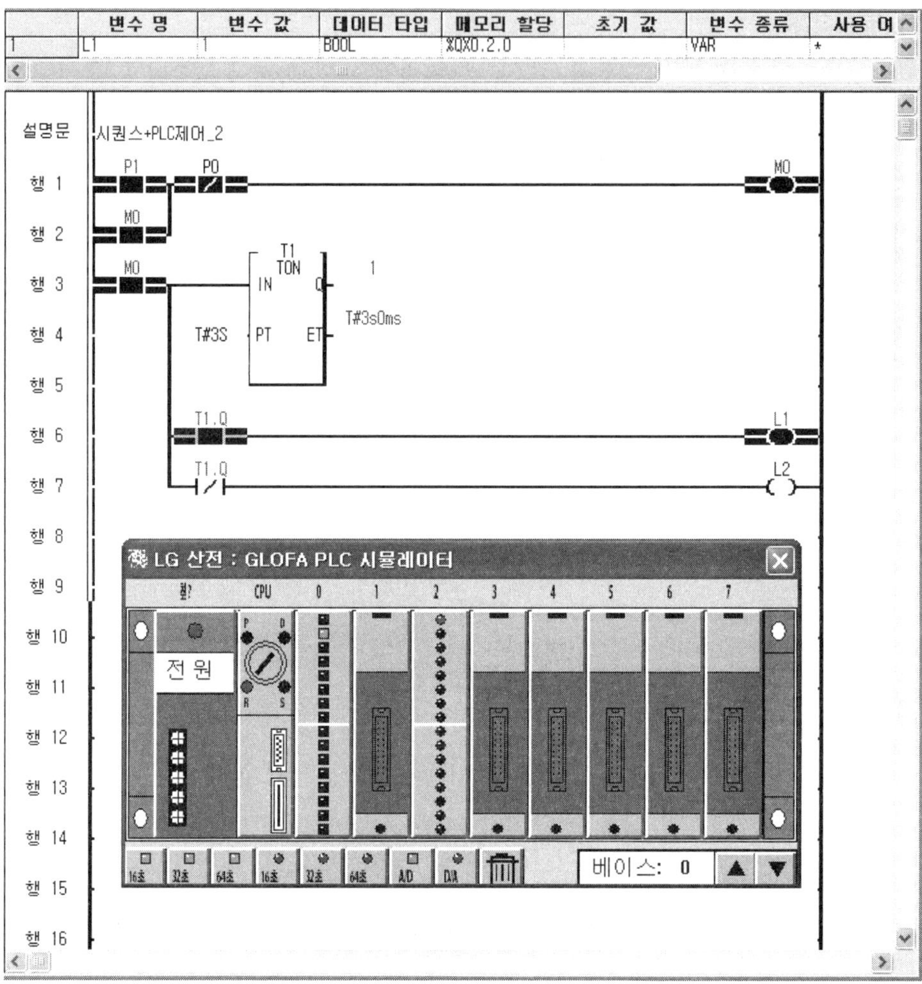

그림 8-6 타이머 시퀀스 제어 PLC 프로그램

3. EOCR 시퀀스 제어

1) 동작설명

EOCR에 의해 AC 단상 모터 제어 회로이다. P1을 <ON>하면 MC가 여자되어 MC_a에 의해 AC 모터가 기동하며 L1이 점등된다. 모터 과 부하시 EOCRDL 작동하여 BZ이 과부하를 표시해 준다. REST 버튼에 의해 EOCR이 복귀 된다.

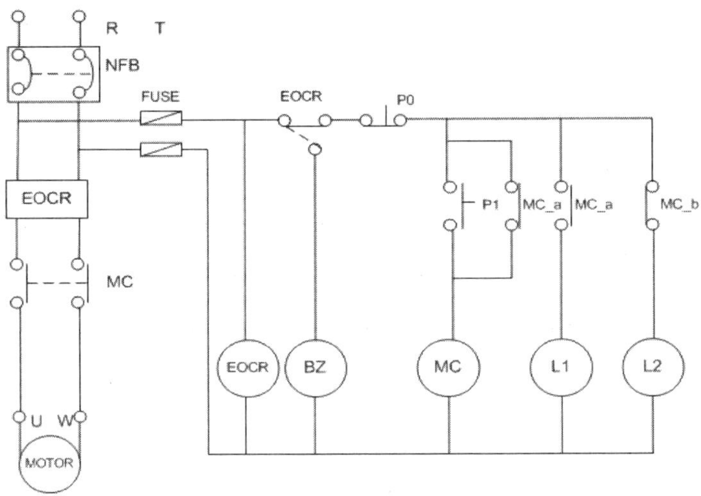

그림 8 - 7 EOCR 시퀀스 제어

2) PLC 입 출력 결선도

입력은 P1, P0, EOCR 접점 이며, 출력은 MC, L1, L2, BZ, 은 출력으로 한다. PLC 제어서 결선시 PLC입·출력 결선도에 의해 배선하되 시퀀스 주회로 와 EOCR에 전원을 결선해야 한다.

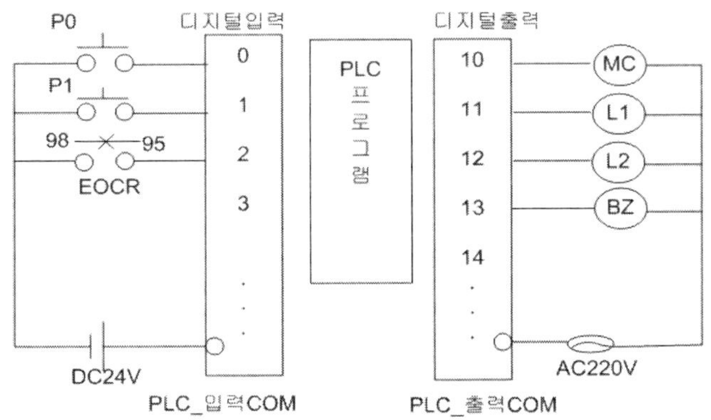

그림 8 - 8 EOCR 시퀀스 PLC 입·출력 결선도

3) EOCR 시퀀스 PLC 프로그램

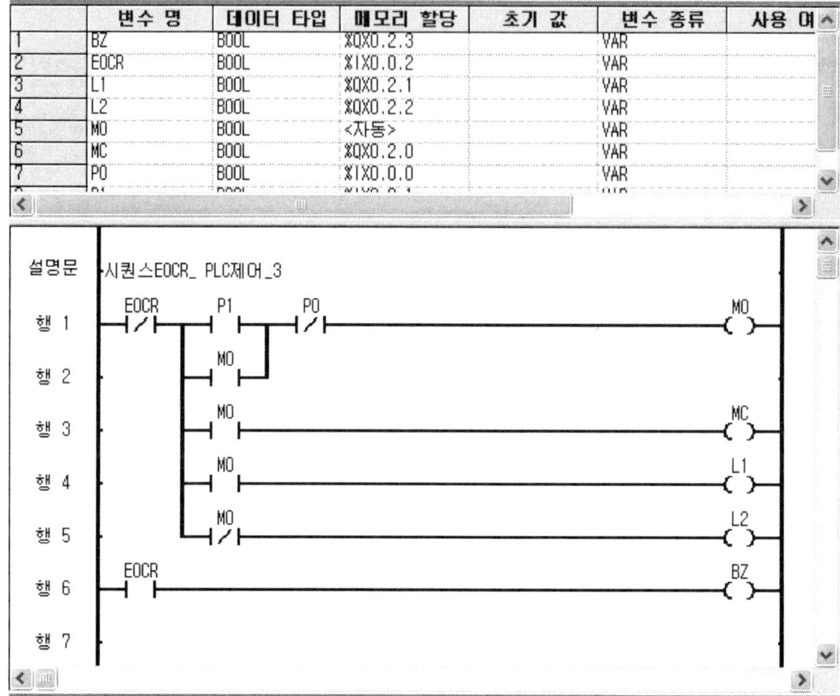

	변수 명	데이터 타입	메모리 할당	초기 값	변수 종류	사용 여
1	BZ	BOOL	%QX0.2.3		VAR	
2	EOCR	BOOL	%IX0.0.2		VAR	
3	L1	BOOL	%QX0.2.1		VAR	
4	L2	BOOL	%QX0.2.2		VAR	
5	M0	BOOL	<자동>		VAR	
6	MC	BOOL	%QX0.2.0		VAR	
7	P0	BOOL	%IX0.0.0		VAR	

그림 8-9 EOCR 시퀀스 PLC 프로그램

MEMO

4. 카운터 시퀀스 제어

1) 동작설명

전원을 투입하고 P1을 <ON>하면 MC가 여자되고 MC_a에 의해 AC 모터가 기동한다. L1이 점등한다. 카운터와 연결된 P3을 5회 누르면 BZ이 동작된다.

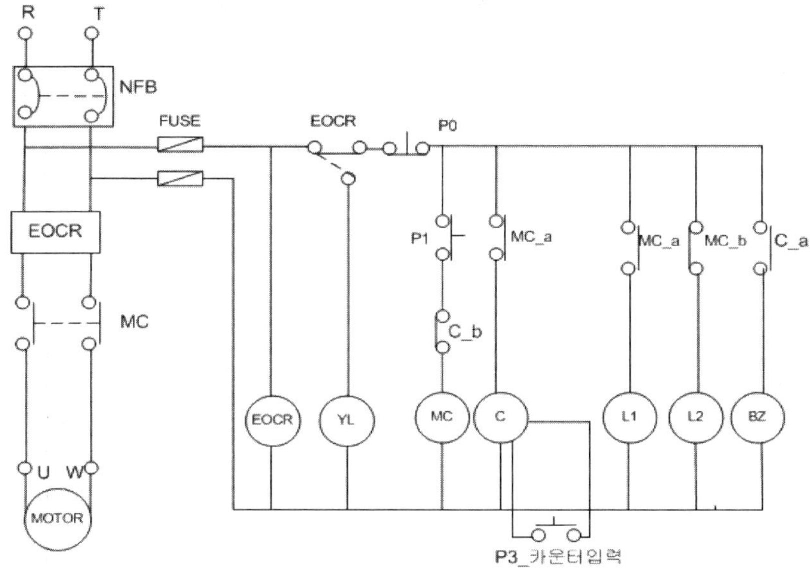

그림 8 - 10 카운터 시퀀스 제어

2) 카운터 시퀀스 제어 입·출력 결선도

카운터는 CTU 다운 카운터를 사용하며 카운터에 의한 BZ을 <ON>시키는 회로이다.

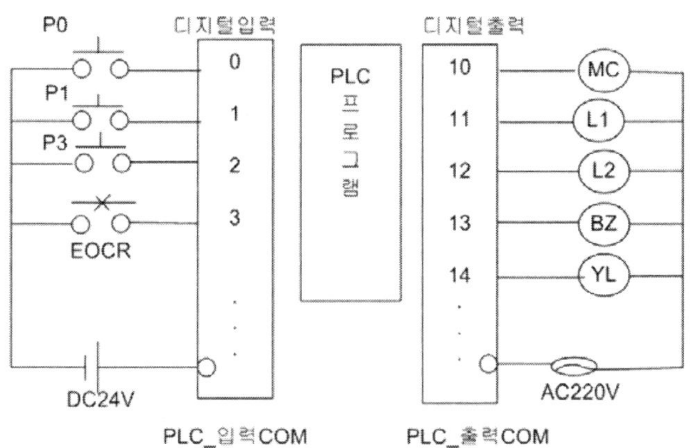

그림 8 - 11 카운터 시퀀스 제어 PLC 입·출력 결선도

3) 카운터 시퀀스 제어 PLC 프로그램

	변수 명	데이터 타입	메모리 할당	초기 값	변수 종류	사용 여
1	BZ	BOOL	%QX0.2.3		VAR	
2	CQ	FB Instance	<자동>		VAR	
3	EOCR	BOOL	%IX0.0.2		VAR	
4	L1	BOOL	%QX0.2.1		VAR	
5	L2	BOOL	%QX0.2.2		VAR	
6	M0	BOOL	<자동>		VAR	
7	MC	BOOL	%QX0.2.0		VAR	
8	P0	BOOL	%IX0.0.0		VAR	
9	P1	BOOL	%IX0.0.1		VAR	
10	P3	BOOL	%IX0.0.2		VAR	

설명문 시퀀스 카운터_PLC제어_4

행 1 EOCR P1 P0 M0
행 2 M0
행 3 M0 MC
행 4 M0 L1
행 5 M0 L2
행 6 CQ
행 7 P3 CU CTU Q BZ
행 8 CQ.Q R CV
행 9 5 PV

그림 8 - 12 카운터 시퀀스 제어 PLC 프로그램

MEMO

5. AC 모터 정·역 시퀀스 PLC 제어 (1)

1) 동작설명

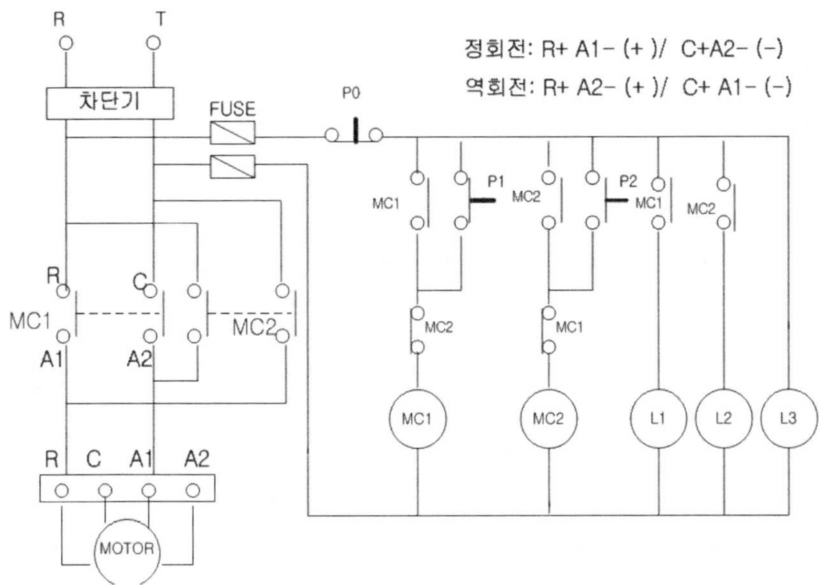

그림 8-13 AC 모터 정·역 시퀀스 제어그

DC 모터인 경우에는 +, - 입력 전선을 바꾸어 주면 정회전 한다. 그러나 모터에서는 기동 코일과 운전 코일이 있어 기동 코일에 입력선을 바꾸어 주어야 역회전을 한다. P1를 <ON>하면 정회전, P2를 <ON>하면 정회전 한다.

2) AC 모터 정·역 시퀀스 제어의 PLC 입·출력 결선도

입력 P0, P1, P2, P3. 출력 MC1, MC2, L1, L2, L3로 설정하여 PLC 입·출 결선도를 작성한다.

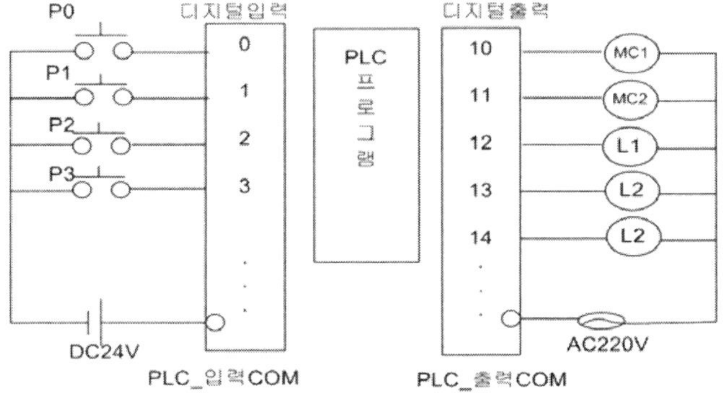

그림 8-14 AC 모터 정역 시퀀스 제어 PLC 입·출력 결선도

3) AC 모터 정·역 시퀀스 제어 PLC 프로그램

	변수 명	데이터 타입	메모리 할당	초기 값	변수 종류	사용 여부	설명문
1	L1	BOOL	%QX0.2.3		VAR		
2	L2	BOOL	%QX0.2.3		VAR		
3	L3	BOOL	%QX0.2.4		VAR		
4	M1	BOOL	<자동>		VAR		
5	M2	BOOL	<자동>		VAR		
6	MC1	BOOL	%QX0.2.0		VAR		
7	MC2	BOOL	%QX0.2.1		VAR		
8	P0	BOOL	%IX0.0.0		VAR		
9	P1	BOOL	%IX0.0.0		VAR		
10	P2	BOOL	%IX0.0.2		VAR		

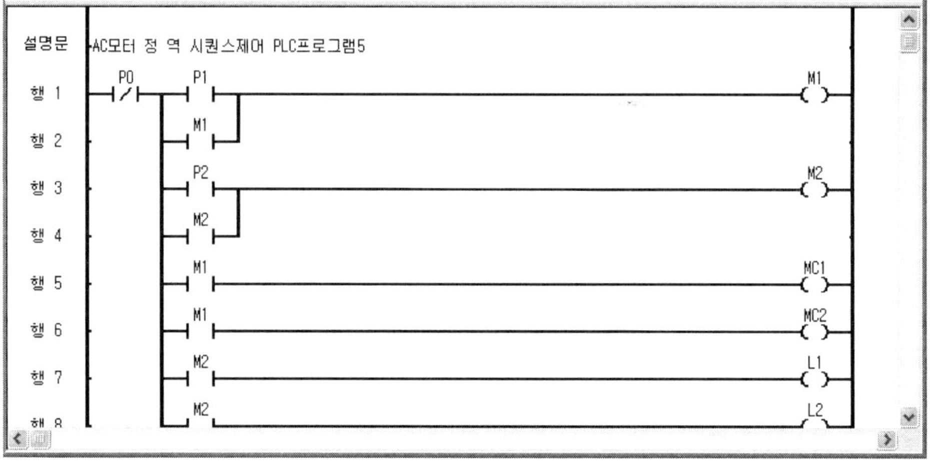

설명문 AC모터 정 역 시퀀스제어 PLC프로그램5

행 1 P0 P1 M1
행 2 M1
행 3 P2 M2
행 4 M2
행 5 M1 MC1
행 6 M1 MC2
행 7 M2 L1
행 8 M2 L2

그림 8-15 AC 모터 정·역 시퀀스 제어 PLC 프로그램

MEMO

6. AC 모터 정·역 시퀀스 PLC 제어 (2)

1) 동작설명

EOCR 및 MC1, MC2를 사용하여 시퀀스로 AC 모터 정·역 회로를 구성하였다. P1에 의해 정회전 P2에 의해 역회전 하며 모터 과부하시 EOCR에 의해 트립 되는 시퀀스 회로이다.

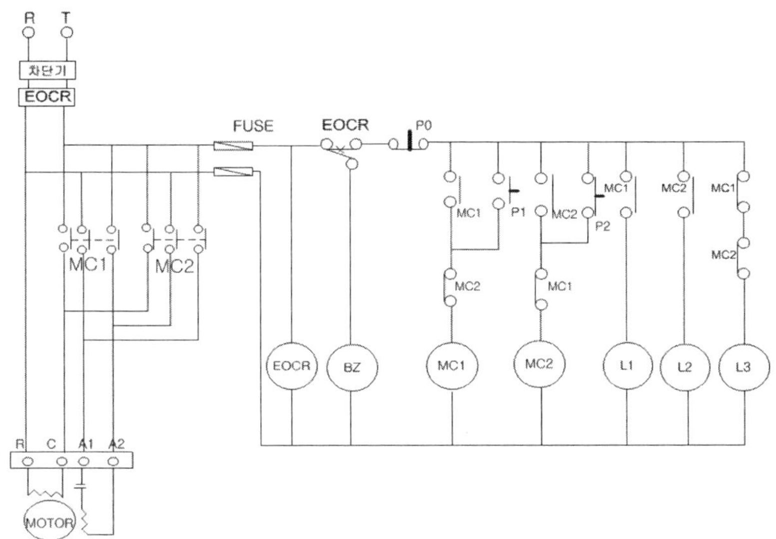

그림 8 - 16 AC 모터 정·역 시퀀스 제어 (2)

2) AC 모터 정·역 시퀀스 제어 (2), PLC 입·출력 결선도

AC 모터 정역 시퀀스 회로에서 입력은 EOCR_a P0, P1, P2, 출력은 MC1, MC2, L1, L2, L3, BZ을 출력으로 한다.

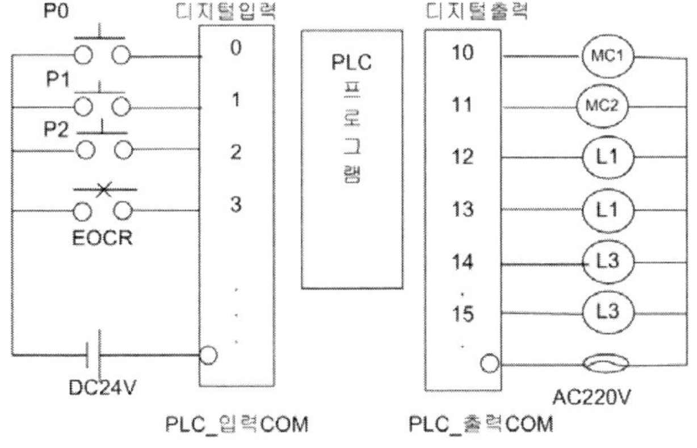

그림 8 - 19 AC 모터 정·역 시퀀스 제어 (2) PLC 입·출력결선도

3) AC 모터 정·역 시퀀스 제어 (2) PLC 프로그램

	변수 명	데이터 타입	메모리 할당	초기 값	변수 종류	사용 여부	설명문
1	EOCR	BOOL	%IX0.0.3		VAR		
2	L1	BOOL	%QX0.2.2		VAR		
3	L2	BOOL	%QX0.2.3		VAR		
4	L3	BOOL	%QX0.2.4		VAR		
5	M1	BOOL	<자동>		VAR		
6	M2	BOOL	<자동>		VAR		
7	MC1	BOOL	%QX0.2.0		VAR		
8	MC2	BOOL	%QX0.2.1		VAR		
9	P0	BOOL	%IX0.0.0		VAR		
10	P1	BOOL	%IX0.0.1		VAR		
11	P2	BOOL	%IX0.0.2		VAR		
12	YL	BOOL	%QX0.2.5		VAR		

설명문 시퀀스+PLC_6
행 1 EOCR P1 P0 M1
행 2 M1
행 3 P2 P0 M2
행 4 M2
행 5 M1 MC1
행 6 M2 MC2
행 7 M1 L1
행 8 M2 L2
행 9 M1 M2 L3
행 10 EOCR YL
행 11
행 12
행 13
행 14

그림 8-19 AC 모터 정·역 시퀀스 제어 (2) PLC 프로그램

MEMO

7. AC 3상 유도전동기 정·역 시퀀스 제어

1) 동작설명

AC 3상 유도전동기는 산업체에서 가장 많이 사용 된다. 3상유도전동기의 회전 방향 변경은 RST상 중에서 두상만 교체하면 회전 방향이 바뀐다. 그 역할을 MC1과 MC2가 스위치 역할을 한다. 모터에 과부하가 되면 EOCR에 의해 제어회로나 모터에 이상을 표시한다.

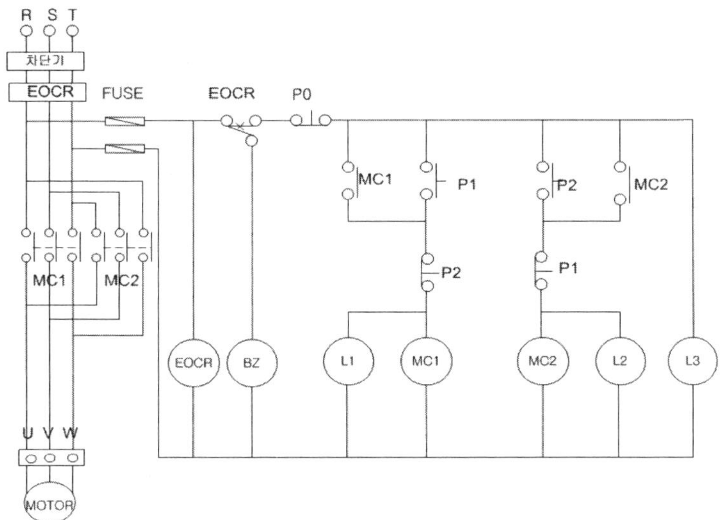

그림 8 - 20 AC 3상 모터 정·역 시퀀스 제어

2) AC 3상 유도전동기 정·역 회로 PLC 입·출력 결선도

입력설정은 P0, P1, P2, EOCR_a, 출력은 MC1, MC2, L1, L2, L3, YL을 출력으로 설정하고 PLC 입·출력 결선도를 작성한다.

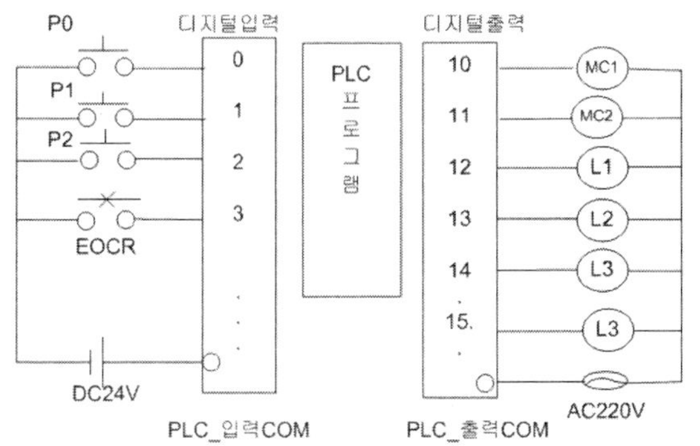

그림 8 - 21 AC 3상 모터 정·역 시퀀스 제어 PLC 입·출력 결선도

3) AC 3상 모터 정·역 시퀀스 제어 PLC 프로그램

그림 8-20 시퀀스도를 보고 같은 동작이 되도록 PLC 프로그램을 작성한다.

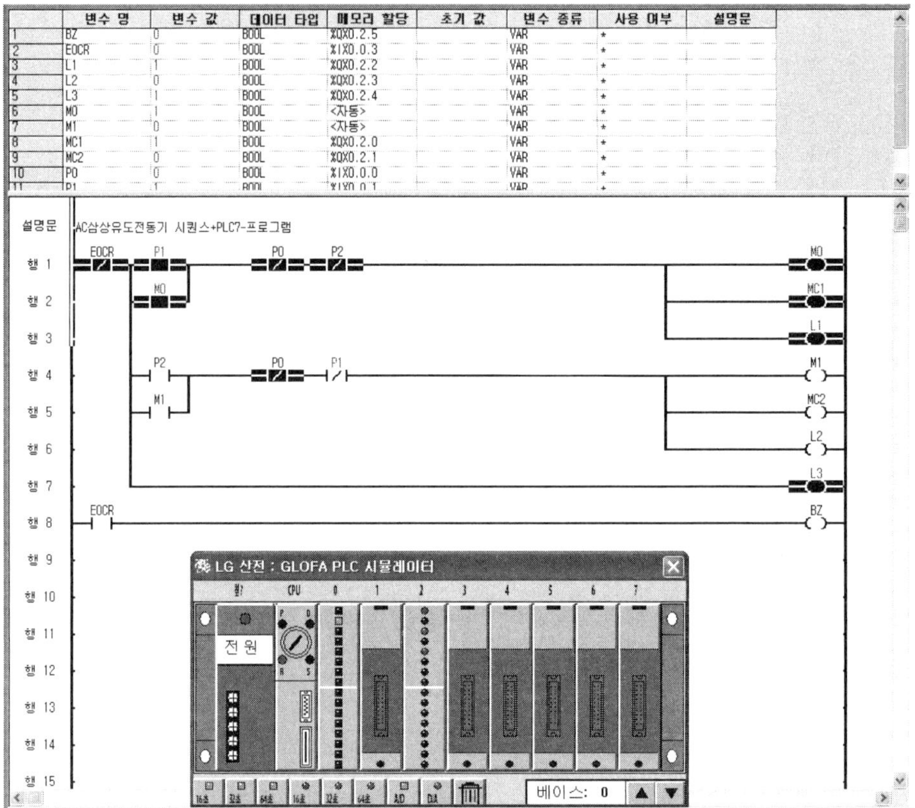

	변수 명	변수 값	데이터 타입	메모리 할당	초기 값	변수 종류	사용 여부	설명문
1	BZ	0	BOOL	%QX0.2.5		VAR	*	
2	EOCR	0	BOOL	%IX0.0.3		VAR	*	
3	L1	1	BOOL	%QX0.2.2		VAR	*	
4	L2	0	BOOL	%QX0.2.3		VAR	*	
5	L3	1	BOOL	%QX0.2.4		VAR	*	
6	M0	1	BOOL	<자동>		VAR	*	
7	M1	0	BOOL	<자동>		VAR	*	
8	MC1	1	BOOL	%QX0.2.0		VAR	*	
9	MC2	0	BOOL	%QX0.2.1		VAR	*	
10	P0	0	BOOL	%IX0.0.0		VAR	*	
11	P1	1	BOOL	%IX0.0.1		VAR	*	

그림 8-22 AC 3상 모터 정·역 시퀀스 제어 PLC 프로그램

MEMO

8. 리미트 스위치를 이용한 AC 3상 유도전동기 정·역 시퀀스 제어

1) 동작설명

엘리베이터 회로이다. 리미트 스위치 LS1에 의해 정회전 하고 LS2에 의해 AC 3상 유도전동기가 역회전 하는 회로이다.

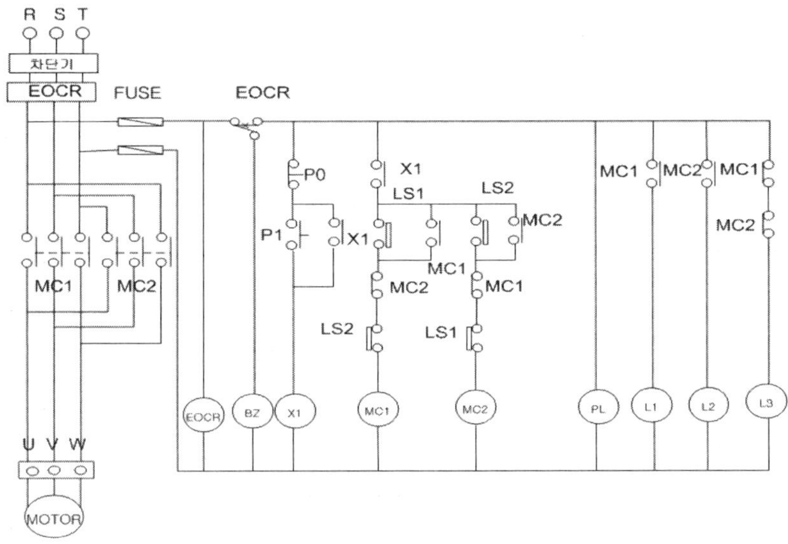

그림 8 - 23 리미트 스위치를 이용한 AC 3상 유도전동기 정·역 시퀀스 제어

2) 리미트 스위치를 이용한 AC 3상 유도전동기 정·역회로 PLC 입·출력결선도

시퀀스도면을 보고 입력과 출력을 설정한 다음 PLC 입·출력 결선도를 아래와 같이 작성하고 실제 PLC결선에 있어서도 활용하며 시퀀스 주회로도 해야 한다.

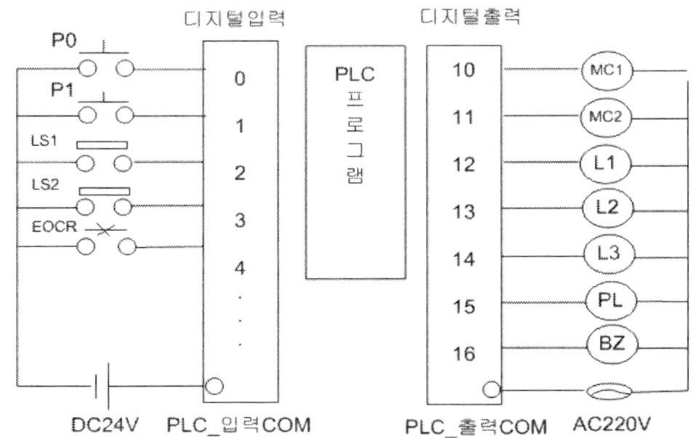

그림 8 - 24 리미트 스위치를 이용한 AC 3상 유도전동기 정·역 PLC 결선도

3) 리미트 스위치를 이용한 AC 3상 유도전동기 정·역 PLC 프로그램

그림 8-23 시퀀스도를 보고 같은 동작이 되도록 PLC 프로그램을 작성한다.

	변수 명	데이터 타입	메모리 할당	초기 값	변수 종류	사용 여부	설명문
1	BZ	BOOL	%QX0.2.6		VAR		
2	EOCR	BOOL	%IX0.0.4		VAR		
3	L1	BOOL	%QX0.2.2		VAR		
4	L2	BOOL	%QX0.2.3		VAR		
5	L3	BOOL	%QX0.2.4		VAR		
6	LS1	BOOL	%IX0.0.2		VAR		
7	LS2	BOOL	%IX0.0.3		VAR		
8	M0	BOOL	<자동>		VAR		
9	M1	BOOL	<자동>		VAR		
10	M2	BOOL	<자동>		VAR		
11	MC1	BOOL	%QX0.2.0		VAR		
12	MC2	BOOL	%QX0.2.1		VAR		
13	P0	BOOL	%IX0.0.0		VAR		
14	P1	BOOL	%IX0.0.1		VAR		
15	PL	BOOL	%QX0.2.5		VAR		

설명문 시퀀스제어+PLC제어_8

- 행 1: EOCR(/) — P1 — P0(/) — (M0)
- 행 2: M0 (P1 병렬)
- 행 3: M0 — LS1 — LS2(/) — M2(/) — (M1)
- 행 4: M1 (LS1 병렬)
- 행 5: M0 — LS2 — LS1(/) — M1(/) — (M2)
- 행 6: M2 (LS2 병렬)
- 행 7: M1 — (MC1)
- 행 8: M2 — (MC2)
- 행 9: M1 — (L1)
- 행 10: M2 — (L2)
- 행 11: M1(/) — M2(/) — (L3)
- 행 12: (PL)
- 행 13: EOCR(/) — (BZ)

그림 8-25 리미트 스위치를 이용한 AC 3상 유도전동기 정·역 PLC 프로그램

MEMO

9. AC 3상 유도전동기 Y-△ 기동 시퀀스

1) 동작설명

전원을 투입하면 전원표시등 GL 점등, P1을 누르면 MC1, MC2가 여자되어 주접점 MC_a가 닫히면서 전동기가 Y기동되며 BL이 점등, GL 소등 동시에 타이머가 여자 된다. 타이머의 설정시간 t초가 지나면 T_b가 열려 Y기동이 정지되고 T_a가 붙어 MC3가 여자 되어 △ 운전으로 전환된다. 이때 BL은 소등되고 RL과 GL이 점등된다. MC1과 MC2는 인터록이 유지되어 안전 운전이 된다. 정지용 P0를 누르면 RL은 소등, GL이 점등된다. EOCR에 의해 과부하를 표시한다.

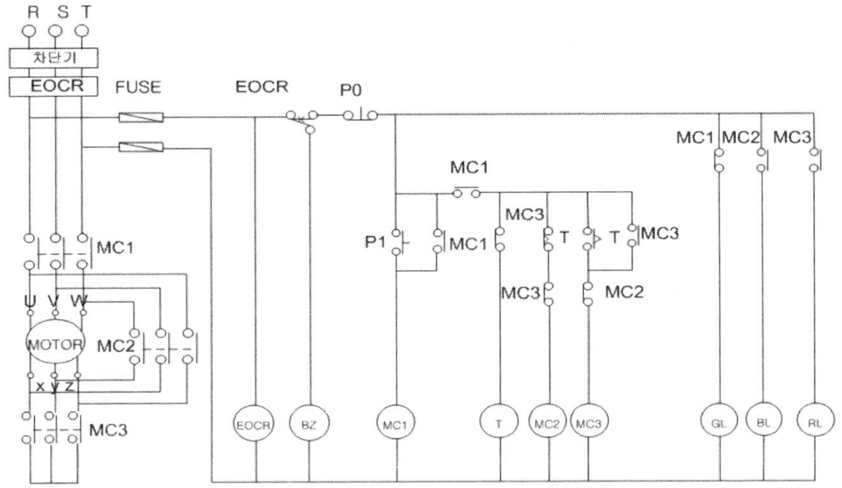

그림 8-26 AC 3상 유도전동기 Y-△ 기동 시퀀스

2) AC 3상 유도전동기 Y-△ 기동 시퀀스 PLC 입·출력 결선도

PLC 입·출력 결선도는 아래와 같이 작성한다.

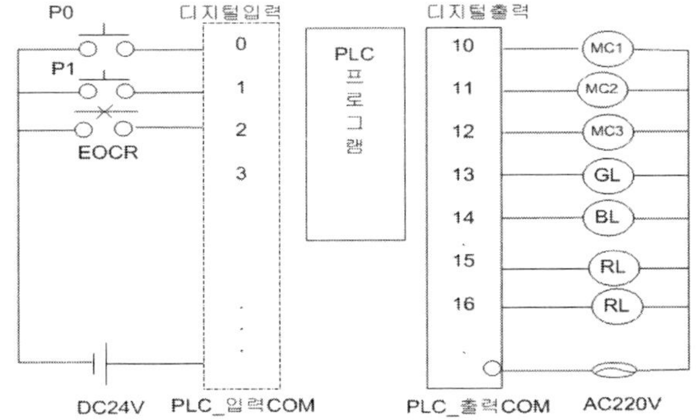

그림 8-27 AC 3상 유도전동기 Y-△ 기동 PLC 입·출력 결선도

3) AC 3상 유도전동기 Y-△ 기동 PLC 프로그램

그림 8-28 AC 3상 유도전동기 Y-△ 기동 PLC 프로그램

MEMO

10. AC 3상 유도전동기 Y-△ 기동 정·역 시퀀스

1) 동작 설명

MC1, MC2, MC3, MC4를 사용하여 AC 3상 유도전동기 Y기동 △운전과 정·회전 역회전으로 동작하는 시퀀스 회로이다.

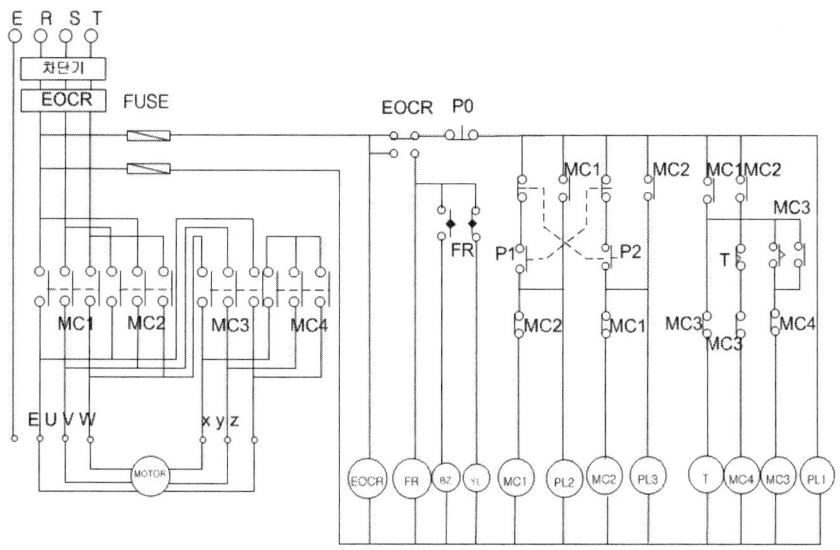

그림 8-29 AC 3상 유도전동기 Y-△ 기동 정·역 시퀀스

2) AC 3상 유도전동기 Y-△ 기동 정·역 시퀀스 PLC 입·출력 결선도

PLC에 의한 AC220V 출력 결선 시 주의할 점은 부하에 맞는 전선을 설정하고 차단기 용량 설정도 고려하여 PLC에 과전류 영양을 받지 않고 또한 제어반에 안정도를 기술적으로 고려하여 설계하여야 한다.

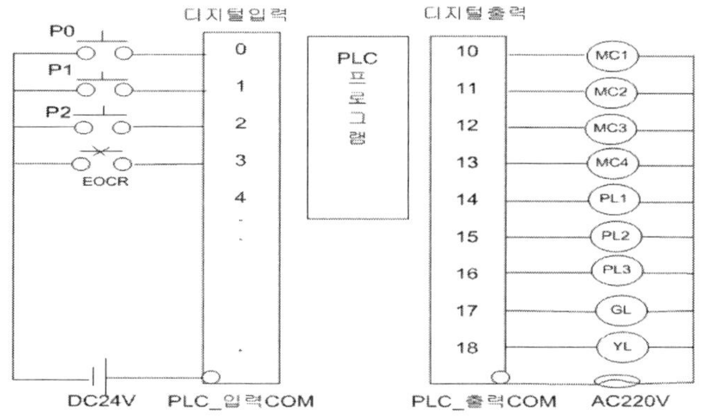

그림 8-30 AC 3상 유도전동기 Y-△ 기동 정·역 PLC 입·출력 결선도

3) AC 3상 유도전동기 Y-△ 기동 정·역 PLC 프로그램

그림 8-31 AC 3상 유도전동기 Y-△ 기동 정·역 PLC 프로그램

MEMO

11. DC 24V 근접센서의 시퀀스 제어

1) 동작설명

근접센서에서 입력 결선 시 주의할 사항은 세서의 타입이다. NPN형은 COM 결선시 +선에 PNP형은 COM결선시 − 선에 결선을 하면 된다.

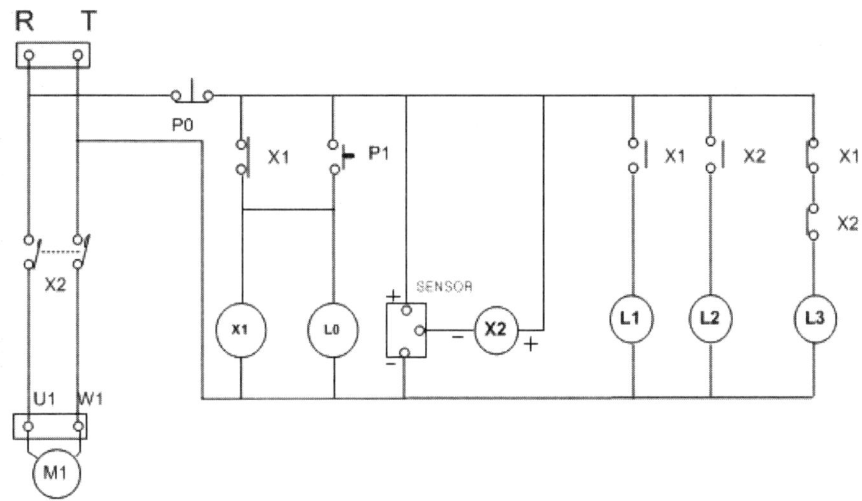

그림 8-32 DC 24V 근접센서의 시퀀스 제어

2) DC 24V 근접센서의 시퀀스 제어 PLC 입·출력 결선도

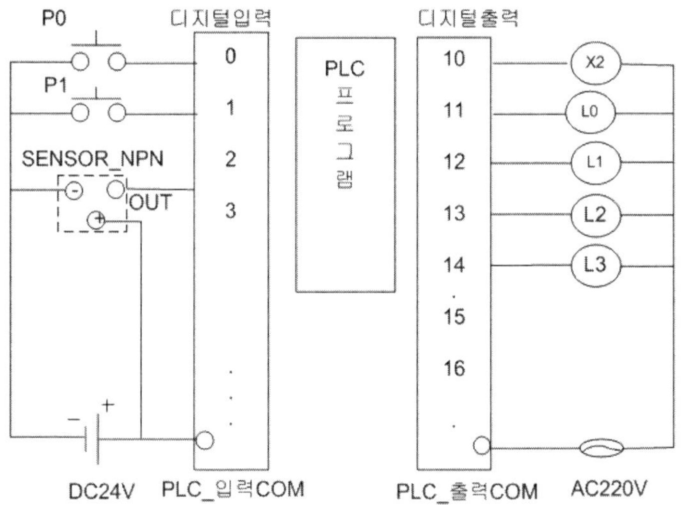

그림 8-33 DC 24V 근접센서의 시퀀스 제어 PLC 입·출력 결선도

3) DC 24V 근접센서의 PLC 프로그램

	변수 명	데이터 타입	메모리 할당	초기 값	변수 종류	사용 여부	설명문
1	L0	BOOL	%QX0.2.1		VAR		
2	L1	BOOL	%QX0.2.0		VAR		

설명문 DC 24V근접센서 시퀀스+PLC_11
행 1 P1 P0 M0
행 2 M0
행 3 SENSOR X2
행 4 X2 L2
행 5 M0 L0
행 6 L1
행 7 M0 X2 L3
행 8
행 9
행 10
행 11

그림 8 - 34 DC 24V 근접센서의 시퀀스 제어 PLC 프로그램

MEMO

12. 버튼 1개로 기동정지 PLC 프로그램

1) 시퀀스 제어

동작설명 : X1, X2 릴레이를 사용하여 P1을 1회 <ON>하면 MC에 의해 모터가 기동하고, P1을 2회 <ON>하면 하는 회로의 구성이다.

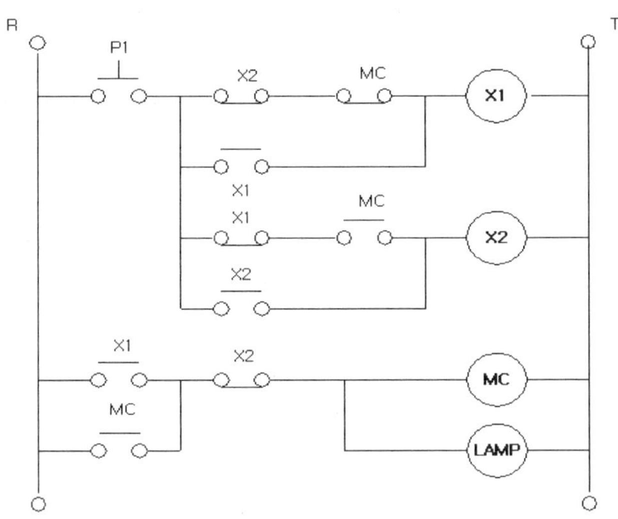

그림 8 - 35 버튼 1개로 기동 정지 시퀀스

2) 버튼 1개로 기동 정지 PLC 입·출력 결선도

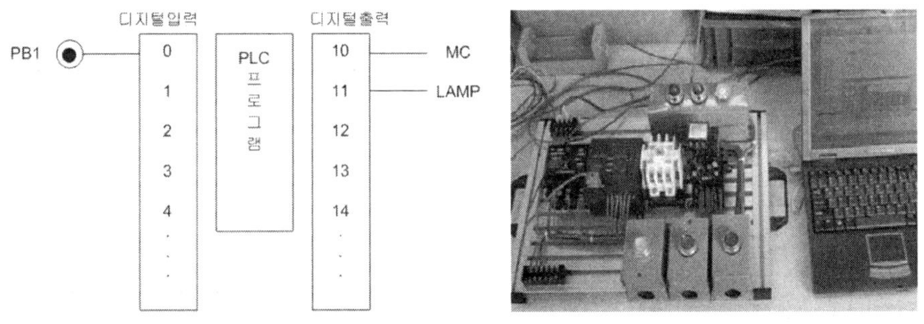

그림 8 - 36 버튼 1개로 기동 정지 PLC 입·출력 결선도 및 제어반

3) 버튼 1개로 기동 정지 PLC 프로그램

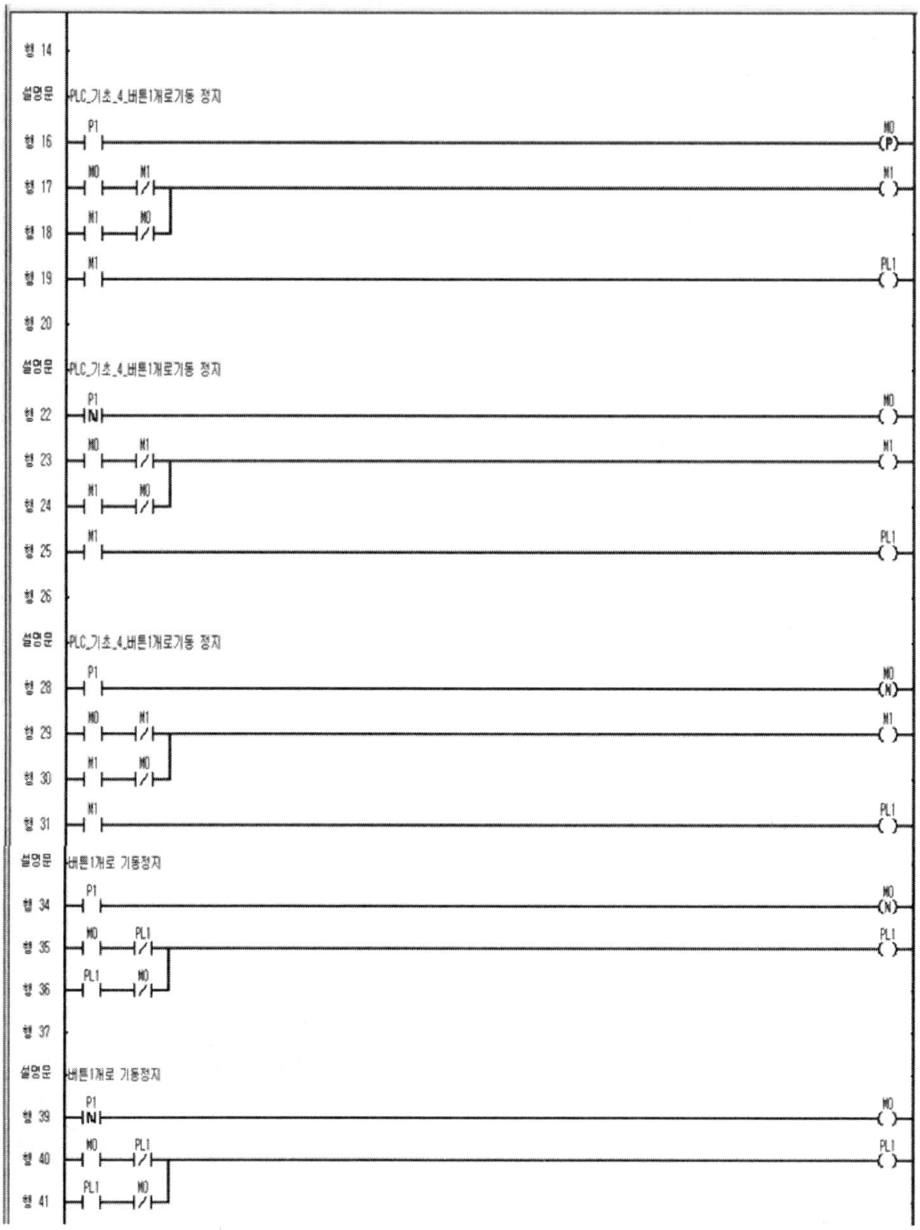

그림 8-37 버튼 1개로 기동 정지 PLC 프로그램

chapter

09

부 록

MPS PLC
PLC MPS
MPS PLC
PLC MPS
MPS PLC
PLC MPS
MPS PLC
PLC MPS

09 chapter

부 록

09 타임차트에 의한 PLC 제어

9-1. 타임차트를 이용한 램프 제어

1. 타이머를 이용한 램프 제어 (1)

1) 타임차트

동작설명 : P1을 <ON>하면 M0에 의해 자기 유지 되고 P0를 <ON>하면 초기화 된다.

① P1을 <ON>한 상태에서 L1, L2, L3가 2초 간격으로 1회 동작 후 정지한다.

② L1, L2, L3가 계속 반복동작

③ 카운터를 사용하여 5회 반복동작 후 정지할 수 있게 PLC 프로그램 연습을 한다.

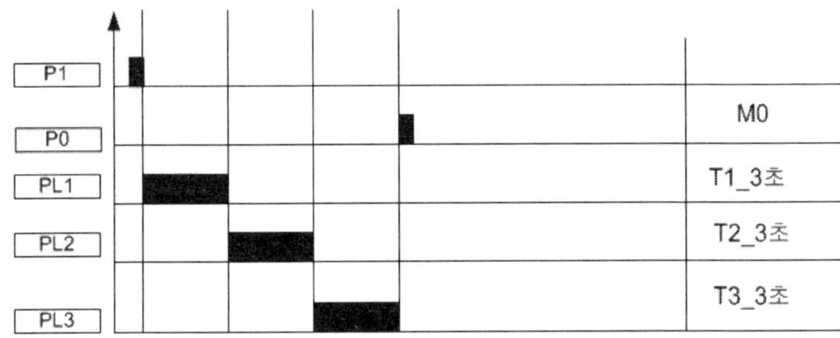

그림 9-1 램프 제어 타임차트 (1)

2) 램프 제어 타임차트 (1) PLC 입·출력 결선도

PLC입력은 P0, P1, PLC 출력은 PL1, PL2, PL3로 설정한다.

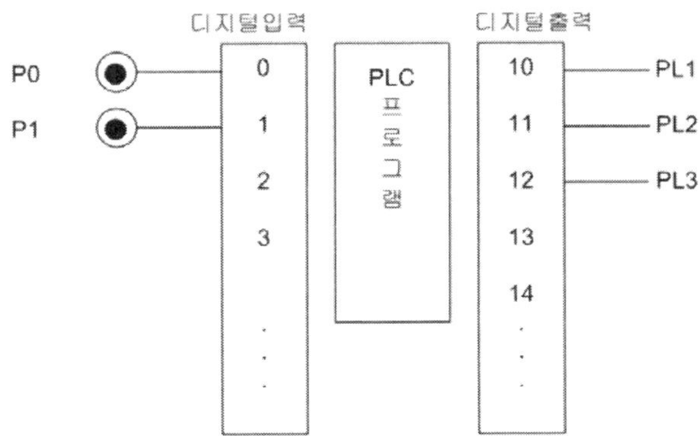

그림 9-2 램프 제어 타임차트 (1) PLC 입·출력 결선도

3) 램프 제어 타임차트 (1) PLC 프로그램

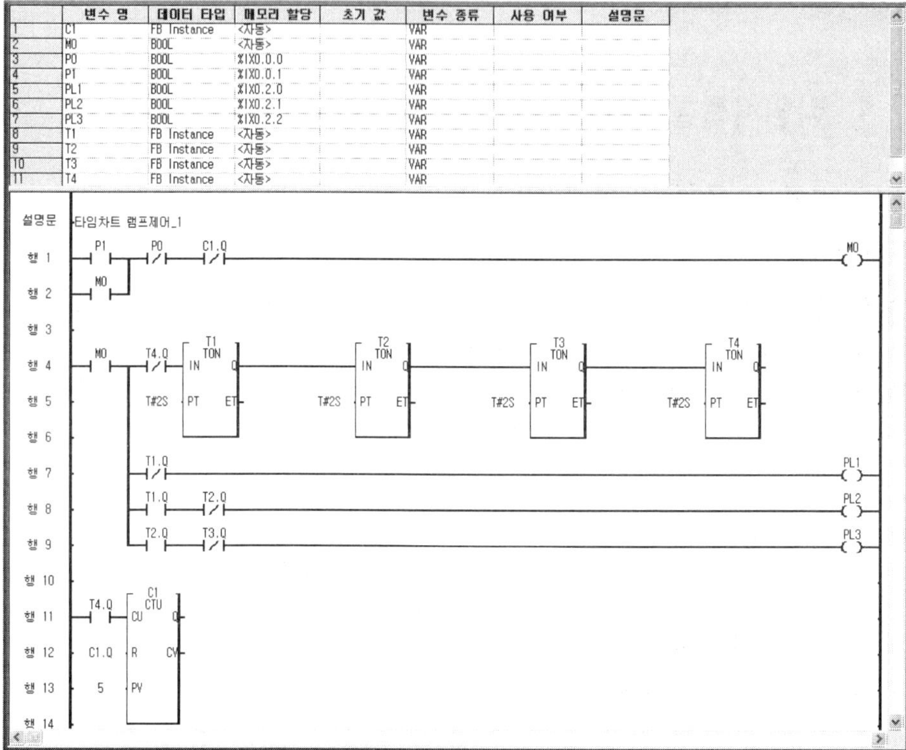

	변수 명	데이터 타입	메모리 할당	초기 값	변수 종류	사용 여부	설명문
1	C1	FB Instance	<자동>		VAR		
2	M0	BOOL	<자동>		VAR		
3	P0	BOOL	%IX0.0.0		VAR		
4	P1	BOOL	%IX0.0.1		VAR		
5	PL1	BOOL	%IX0.2.0		VAR		
6	PL2	BOOL	%IX0.2.1		VAR		
7	PL3	BOOL	%IX0.2.2		VAR		
8	T1	FB Instance	<자동>		VAR		
9	T2	FB Instance	<자동>		VAR		
10	T3	FB Instance	<자동>		VAR		
11	T4	FB Instance	<자동>		VAR		

그림 9-3 램프 제어 타임차트 (1) PLC 프로그램

MEMO

2. 타임차트에 의한 램프 제어(2)

1) 타임차트

동작설명 : P1을 <ON>하면 PL1 3초 점등, PL2 3초 점등, PL3 6초 점등, PL4 9초 점등된다.

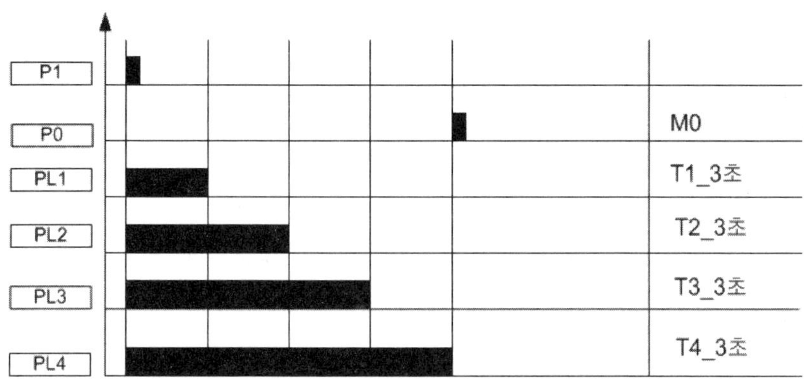

그림 9-4 램프 제어 타임차트(2)

2) 램프 제어 타임차트(2) PLC 입·출력 결선도

PLC입력은 P0, P1, PLC 출력은 PL1, PL2, PL3, PL4로 설정한다.

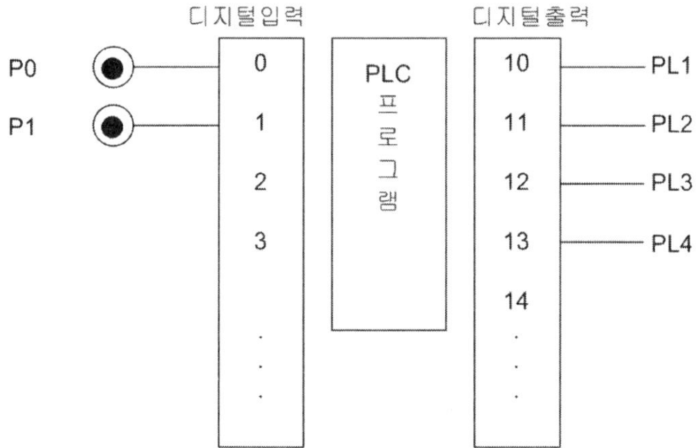

그림 9-5 램프 제어 타임차트(2) PLC 입·출력 결선도

3) 램프 제어 타임차트 (2) PLC 프로그램

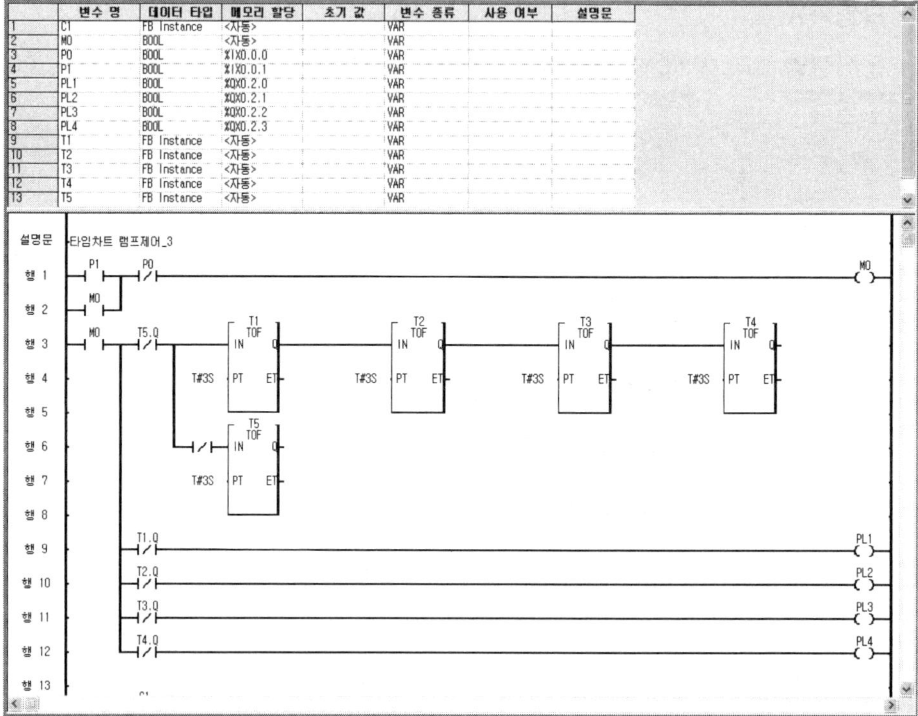

	변수 명	데이터 타입	메모리 할당	초기 값	변수 종류	사용 여부	설명문
1	C1	FB Instance	<자동>		VAR		
2	M0	BOOL	<자동>		VAR		
3	P0	BOOL	%IX0.0.0		VAR		
4	P1	BOOL	%IX0.0.1		VAR		
5	PL1	BOOL	%QX0.2.0		VAR		
6	PL2	BOOL	%QX0.2.1		VAR		
7	PL3	BOOL	%QX0.2.2		VAR		
8	PL4	BOOL	%QX0.2.3		VAR		
9	T1	FB Instance	<자동>		VAR		
10	T2	FB Instance	<자동>		VAR		
11	T3	FB Instance	<자동>		VAR		
12	T4	FB Instance	<자동>		VAR		
13	T5	FB Instance	<자동>		VAR		

그림 9-6 램프 제어 타임차트 (2) PLC 프로그램

MEMO

3. 타임차트에 의한 램프 제어(3)

1) 타임차트

동작설명 : P1 <ON>하면 M0에 의해 자기유지 되고, P0에 의해 초기화 된다. 타이머에 의해 PL1, PL2, PL3, PL2, PL1 순으로 3초 간격으로 5회 반복 후 소등한다.

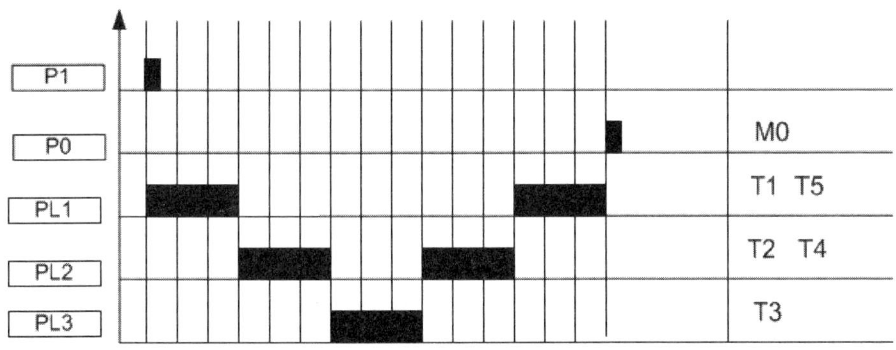

그림 9-7 램프 제어 타임차트(3)

2) 램프 제어 타임차트(3) PLC 입·출력 결선도

PLC 입력은 P0, P1, PLC 출력은 PL1, PL2, PL3로 설정한다.

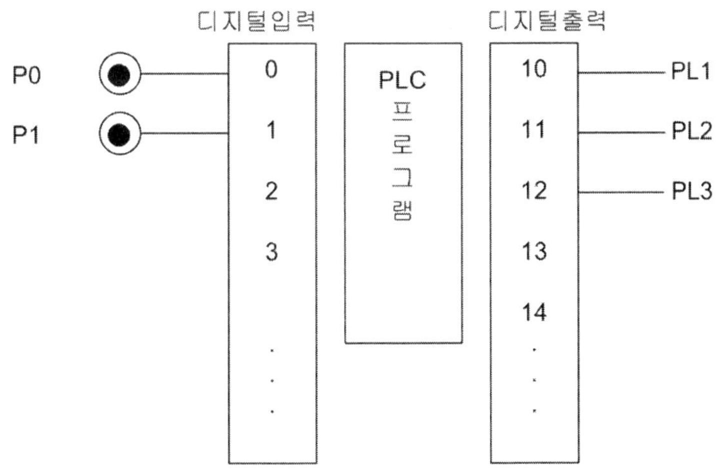

그림 9-8 램프 제어 타임차트(3) PLC 입·출력 결선도

3) 램프 제어 타임차트 (3) PLC 프로그램

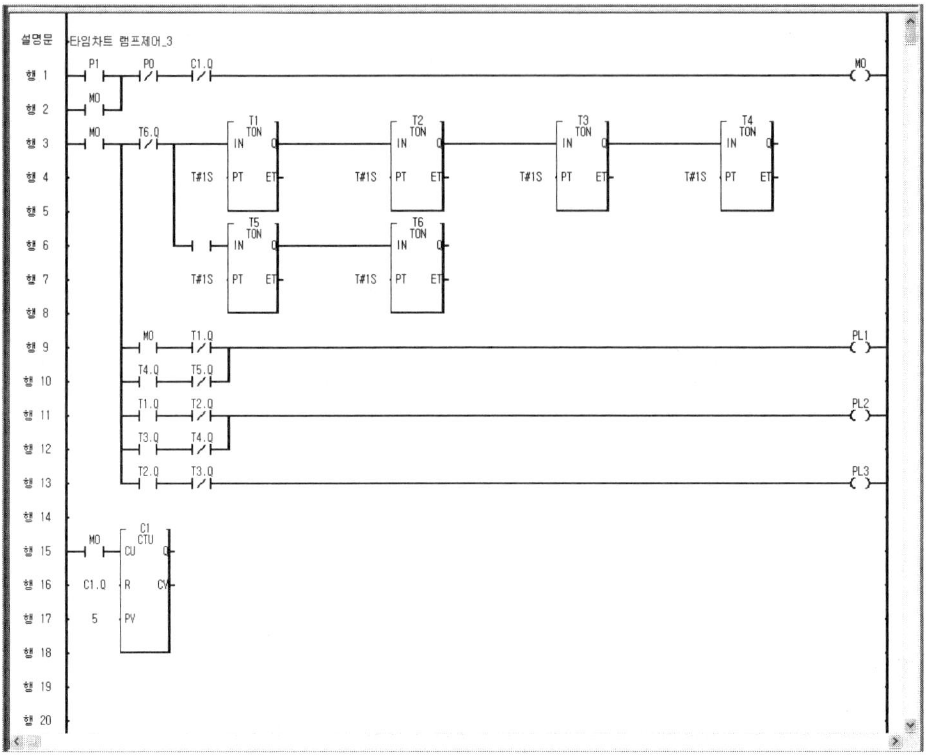

그림 9-9 램프 제어 타임차트 (3) PLC 프로그램

MEMO

4. 타임차트 램프 제어 (4)

1) 타임차트

동작설명 : P1을 <ON>하면 M0에 의해 자기 유지된다. P0를 <ON>하면 초기화 된다. 타이머에 의해 PL1+PL5, PL1+PL4, PL2+PL3 순으로 램프가 2개씩 점등된다. 5회 반복 후 소등된다.

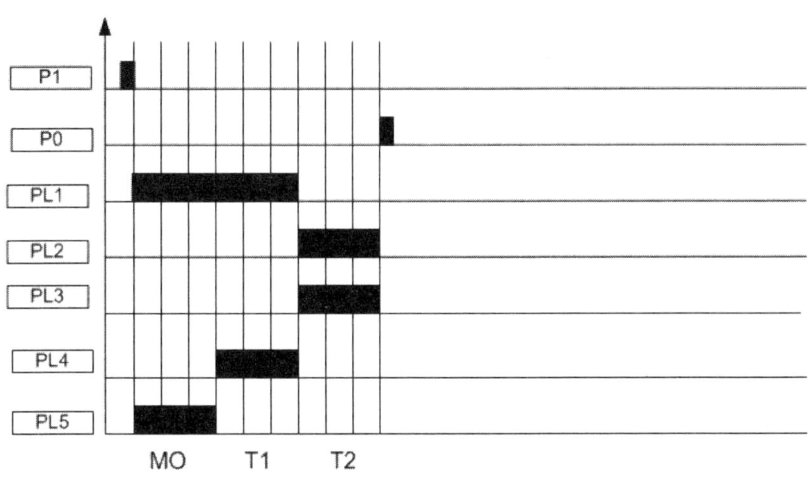

그림 9-10 램프 제어 타임차트 (4)

2) 램프 제어 타임차트 (4) PLC 입·출력 결선도

PLC입력은 P0, P1, PLC 출력은 PL1, PL2, PL3, PL4, PL5로 설정한다.

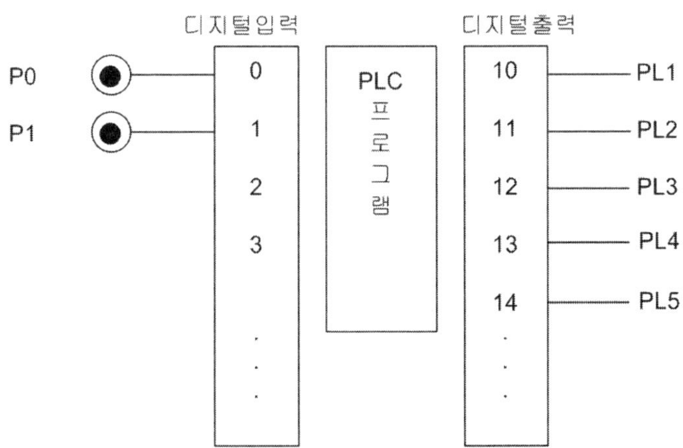

그림 9-11 램프 제어 타임차트 (4) PLC 입·출력 결선도

2) 램프 제어 타임차트(4) PLC 입·출력 PLC 프로그램

그림 9-12 램프 제어 타임차트(4) PLC 프로그램

MEMO

5. 타임차트 램프 제어(5)

1) 타임차트

동작설명 : P1을 <ON>하면 M0에 의해 자기 유지된다. P0를 <ON>하면 초기화 된다. 타이머에 의해 PL1+PL2, PL3+PL4, PL1+PL3, PL2+PL4, PL2+PL3, PL1+PL4 순으로 램프가 2개씩 점등된다. 5회 반복 후 소등된다.

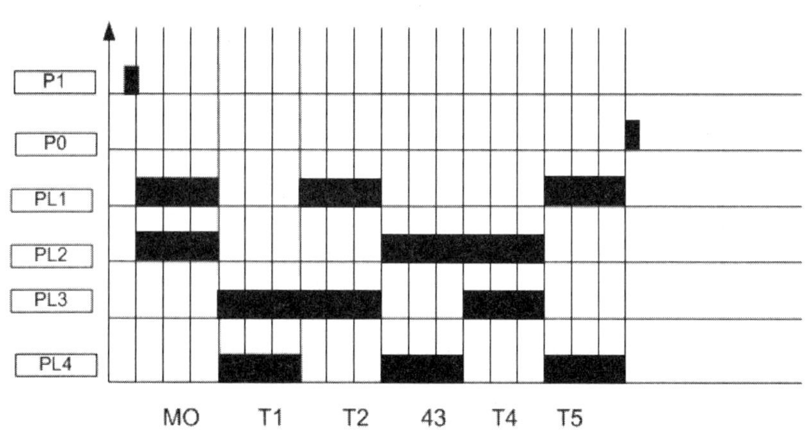

그림 9-13 램프 제어 타임차트(5)

2) 타임차트 램프 제어(5) PLC 입·출력 결선도

PLC입력은 P0, P1, PLC 출력은 PL1, PL2, PL3, PL4로 설정한다.

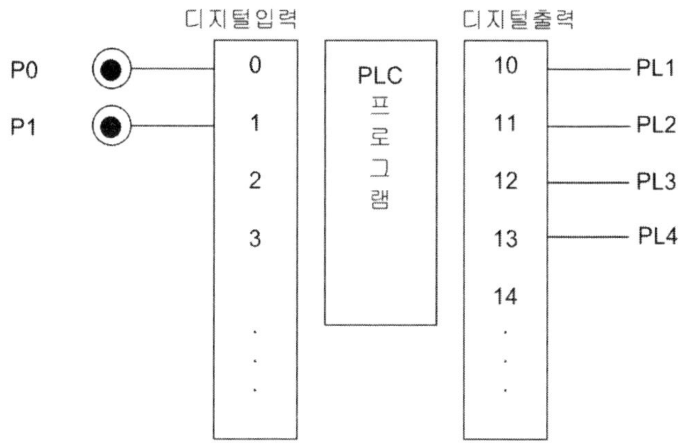

그림 9-14 램프 제어 타임차트(5) PLC 입·출력 결선도

3) 램프 제어 타임차트 (5) PLC 프로그램

그림 9 - 15 램프 제어 타임차트 (5) PLC 프로그램

MEMO

6. 타이머를 이용한 램프 제어(6)

1) 타임차트

동작설명 : 타이머를 활용하여 PL1, 1초 점등 후 소등 10회 후 PL2가 3초 점등 후 소등을 반복한다.

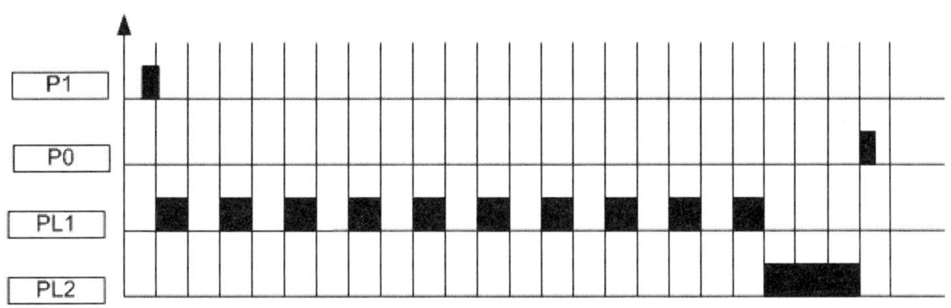

그림 9-16 램프 제어 타임차트(6)

2) PLC 입·출력 결선도

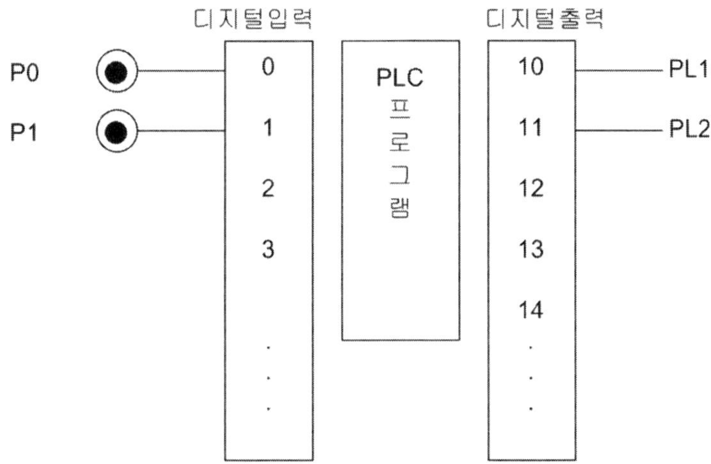

그림 9-17 램프 제어 타임차트(6) PLC 입·출력 결선도

3) 램프 제어 타임차트 (6) PLC 프로그램

그림 9 - 18 램프 제어 타임차트 (6) PLC 프로그램

MEMO

7. 타임차트에 의한 램프 제어 (7)

1) 타임차트

동작설명 : P1_ON 입력하면 3대의 컨베이어를 순서에 따라 기동 시[A － B － C] 순서로 기동하고, 정지 시 [C － B － A] 순서로 정지한다.

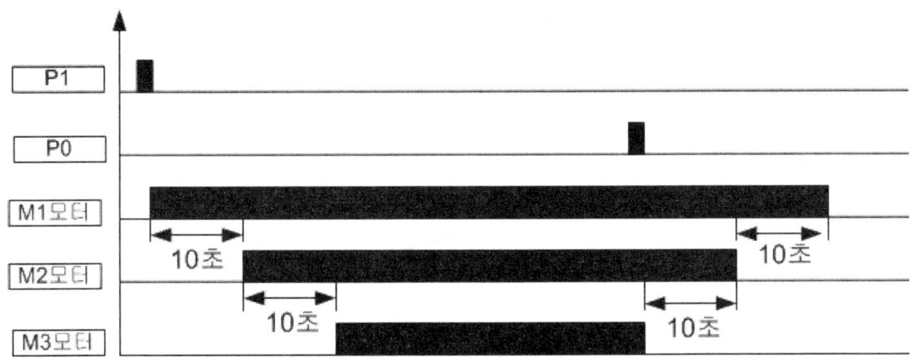

그림 9-19 램프 제어 타임차트 (7) PLC 입·출력 결선도

2) 타임차트에 의한 램프 제어 (7) PLC 입·출력 결선도

PLC 입력은 P1, P0 PLC 출력은 M1_모터, M2_모터, M3_모터를 출력으로 설정한다.

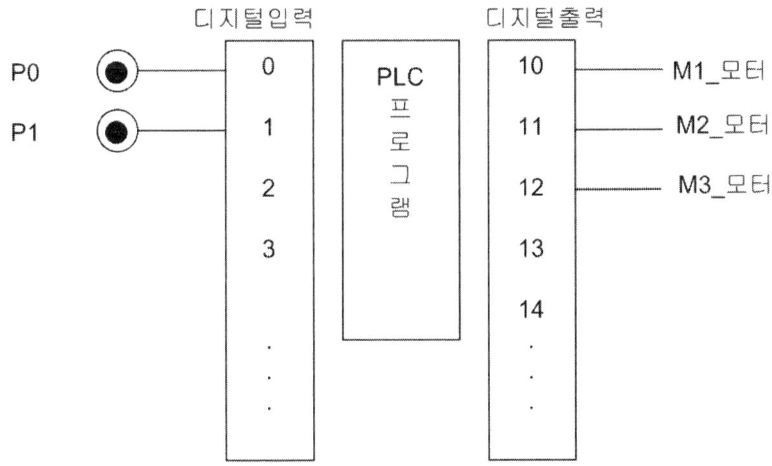

그림 9-20 램프 제어 타임차트 (7) PLC 입·출력 결선도

7) 램프 제어 타임차트 (7) PLC 프로그램

	변수 명	데이터 타입	메모리 할당	초기 값	변수 종류	사용 여부	설명문
1	A	BOOL	%QX0.0.0		VAR		
2	B	BOOL	%QX0.0.1		VAR		
3	C	BOOL	%QX0.0.2		VAR		
4	M0	BOOL	<자동>		VAR		
5	M1	BOOL	<자동>		VAR		
6	P0	BOOL	%IX0.0.0		VAR		
7	P1	BOOL	%IX0.0.1		VAR		
8	T1	FB Instance	<자동>		VAR		
9	T10	FB Instance	<자동>		VAR		
10	T11	FB Instance	<자동>		VAR		
11	T2	FB Instance	<자동>		VAR		

설명문 2013_전기기능장_40

행 1 P1 M0
행 2 M0
행 3 M0 T1 TON IN Q T2 TON IN Q
행 4 T#10S PT ET T#10S PT ET
행 5
행 6 M0 T11.Q A
행 7 M0 T1.Q T10.Q B
행 8 M0 T2.Q M1 C
행 9 P0 M1
행 10 M1
행 11 M1 T10 TON IN Q T11 TON IN Q
행 12 T#10S PT ET T#10S PT ET
행 13
행 14
행 15
행 16

그림 9 - 21 램프 제어 타임차트 (7) PLC 프로그램

MEMO

8. 타임차트에 의한 램프 제어(8)

1) 타임차트

동작설명 : P1_ON 입력하면 3대의 컨베이어를 순서에 따라 기동 시[A－B－C] 순서로 기동하고, 정지시 [A－B－C] 순서로 정지한다.

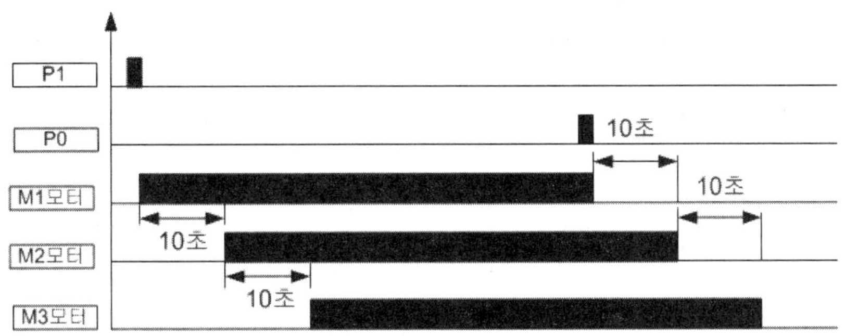

그림 9-22 램프 제어 타임차트(8) PLC 입·출력 결선도

2) 타임차트에 의한 램프 제어(8) PLC 입·출력 결선도

PLC 입력은 P1, P0 PLC 출력은 M1_모터, M2_모터, M3_모터를 출력으로 설정한다.

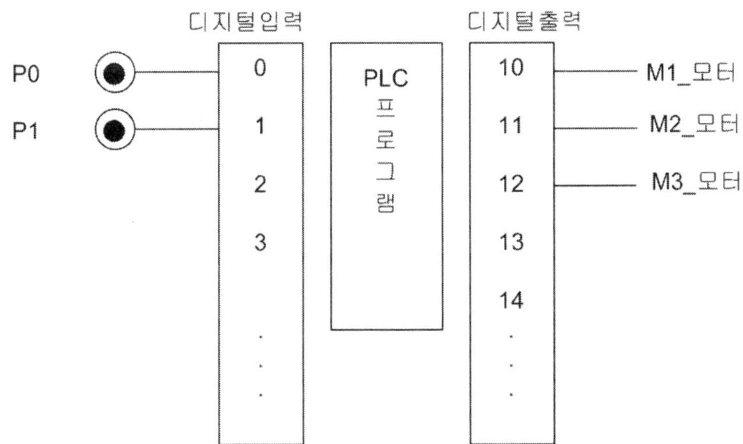

그림 9-23 램프 제어 타임차트(8) PLC 입·출력 결선도

3) 타임차트에 의한 램프 제어 (8) PLC 프로그램

	변수 명	데이터 타입	메모리 할당	초기 값	변수 종류	사용 여부	설명문
1	A	BOOL	%QX0.0.0		VAR	*	
2	B	BOOL	%QX0.0.1		VAR	*	
3	C	BOOL	%QX0.0.2		VAR	*	
4	M0	BOOL	<자동>		VAR	*	
5	M1	BOOL	<자동>		VAR	*	
6	P0	BOOL	%IX0.0.0		VAR	*	
7	P1	BOOL	%IX0.0.1		VAR	*	
8	T1	FB Instance	<자동>		VAR	*	
9	T10	FB Instance	<자동>		VAR	*	
10	T11	FB Instance	<자동>		VAR	*	
11	T2	FB Instance	<자동>		VAR	*	

```
설명문  2013_전기기능장_40회
행 1    ─┤P1├─┬──────────────────────────( M0 )─
행 2    ─┤M0├─┘
행 3    ─┤M0├─[T1 TON: IN  Q]──────[T2 TON: IN  Q]
행 4     T#10S ─ PT  ET        T#10S ─ PT  ET
행 5
행 6    ─┤M0├──────────┤/M1├──────────────────( A )─
행 7    ─┤M0├──┤T1.Q├──┤/T10.Q├───────────────( B )─
행 8    ─┤M0├──┤T2.Q├──┤/T11.Q├───────────────( C )─
행 9    ─┤P0├─┬──────────────────────────( M1 )─
행 10   ─┤M1├─┘
행 11   ─┤M1├─[T10 TON: IN  Q]─────[T11 TON: IN  Q]
행 12    T#10S ─ PT  ET        T#10S ─ PT  ET
행 13
행 14
```

그림 9 - 24 램프 제어 타임차트 (8) PLC 프로그램

MEMO

9. 타임차트에 의한 램프 제어(9)

1) 타임 차트

동작설명 : P1_ON 입력하면 자기 유지되며, P1를 누르면 PL1이 동작하며, 3초 후 소등, PL2가 점등되고 3초 후 소등, PL3가 점등되고 3초 후 소등, 동작을 반복한다. P0_ON 하면 PL1, PL2, PL3, 소등한다.

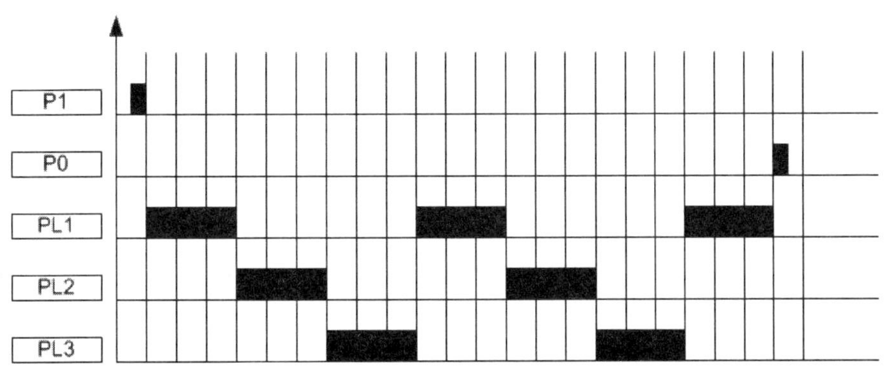

그림 9-25 램프 제어 타임차트(9)

2) 타임차트에 의한 램프 제어(9) PLC 입·출력 결선도

PLC 입력은 P1, P0 PLC 출력은 PL1, PL2, PL3로 설정한다.

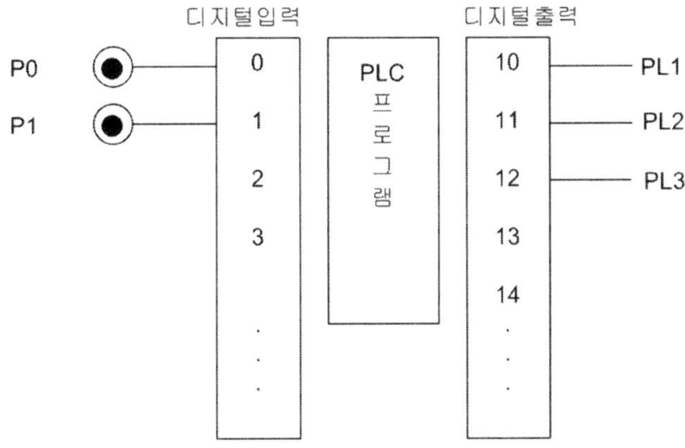

그림 9-26 램프 제어 타임차트(9) PLC 입·출력 결선도

3) 램프 제어 타임차트(9) PLC 프로그램

	변수 명	데이터 타입	메모리 할당	초기 값	변수 종류	사용 여부	설명문
1	M0	BOOL	<자동>		VAR	*	
2	P0	BOOL	%IX0.0.0		VAR	*	
3	P1	BOOL	%IX0.0.1		VAR	*	
4	PL1	BOOL	%QX0.0.0		VAR	*	
5	PL2	BOOL	%QX0.0.1		VAR	*	
6	PL3	BOOL	%QX0.0.3		VAR	*	
7	T1	FB Instance	<자동>		VAR	*	
8	T2	FB Instance	<자동>		VAR	*	
9	T3	FB Instance	<자동>		VAR	*	

그림 9-27 램프 제어 타임차트(9) PLC 프로그램

MEMO

10. 타임차트에 의한 램프 제어(10)

1) 타임 차트

동작설명 : P1를 3번 눌렀다 놓으면 PL1이 점등되며, 2초 후 PL2가 1초 간격으로 점멸한다. 또 3초 후 PL3이 점등한다. P0_ON 하면 PL1이 소등되며, 3초 후 PL2가 소등되고, 3초 후 PL3가 소등된다.

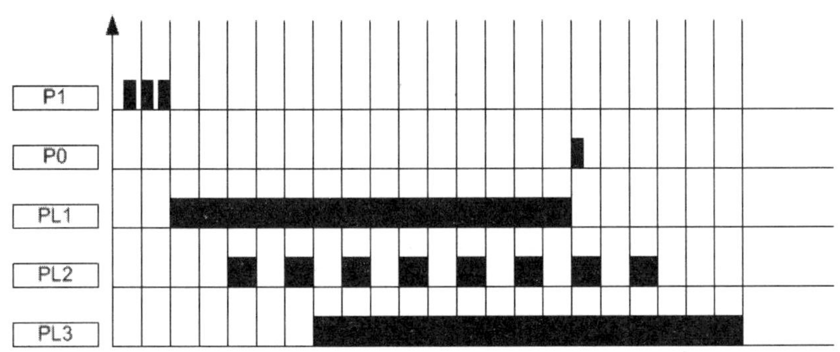

그림 9-28 램프 제어 타임차트(9)

2) 타임차트에 의한 램프 제어(9) PLC 입·출력 결선도

PLC 입력은 P1, P0 PLC 출력은 PL1, PL2, PL3로 설정한다.

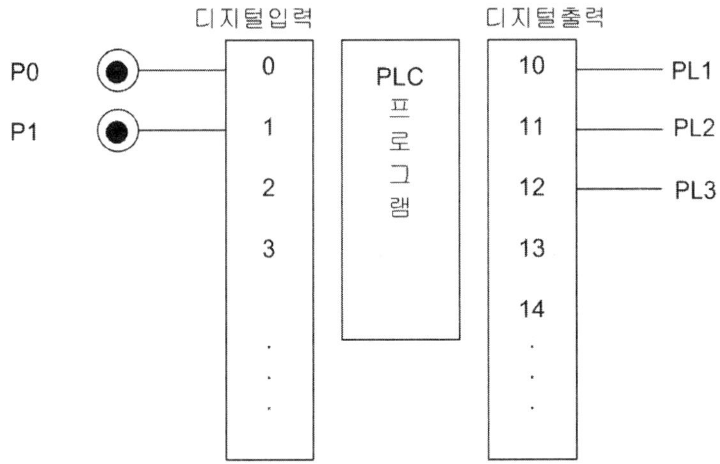

그림 9-29 램프 제어 타임차트(9) PLC 입·출력 결선도

3) 타임차트에 의한 램프 제어 (9) PLC 프로그램

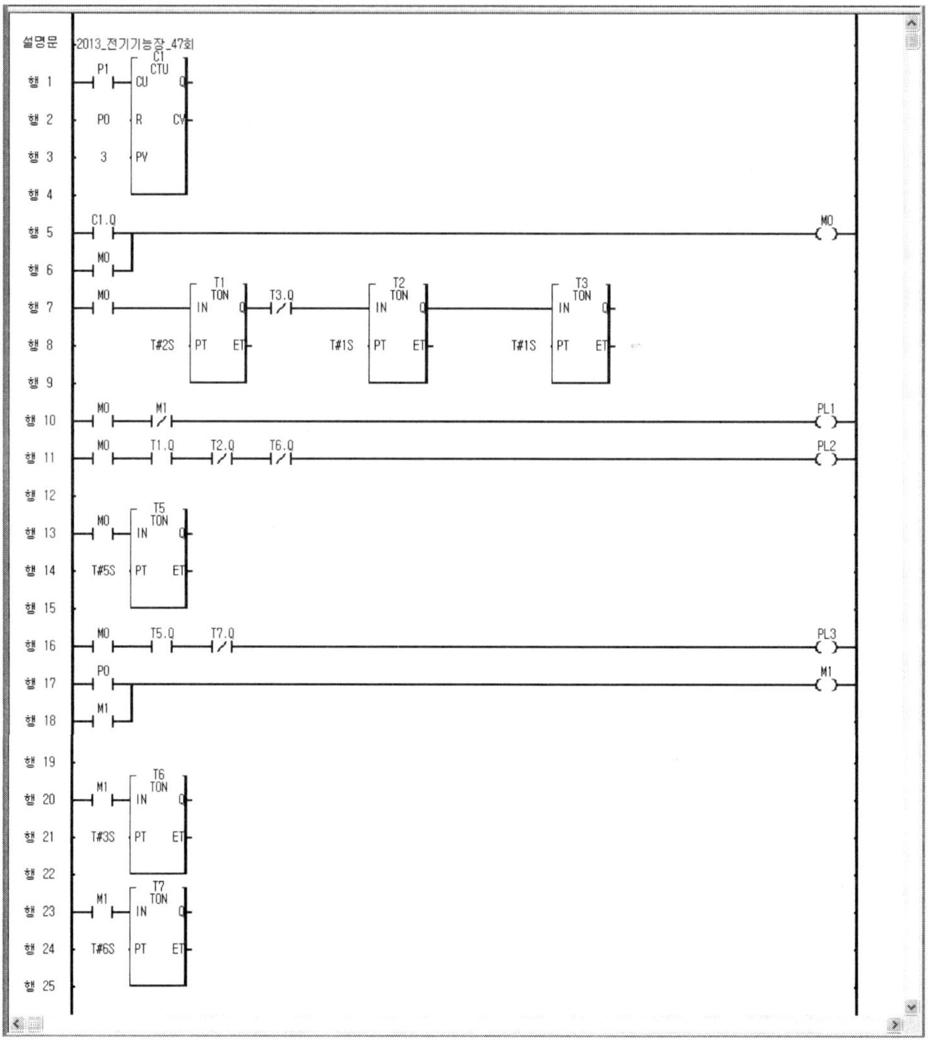

```
설명문  2013_전기기능장_47회
행 1    P1 ─┤ ├─ [C1 CTU] CU   Q
행 2    P0         R    CV
행 3    3          PV
행 4
행 5    C1.Q ─┤ ├─┬──────────────────────────────( M0 )
행 6    M0   ─┤ ├─┘
행 7    M0 ─┤ ├─ [T1 TON] IN Q ─┤/├ T3.Q ─ [T2 TON] IN Q ─ [T3 TON] IN Q
行 8           T#2S PT ET          T#1S PT ET          T#1S PT ET
행 9
행 10   M0 ─┤ ├─ M1 ─┤/├─────────────────────────( PL1 )
행 11   M0 ─┤ ├─ T1.Q ─┤ ├─ T2.Q ─┤/├─ T6.Q ─┤/├──( PL2 )
행 12
행 13   M0 ─┤ ├─ [T5 TON] IN Q
행 14   T#5S        PT ET
행 15
행 16   M0 ─┤ ├─ T5.Q ─┤ ├─ T7.Q ─┤/├─────────────( PL3 )
행 17   P0 ─┤ ├─┬────────────────────────────────( M1 )
행 18   M1 ─┤ ├─┘
행 19
행 20   M1 ─┤ ├─ [T6 TON] IN Q
행 21   T#3S        PT ET
행 22
행 23   M1 ─┤ ├─ [T7 TON] IN Q
행 24   T#6S        PT ET
행 25
```

그림 9-30 램프 제어 타임차트 (9) PLC 프로그램

11. 타임차트에 의한 램프 제어(11)

1) 타임차트

동작 설명 : P1를 <ON>하면 PL1이 2초 점등 후 1초 소등을 계속한다. PL1점등 2초 후 PL2가 1초 점등 2초 소등을 계속한다. PL2소등 1초 후 PL3가 계속 점등한다. P0_ON 하면 PL1이 소등되며, 3초 후 PL2가 소등되고, 3초 후 PL3가 소등된다.

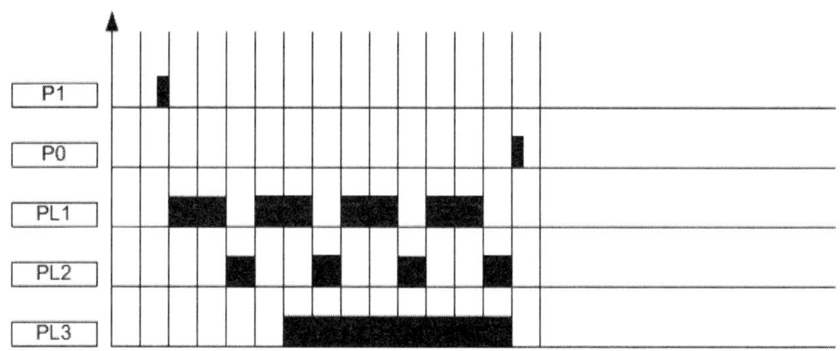

그림 9 - 30 램프 제어 타임차트 (9)

2) 타임차트에 의한 램프 제어 (9) PLC 입·출력 결선도

PLC 입력은 P1, P0 PLC 출력은 PL1, PL2, PL3로 설정한다.

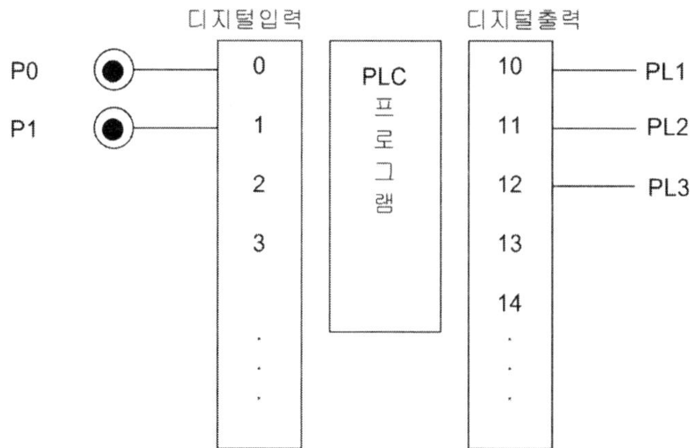

그림 9 - 31 램프 제어 타임차트 (9) PLC 입·출력 결선도

3) 타임차트에 의한 램프 제어 (9) PLC 프로그램

	변수 명	데이터 타입	메모리 할당	초기 값	변수 종류	사용 여부	설명문
1	M0	BOOL	<자동>		VAR	*	
2	P0	BOOL	%IX0.0.0		VAR	*	
3	P1	BOOL	%IX0.0.1		VAR	*	
4	PL1	BOOL	%QX0.0.0		VAR	*	
5	PL2	BOOL	%QX0.0.1		VAR	*	
6	PL3	BOOL	%QX0.0.2		VAR	*	
7	T1	FB Instance	<자동>		VAR	*	
8	T2	FB Instance	<자동>		VAR	*	
9	T3	FB Instance	<자동>		VAR	*	
10	T4	FB Instance	<자동>		VAR	*	
11	T5	FB Instance	<자동>		VAR	*	

설명문 2013_전기기능장_48회

그림 9 - 32 램프 제어 타임차트 (9) PLC 프로그램

MEMO

12. 타임차트에 의한 램프 제어(12)

1) 타임차트 동작설명

(가) P1_ON 입력하면

(나) P1를 눌렀다 놓으면 1초 후 PL4가 점등되어 3초 간 점등된 뒤 소등되고, PL3은 PL4가 소등된 후 1초 뒤 점등되어 3초 후 소등되며. PL2는 PL3가 소등된 후 1초 뒤 점등되어야 3초 후 소등되며, 1초 뒤 PL4가 다시 점등된다.

(다) P0를 누를 때까지 위 사항을 계속 반복 동작하며 P0를 누르면 동작 중이던, PL1, PL2, PL3, PL4가 소등된다.

(라) PLC전원이 투입되면 PL1은 점등(1초) 소등(2초)을 반복 동작한다.

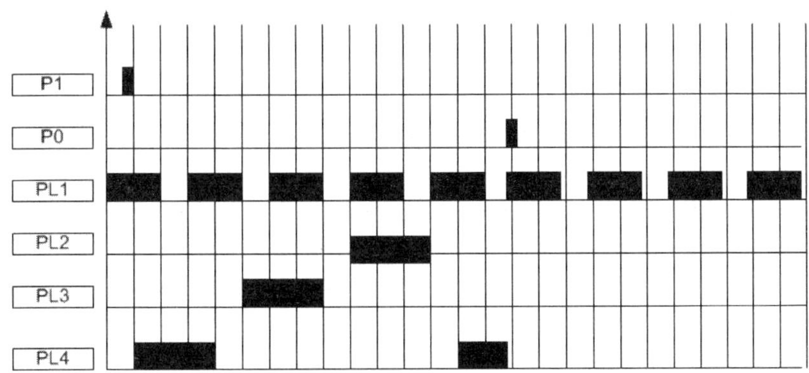

그림 9 - 33 램프 제어 타임차트 (12)

2) 타임차트에 의한 램프 제어(12) PLC 입·출력 결선도

PLC 입력은 P1, P0 PLC 출력은 PL1, PL2, PL3, PL4로 설정한다.

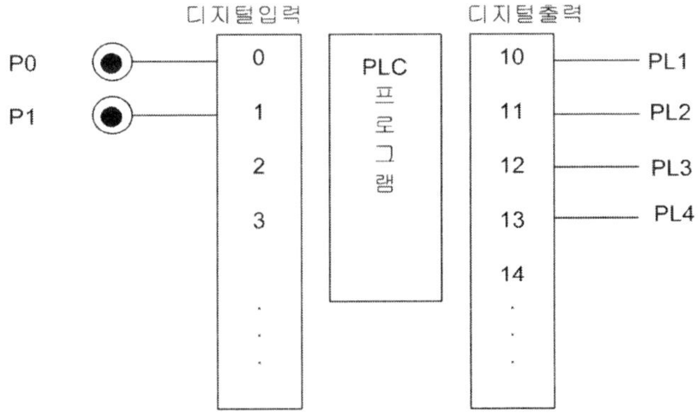

그림 9 - 34 램프 제어 타임차트 (12) PLC 입·출력 결선도

3) 타임차트에 의한 램프 제어(12) PLC 프로그램

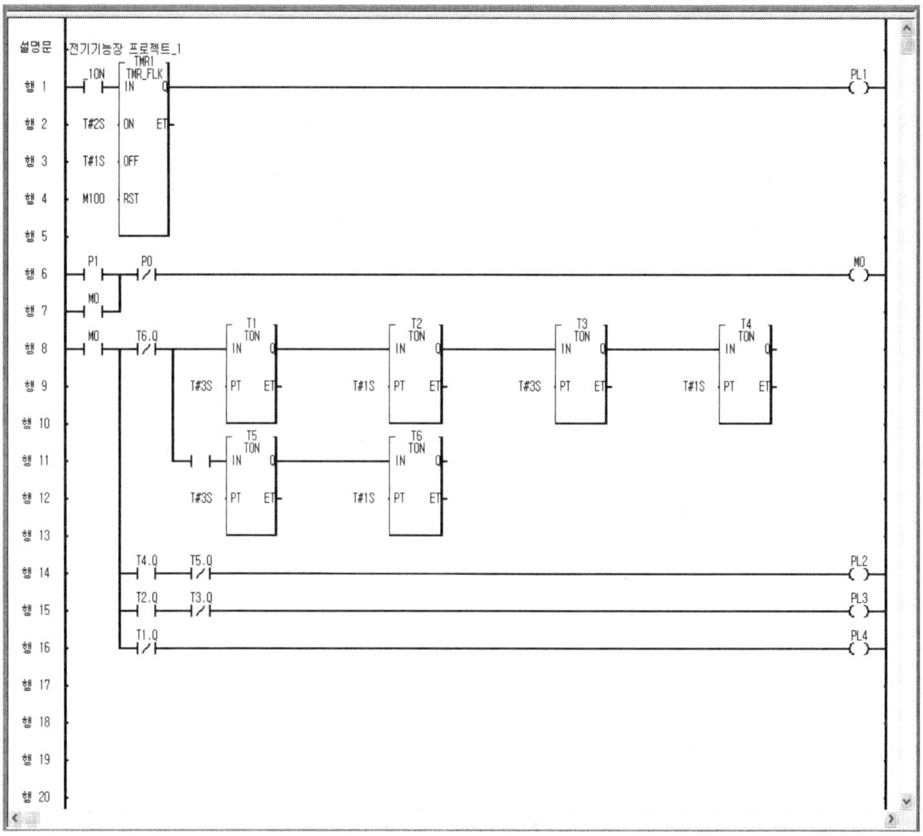

그림 9 - 35 램프 제어 타임차트 (12) PLC 프로그램

MEMO

13. 타임차트에 의한 램프 제어(13)

1) 타임차트 동작설명

(가) PB_UP와 PB_down의 입력에 의한 up_down(설정치5)의 현재치가 5이상이면, PL1은 3초 간격으로 점멸 하고, PL2는 PL1이 점등된 후 2초 뒤부터 1초 간격으로 점멸하며, PL3는 PL2가 점등된 후 2초 뒤부터 간격으로 점멸한다.

(나) up_down 카운터의 현재치가 5이상이면 위 사항을 계속 반복 동작하며, 현재치가 5보다 적으면 동작 중이던 PL1, PL2, PL3는 소등된다.

(다) EOCR이 동작되면 X3 릴레이 접점에 의하여 YL등(1초) － 소등(1초) 점등(3초) － 소등(1초)을 반복, 동작하고 EOCR을 리셋하면 모든 동작은 멈춘다.

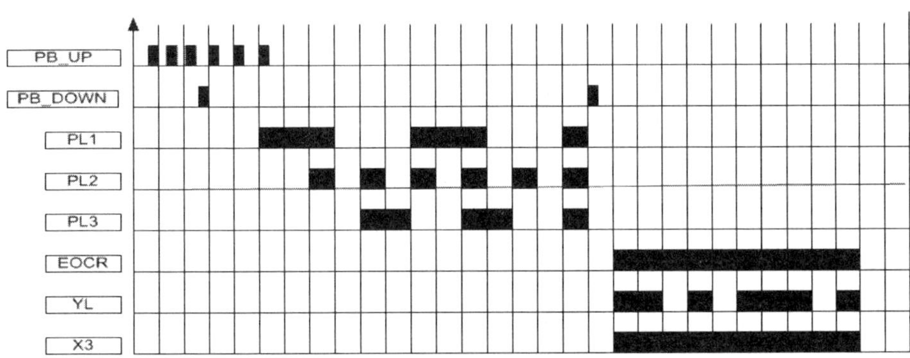

그림 9 - 36 램프 제어 타임차트 (13)

2) 타임차트에 의한 램프 제어(13) PLC 입·출력 결선도

PLC 입력은 PB_UP, PB_DOWN, EOCR, PLC 출력은 PL1, PL2, PL3, YL, X3로 설정한다.

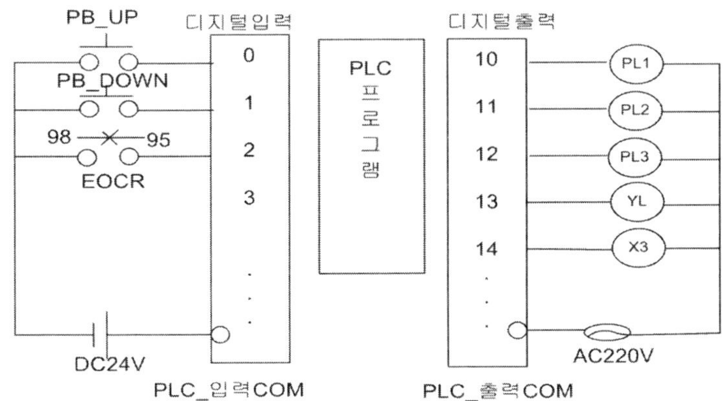

그림 9 - 36 램프 제어 타임차트 (13) PLC 입·출력 결선도

3) 램프 제어 타임차트 (13) PLC 프로그램

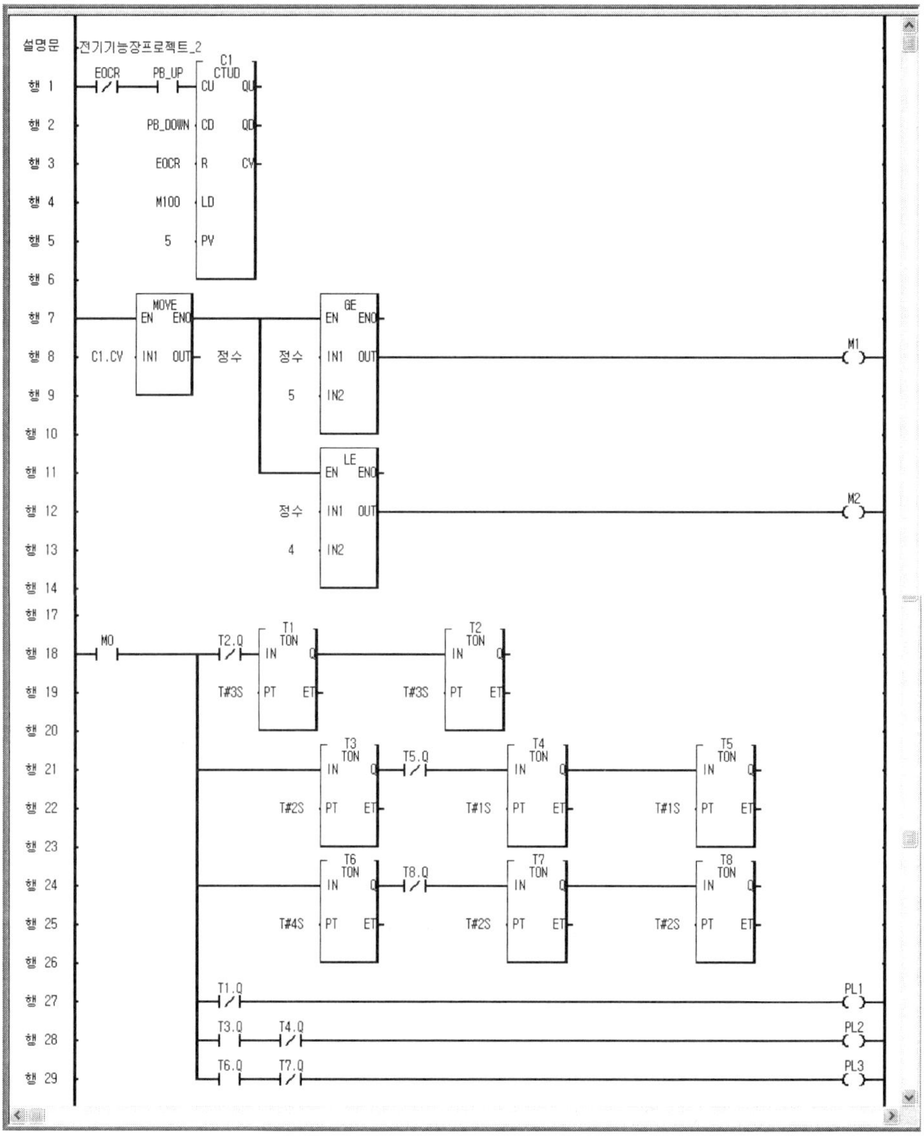

```
설명문 전기기능장프로젝트_2
행 1   EOCR(b) PB_UP  C1 CTUD  CU  QU
행 2   PB_DOWN  CD  QD
행 3   EOCR  R  CV
행 4   M100  LD
행 5   5  PV
행 6
행 7   MOVE EN ENO          GE EN ENO
행 8   C1.CV IN1 OUT 정수   정수 IN1 OUT  ( M1 )
행 9                        5 IN2
행 10
행 11                       LE EN ENO
행 12                       정수 IN1 OUT  ( M2 )
행 13                       4 IN2
행 14
행 17
행 18  M0   T2.Q(b)  T1 TON IN Q     T2 TON IN Q
행 19       T#3S PT ET               T#3S PT ET
행 20
행 21  T3 TON IN Q  T5.Q(b)  T4 TON IN Q   T5 TON IN Q
행 22  T#2S PT ET            T#1S PT ET    T#1S PT ET
행 23
행 24  T6 TON IN Q  T8.Q(b)  T7 TON IN Q   T8 TON IN Q
행 25  T#4S PT ET            T#2S PT ET    T#2S PT ET
행 26
행 27  T1.Q(b)               ( PL1 )
행 28  T3.Q  T4.Q(b)         ( PL2 )
행 29  T6.Q  T7.Q(b)         ( PL3 )
```

그림 9 - 37 램프 제어 타임차트 (13) PLC 프로그램

14. 타임차트에 의한 램프 제어(14)

1) 타임차트 설명

(가) PB_ON을 눌렀다 놓으면 PL3은 1초 간 점등되고, PL2는 PL3의 소등과 동시에 점등(2초 간)되며, PL1은 PL2가 소등되기 1초 전에 점등되어 3초 간 점등되고, 또한 PL1은 소등되기 1초 전에 PL2가 재점등(2초 간)된다.

(나) PB_OFF를 누를 때까지 위 사항을 계속 반복 동작하며, PB_OFF를 누르면 동작 중이던 PL1, PL2, PL3은 소등된다.

(다) EOCR이 동작되면 X3 릴레이 접점에 의하여 YL(점등(1초) － 소등(1초) － 점등(2초) － 소등(1초) － 점등(3초) － 소등(1초)을 반복 이 동작하고, EOCR을 리셋하면 모든 동작은 멈춘다.

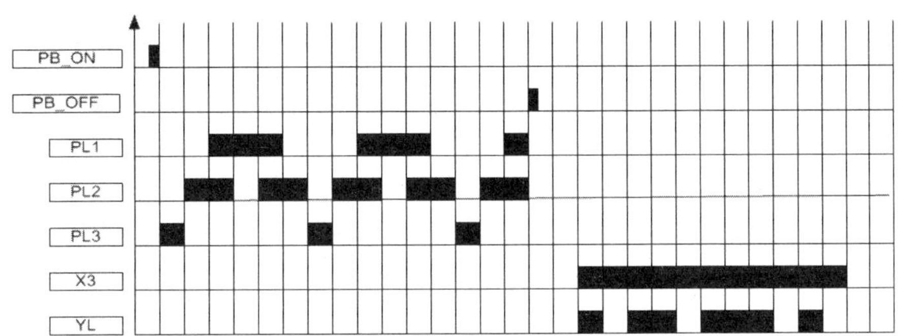

그림 9-38 램프 제어 타임차트 (14)

2) 타임차트에 의한 램프 제어(14) PLC 입·출력 결선도

PLC 입력은 PB_ON, PB_OFF, X3, PLC 출력은 PL1, PL2, PL3, YL로 설정한다.

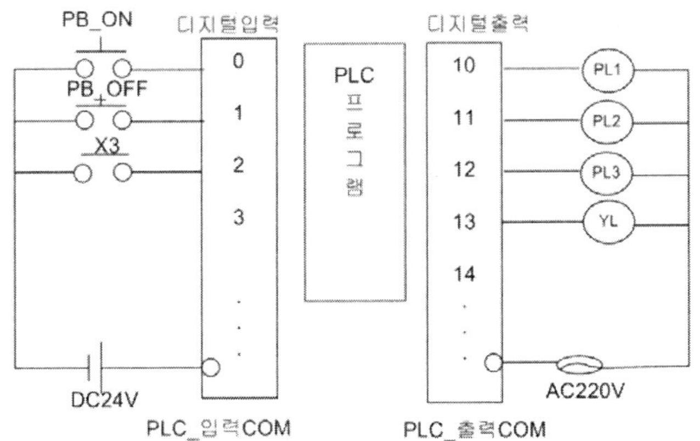

그림 9-38 램프 제어 타임차트 (14) PLC 입·출력 결선도

3) 타임차트에 의한 램프 제어(14) PLC 프로그램

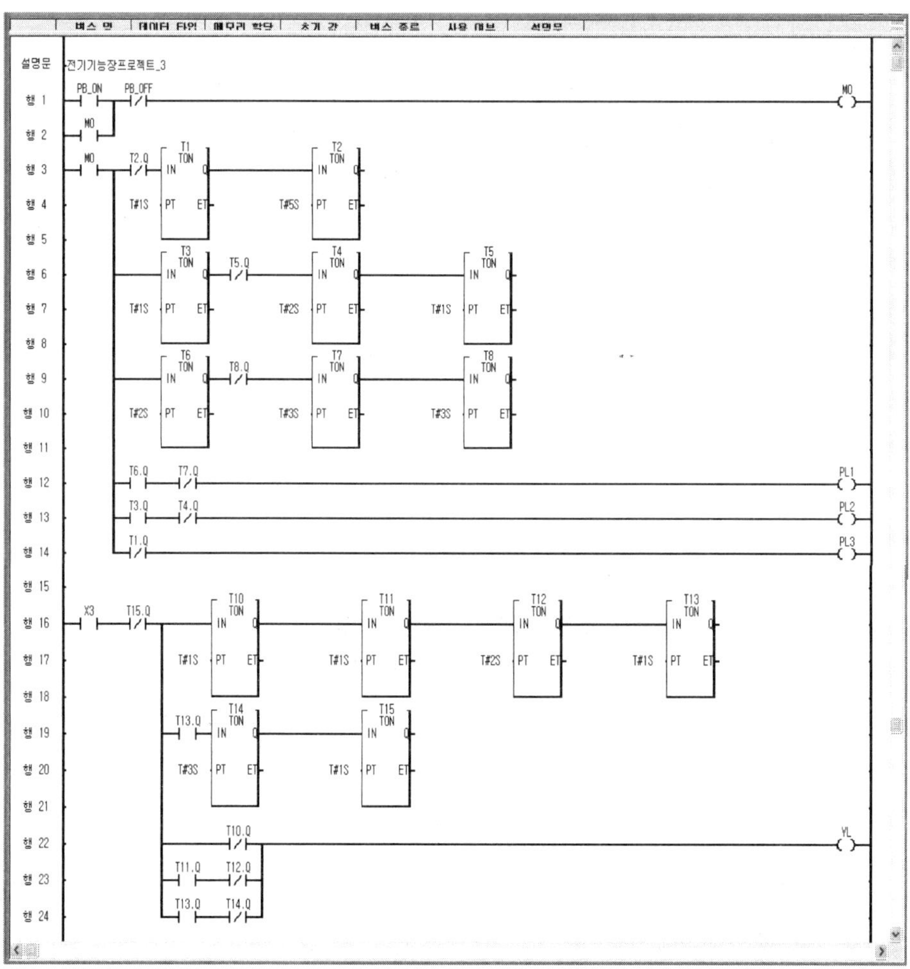

그림 9 - 39 램프 제어 타임차트 (14) PLC 프로그램

MEMO

15. 타임차트에 의한 램프 제어(15)

1) 타임차트 동작설명

(가) PB_ON을 누르면 PL1은 3초 간 점등되고, PL2는 PL1소등 1초 전에 점등되며 점등(2초) － 소등(1초) － 점등(1초) － 소등(1초)을 동작하며 PL3은 PL2 소등 후 점등(1초) － 소등(1초)을 반복 동작한다.

(나) PB_OFF를 누르기 전까지 위 사항을 계속 반복 동작하며, PB_OFF를 누르면 동작 중이던 PL1, PL1, PL3은 소등된다.

(다) EOCR이 동작되면 X3 릴레이에 의하여 YL(점등(1초) － 소등(1초) － 점등(2초) － 소등(1초)을 반복)이 동작하고, EOCR을 리셋 하면 모든 동작은 멈춘다.

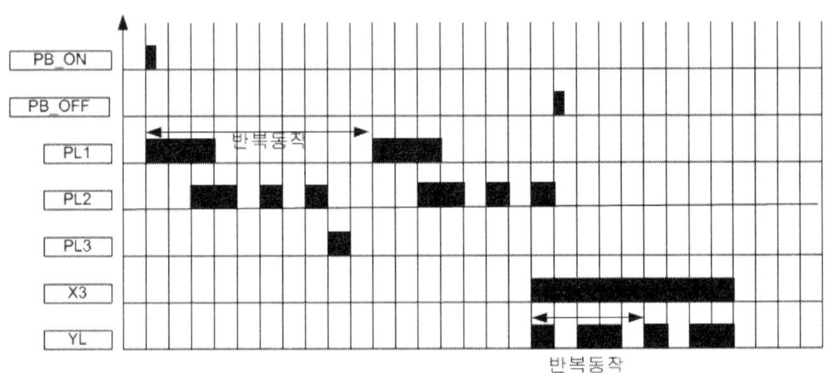

그림 9-40 램프 제어 타임차트(15)

2) 램프 제어 타임차트(15) PLC 입·출력 결선도

PLC 입력은 PB_ON, PB_OFF, X3, PLC 출력은 PL1, PL2, PL3, YL로 설정한다.

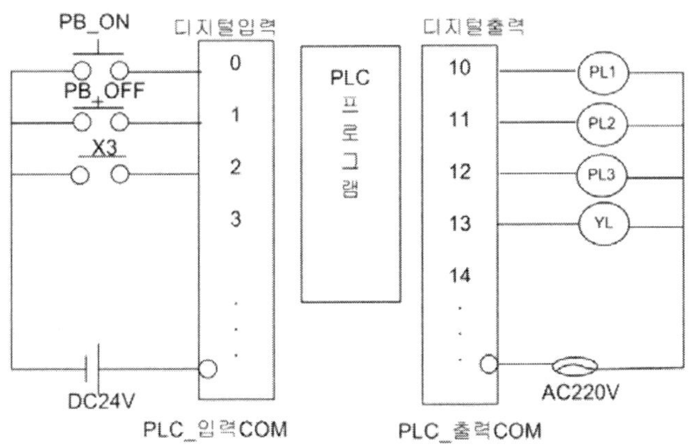

그림 9-41 램프 제어 타임차트(15) PLC 입·출력 결선도

3) 램프 제어 타임차트(15) PLC 프로그램

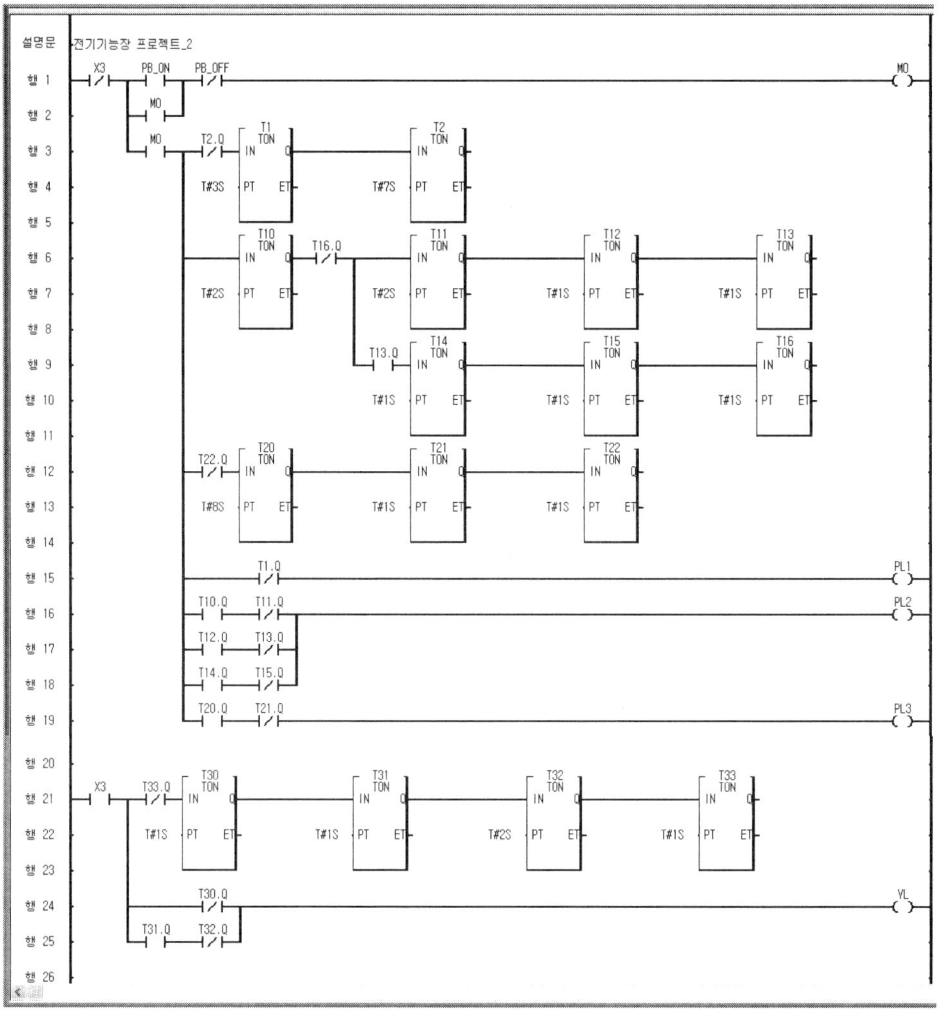

그림 9 - 42 램프 제어 타임차트(15) PLC 프로그램

MEMO

16. 타임차트에 의한 램프 제어(16)

1) 타임차트 동작설명

㈎ PB_ON을 눌렀다 놓으면 PL1은 3초 간 점등되고, PL2는 PL1이 소등되기 1초 전 점등하여 2초 간 점등되며, PL3는 PL2가 소등되기 1초 전에 점등되어 점등(3초) – 소등(1초) – 점등(1초) – 된 후 소등된다.

㈏ PB_OFF를 누를 때까지 위 사항을 계속 반복동작하며, PB_OFF를 누루면 동작 중이던 PL1, PL2, PL3은 소등된다.

㈐ EOCR이 동작되면 X3과 YL(점등(3초) – 소등(1초) – 점등(2초) – 소등(1초) – 점등(1초)을 반복)이 동작하고, EOCR을 리셋 하면 모든 동작은 멈춘다.

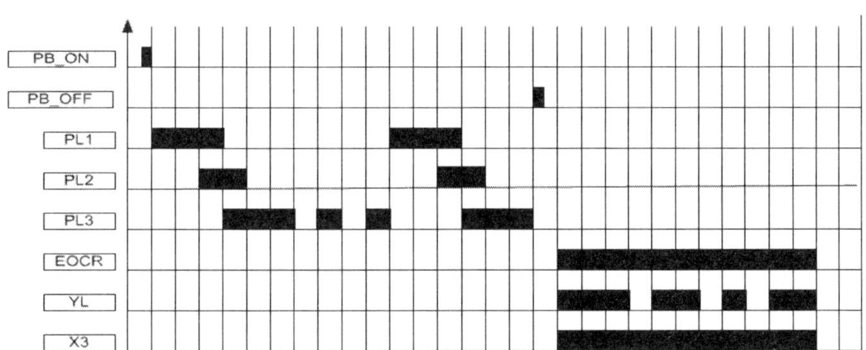

그림 9-41 램프 제어 타임차트(16)

2) 램프 제어 타임차트(16) PLC 입·출력 결선도

PLC 입력은 PB_ON, PB_OFF, EOR, PLC 출력은 PL1, PL2, PL3, YL, X3로 설정한다.

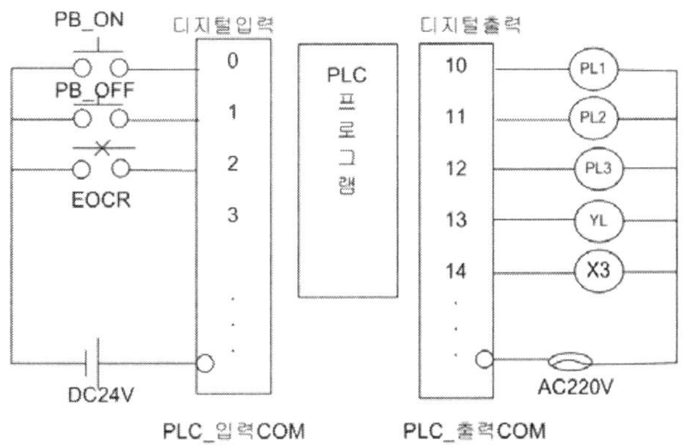

그림 9-42 램프 제어 타임차트(16) PLC 입·출력 결선도

3) 램프 제어 타임차트(16) PLC 프로그램

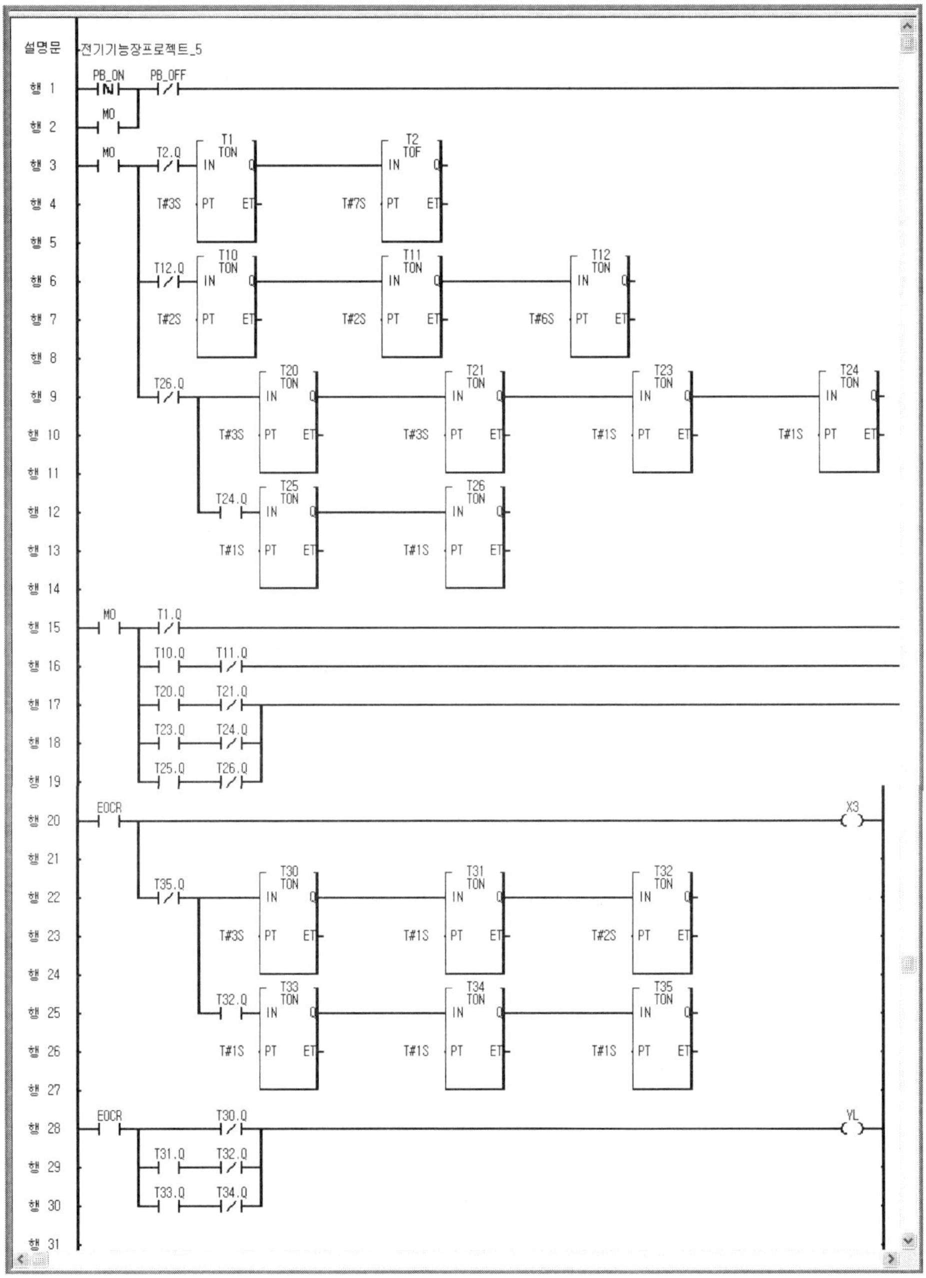

그림 9-43 램프 제어 타임차트(16) PLC 프로그램

17. 타임차트에 의한 램프 제어(17)

1) 타임차트 동작설명

(●은 동작(점등), ○은 정지(소등)이며 원호안의 숫자는 시간(초)임)

(가) PB6을 누르면,

PL3는 주어진 시간동안 점등과 소등(❻①❷①)을 하며,

PL2는 PL3점등된 1초 후 점등과 소등(❹①❹①)을 하고

PL1은 PL2가 점등된 1초 후 점등과 소등(❷①❻①)을 한다.

(나) PB7의 입력이 들어오기 전까지 위 사항을 계속 반복 동작하게 되며, PB7을 누르면 동작 중이던 PL1, PL2, PL3는 모두 소등된다.

(다) 제어 회로의 X4(EOCR)가 동작되면, YL점등과 소등(❸①❷①)을 반복하고, BZ은 YL점등 1초 후 동작과 정지 (❷②❶②)를 반복한다. X4(EOCR)가 복귀되면 YL과 BZ는 동작을 멈춘다.

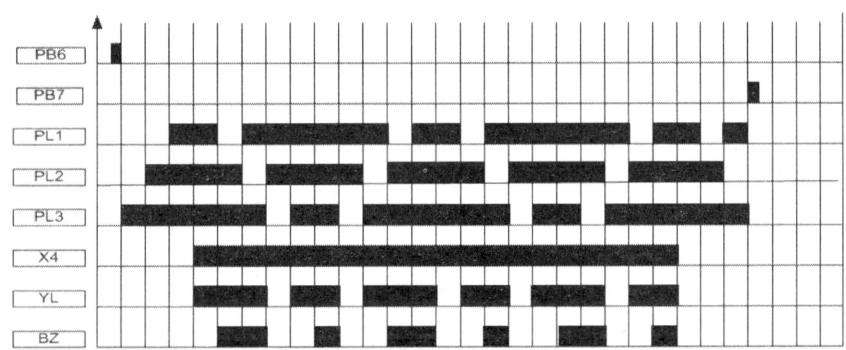

그림 9-44 램프 제어 타임차트(17)

2) 램프 제어 타임차트(16) PLC 입·출력 결선도

PLC 입력은 PB6, PB7, X4, PLC 출력은 PL1, PL2, PL3, YL, BZ로 설정한다.

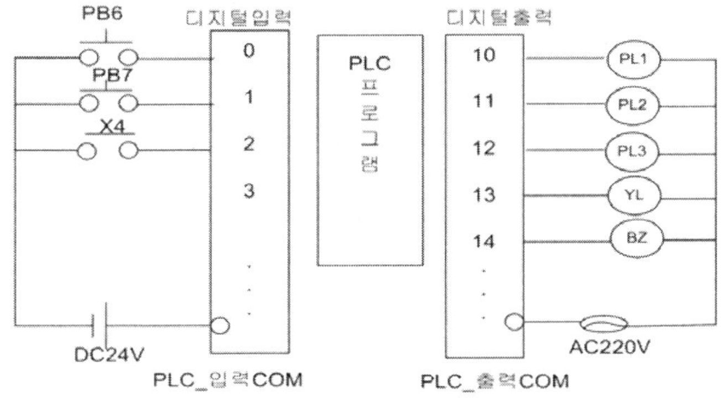

그림 9-45 램프 제어 타임차트(17) PLC 입·출력 결선도

3) 램프 제어 타임차트 (16) PLC 프로그램

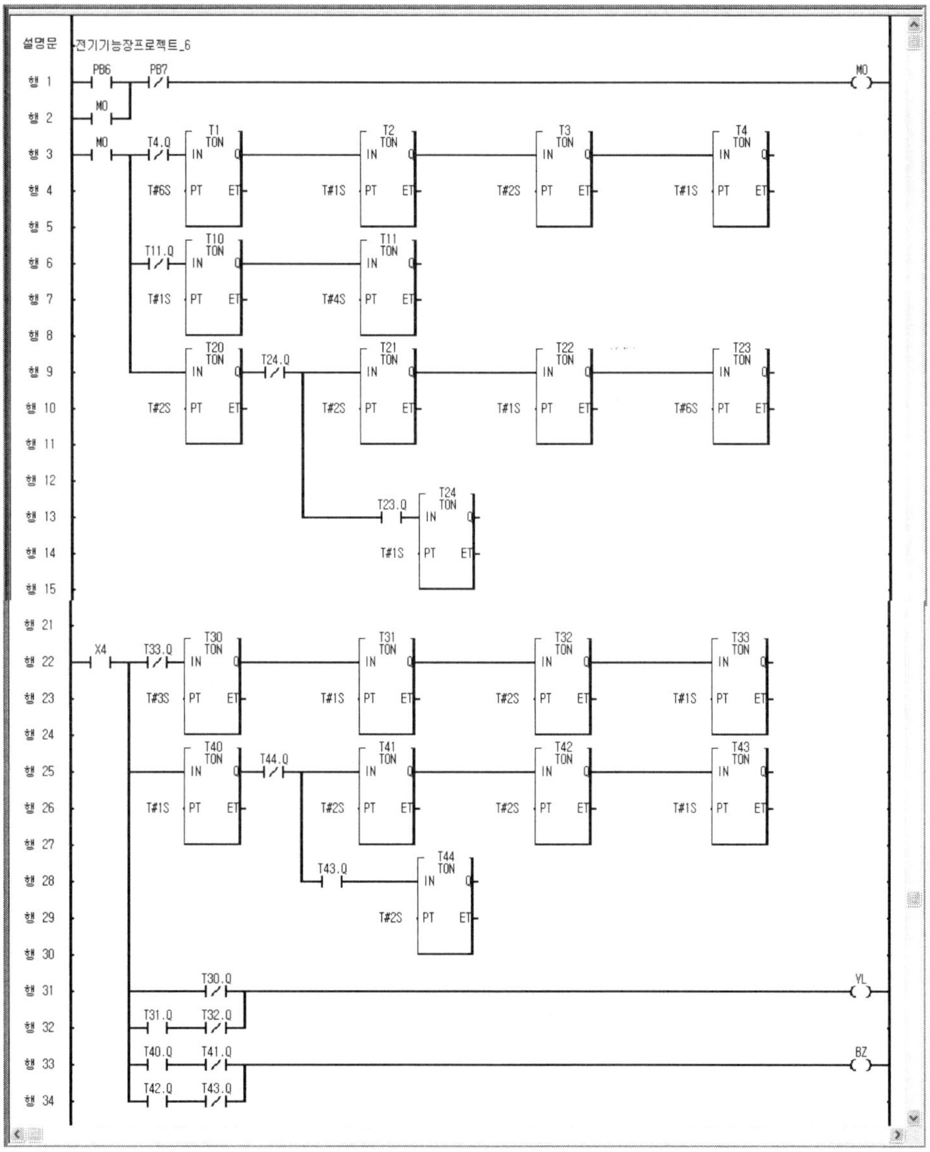

그림 9 - 46 램프 제어 타임차트 (17) PLC 프로그램

MEMO

18. 타임차트에 의한 램프 제어(18)

1) 타임차트 동작설명

(가) PB6을 누른 후 놓으면 PL1는 주어진 시간동안 점등과 소등(❺①❶ ①❺①)을 하고, PL2는 PL1점등된 1초 후 점등과 소등(❺①❺③)을 하고, PL3은 PL2가 점등된 1초 후 점등과 소등(❸①❶①❸②❶)을 한다.

(나) PB7의 입력이 들어오기 전까지 위 사항을 계속 반복 동작하게 되며, PB7을 누르면 동작 중이던 PL1, PL2, PL3는 모두 소등된다.

(다) 제어 회로의 X4(EOCR)가 동작되면, YL점등과 소등(❷①❷①)을 반복하고, BZ은 YL점등 1초 후 동작과 정지 (❶①❷①)을 반복한다. X4(EOCR)가 복귀되면 YL과 BZ는 동작을 멈춘다.

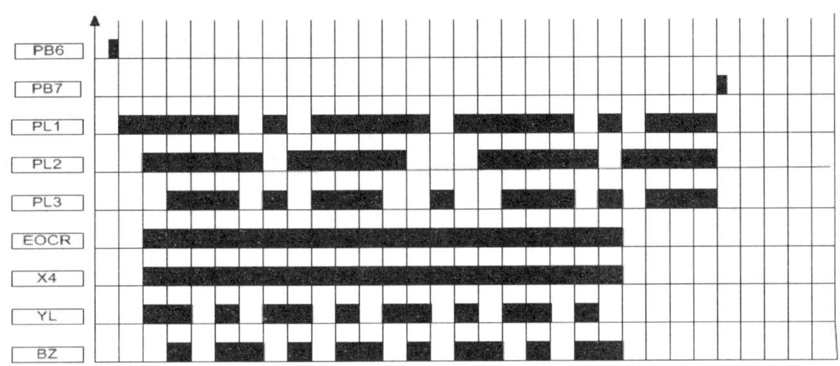

그림 9-47 램프 제어 타임차트(18)

2) 램프 제어 타임차트(16) PLC 입·출력 결선도

PLC 입력은 PB6, PB7, X4, PLC 출력은 PL1, PL2, PL3, YL, BZ로 설정한다.

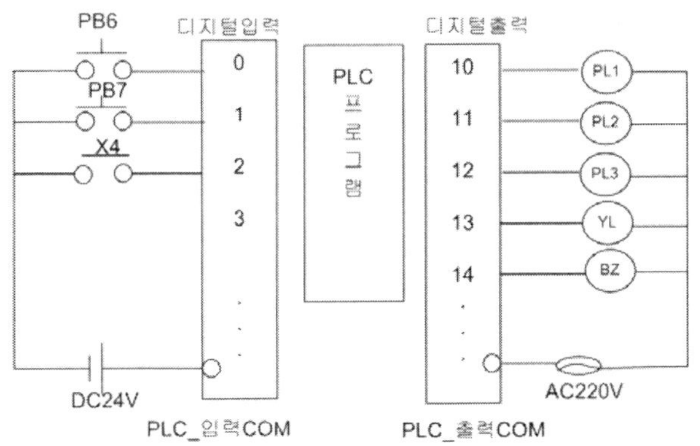

그림 9-47 램프 제어 타임차트(18) PLC 입·출력 결선도

3) 램프 제어 타임차트 (18) PLC 프로그램

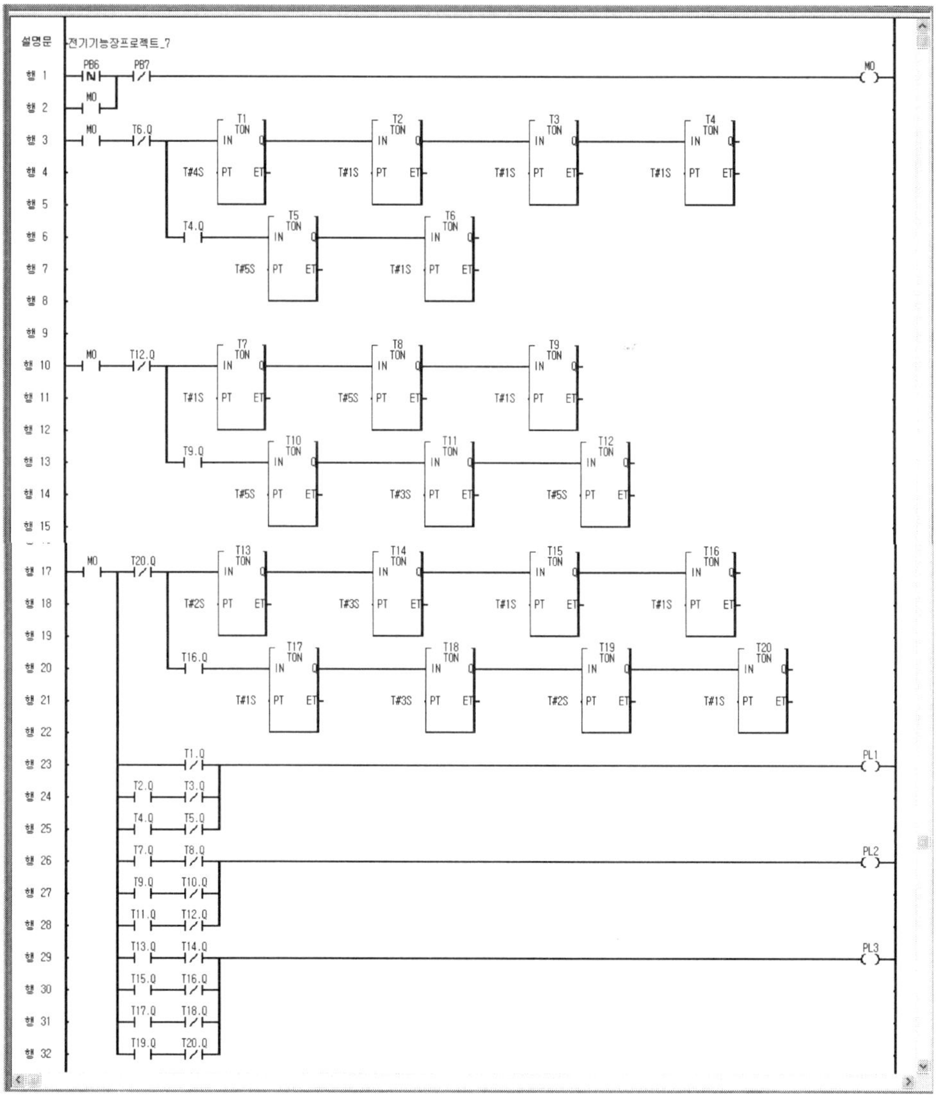

그림 9 - 48 램프 제어 타임차트 (18) PLC 프로그램

MEMO

19. 타임차트에 의한 램프 제어(19)

1) 타임차트 동작설명 :

(●은 동작(점등), ○은 정지(소등)이며 원호안의 숫자는 시간(초)임)

(가) PB6을 두 번 누르면,

PL2는 주어진 시간 동안 점등과 소등(❸①❼①)을 하고,

PL3는 PL2점등된 1초 후 점등과 소등(❸①❶①❶①❶①❶)을 하고,

PL1은 PL3가 점등된 1초 후 점등과 소등(❸①❶①❶①❶)을 한다.

(나) PB7의 입력이 들어오기 전까지 위 사항을 계속 반복 동작하게 되며, PB7을 누르면 동작 중이던 PL1, PL2, PL3는 모두 소등된다.

(다) 제어 회로의 X4(EOCR)가 동작되면, YL점등과 소등(❸②)를 반복하고, BZ은 YL점등 1초 후 동작과 정지 (❶①❷①)을 반복한다. X4(EOCR)가 복귀되면 YL과 BZ는 동작을 멈춘다.

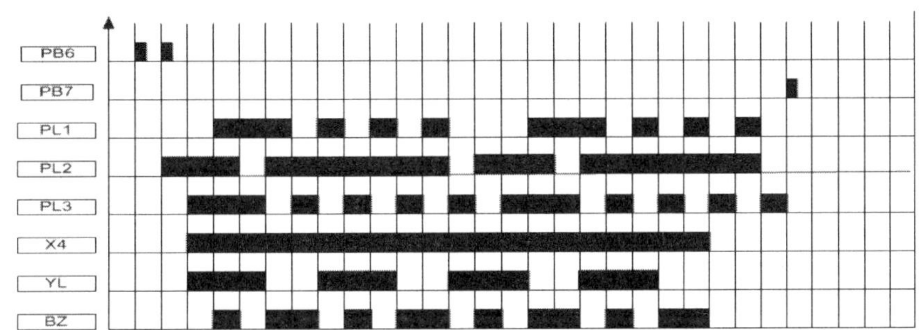

그림 9-49 램프 제어 타임차트 (19)

2) 램프 제어 타임차트 (16) PLC 입·출력 결선도

PLC 입력은 PB6, PB7, X4, PLC 출력은 PL1, PL2, PL3, YL, BZ로 설정한다.

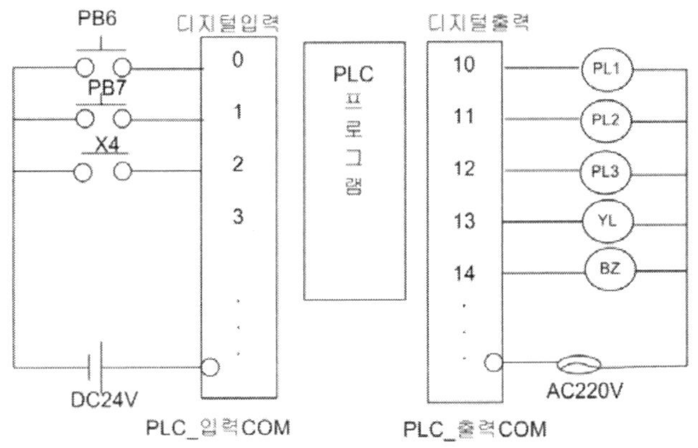

그림 9-50 램프 제어 타임차트 (19) PLC 입·출력 결선도

3) 램프 제어 타임차트(19) PLC 프로그램

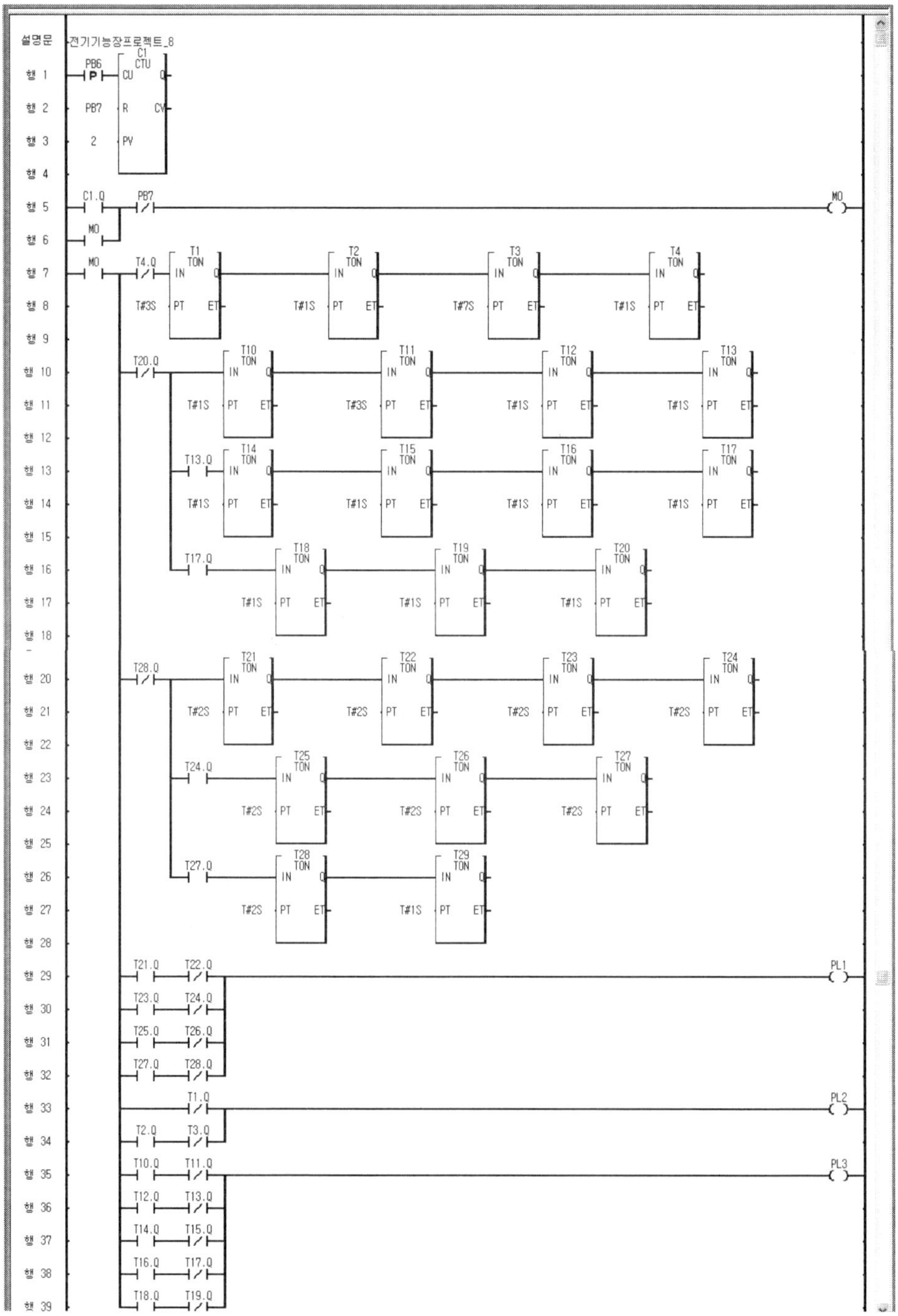

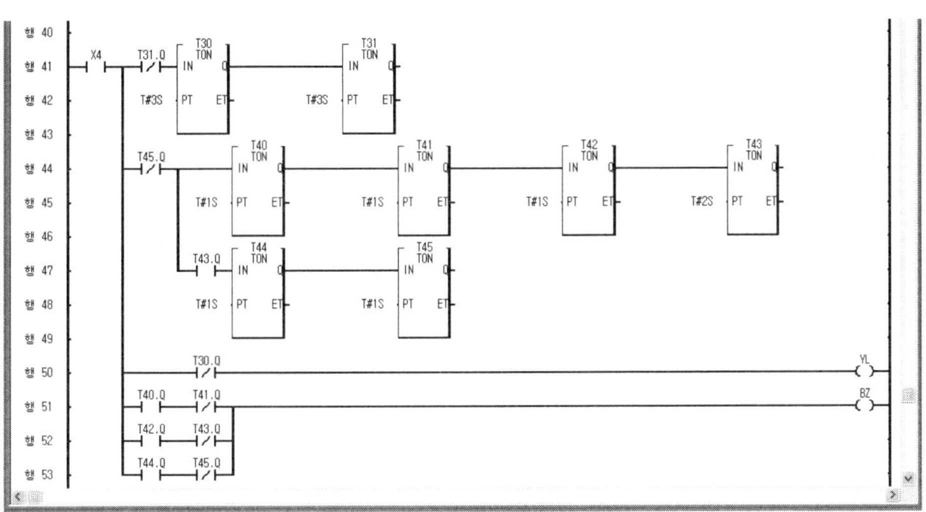

그림 9 - 51 램프 제어 타임차트 (19) PLC 프로그램

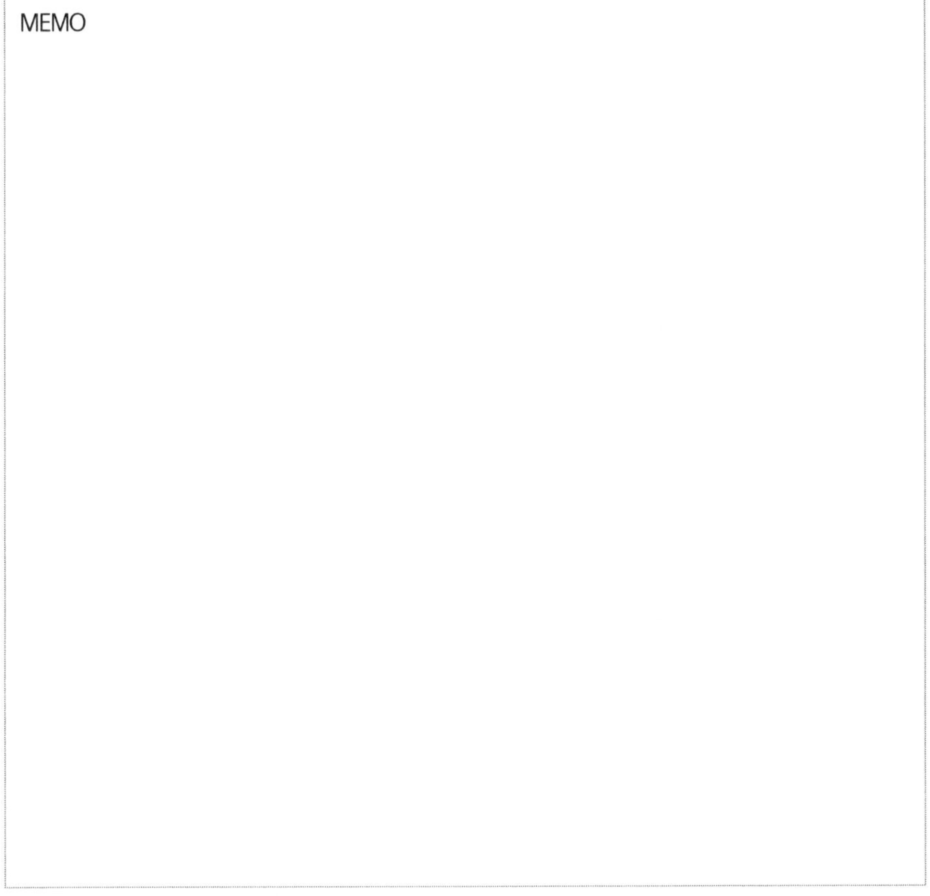

MEMO

20. 타임차트에 의한 램프 제어(20)

1) 타임차트 동작설명

(●은 동작(점등), ○은 정지(소등)이며 원호안의숫자는 시간(초)임)

㈎ PB6을 두 번 누르면,

PL3는 주어진 시간동안 점등과 소등(❸①❷①❷①)을 하고,

PL1는 PL3점등된 1초 후 점등과 소등(❸①❷①❷①)을 하고

PL2는 PL1이 점등된 1초 후 점등과 소등(❸①❺①)을 한다.

㈏ PB7의 입력이 들어오기 전까지 위 사항을 계속 반복 동작하게 되며, PB7을 누르면 동작 중이던 PL1, PL2, PL3는 모두 소등된다.

㈐ 제어 회로의 X4(EOCR)가 동작되면, BZ은 동작과 소등(❶②❷①)을 반복하고, YL은 BZ동작 1초 후 점등과 소등(❸①❶①)을 반복한다. X4(EOCR)가 복귀되면 YL과 BZ는 동작을 멈춘다.

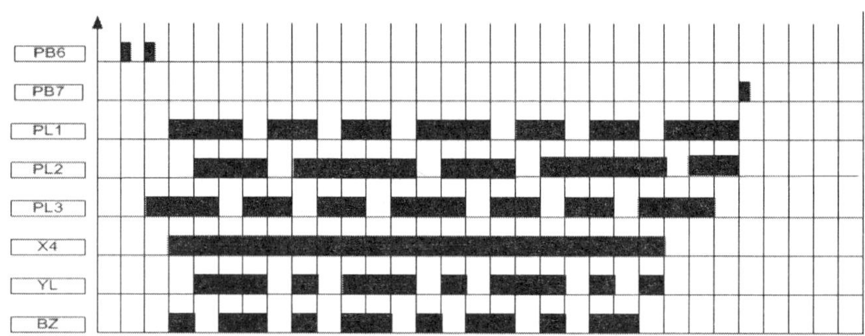

그림 9 - 52 램프 제어 타임차트 (20)

2) 램프 제어 타임차트 (20) PLC 입·출력 결선도

PLC 입력은 PB6, PB7, X4, PLC 출력은 PL1, PL2, PL3, YL, BZ로 설정한다.

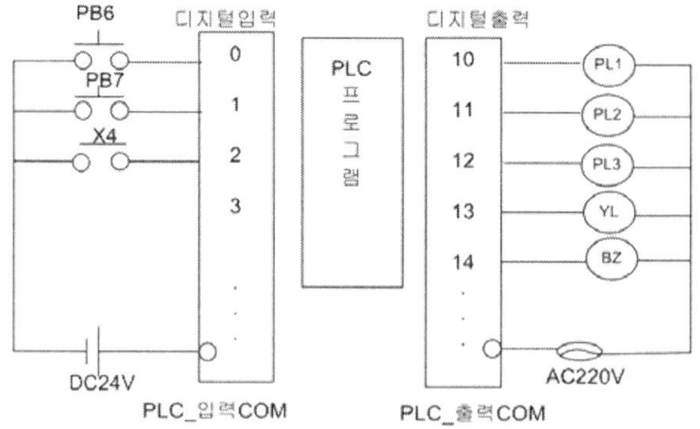

그림 9 - 53 램프 제어 타임차트 (20) PLC 입·출력 결선도

3) 램프 제어 타임차트(20) PLC 프로그램

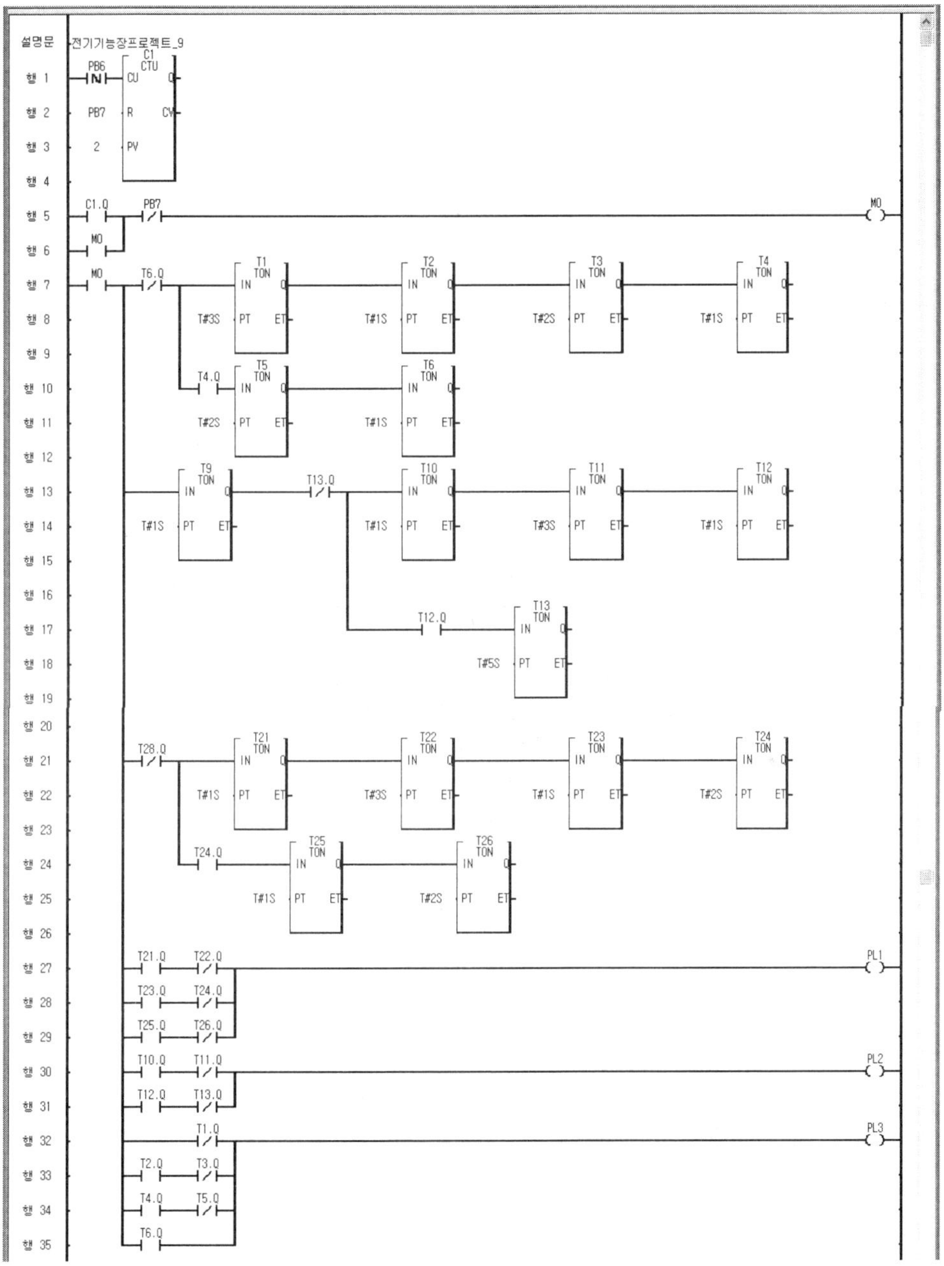

설명문 전기기능장프로젝트_9

행 1 PB6 N C1 CTU CU Q
행 2 PB7 R CV
행 3 2 PV
행 4
행 5 C1.Q PB7 M0
행 6 M0
행 7 M0 T6.Q T1 TON IN Q T2 TON IN Q T3 TON IN Q T4 TON IN Q
행 8 T#3S PT ET T#1S PT ET T#2S PT ET T#1S PT ET
행 9
행 10 T4.Q T5 TON IN Q T6 TON IN Q
행 11 T#2S PT ET T#1S PT ET
행 12
행 13 T9 TON IN Q T13.Q T10 TON IN Q T11 TON IN Q T12 TON IN Q
행 14 T#1S PT ET T#1S PT ET T#3S PT ET T#1S PT ET
행 15
행 16
행 17 T12.Q T13 TON IN Q
행 18 T#5S PT ET
행 19
행 20
행 21 T28.Q T21 TON IN Q T22 TON IN Q T23 TON IN Q T24 TON IN Q
행 22 T#1S PT ET T#3S PT ET T#1S PT ET T#2S PT ET
행 23
행 24 T24.Q T25 TON IN Q T26 TON IN Q
행 25 T#1S PT ET T#2S PT ET
행 26
행 27 T21.Q T22.Q PL1
행 28 T23.Q T24.Q
행 29 T25.Q T26.Q
행 30 T10.Q T11.Q PL2
행 31 T12.Q T13.Q
행 32 T1.Q PL3
행 33 T2.Q T3.Q
행 34 T4.Q T5.Q
행 35 T6.Q

그림 9-54 램프 제어 타임차트(20) PLC 프로그램

21. 타임차트에 의한 램프 제어(21)

1) 타임차트 동작설명

(●동작(점등), ○정지(소등)이며 원호안의 숫자는 시간(초)임)

㈎ PB3을 3번 누르면, PL1은 점등과 소등(❶⑤❼①)을

PL2는 점등과 소등(❸③❶①❺❶)을

PL3은 점등과 소등(❺①❶③❸①)

PL4는점등과 소등(❼⑤❶①)을 반복 동작한다.

㈏ PB4의 입력이 들어오기 전까지 위 동작사항을 계속 반복하여 동작하게 되며 PB4를 누르면 동작 중이던 PL1, PL2, PL3, PL4 는 모두 소등된다.

㈐ 제어 회로의 X0가 동작되면, YL은 동작과 정지 (❷①❶①)을 반복하고, BZ은 (②❶①❶)를 반복한다. X0가 복귀되면 YL과 BZ는 동작을 멈춘다.

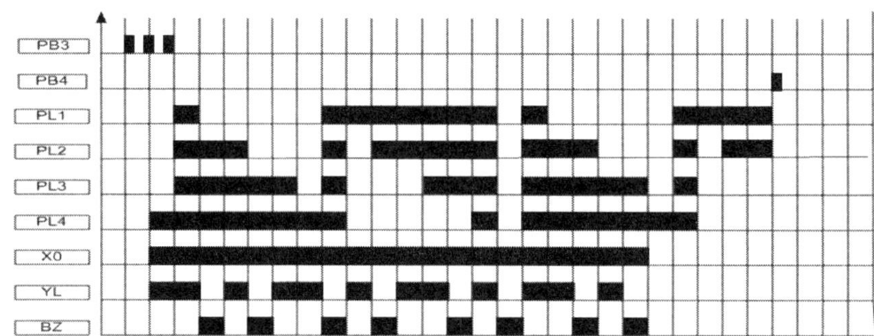

그림 9 - 55 램프 제어 타임차트 (21)

2) 램프 제어 타임차트 (21) PLC 입·출력 결선도

PLC 입력은 PB3, PB4, X4, PLC 출력은 PL1, PL2, PL3, YL, BZ로 설정한다.

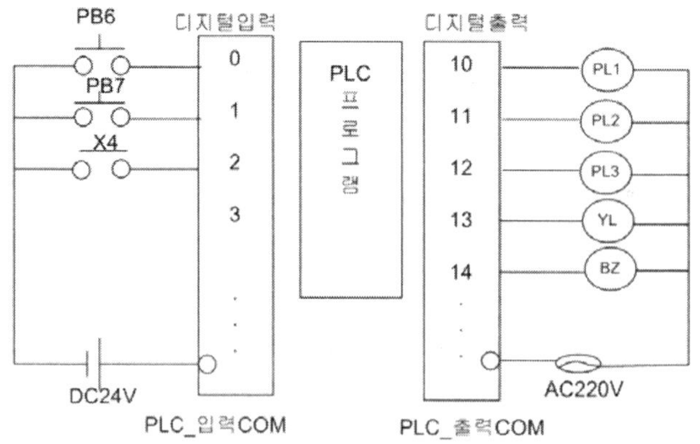

그림 9 - 56 램프 제어 타임차트 (21) PLC 입·출력 결선도

3) 램프 제어 타임차트(21) PLC 프로그램

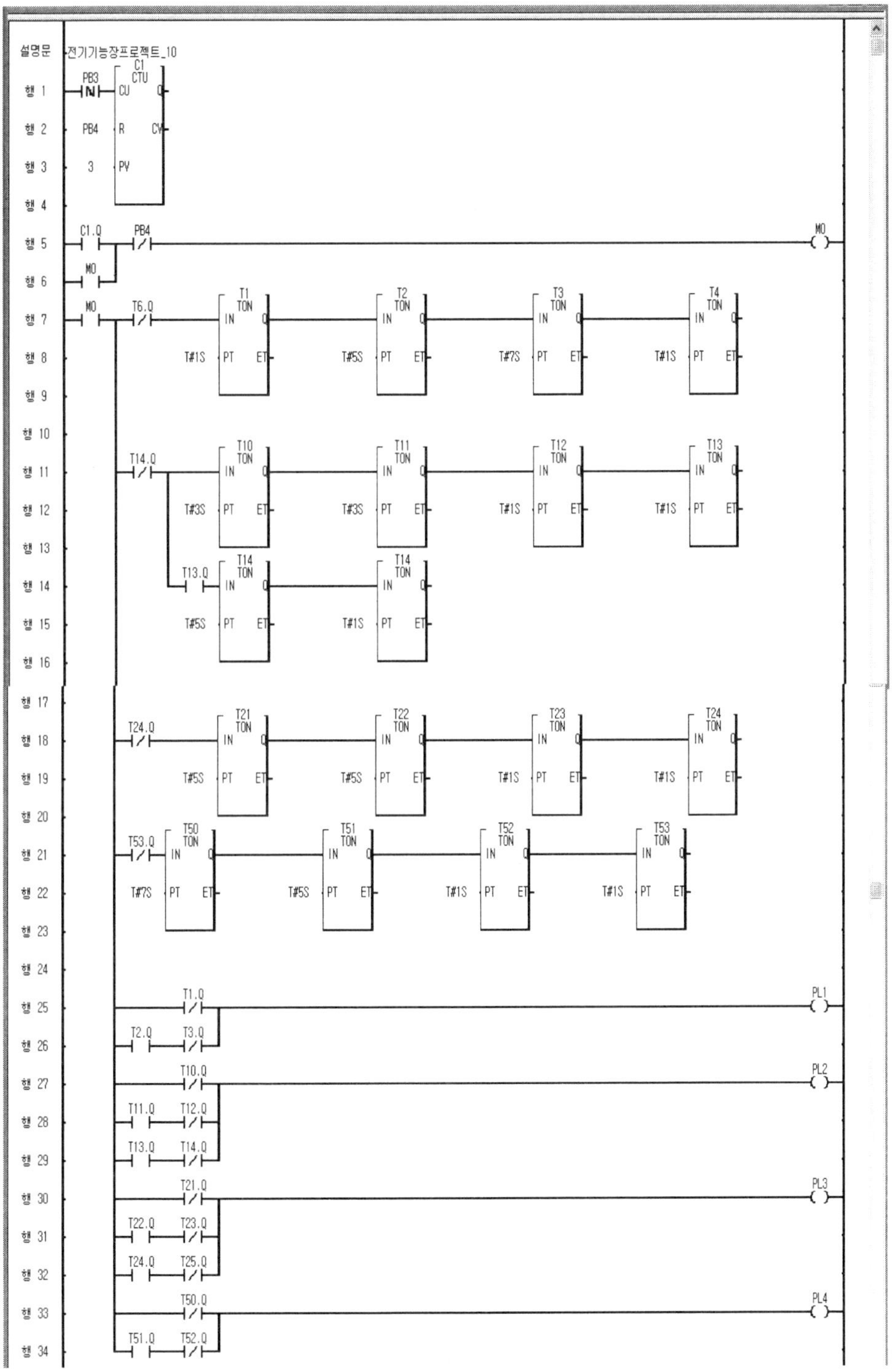

설명문 전기기능장프로젝트_10

행 1 PB3 —|N|— C1 CTU CU Q
행 2 PB4 R CV
행 3 3 PV
행 4
행 5 C1.Q —| |— PB4 —|/|— —( )— M0
행 6 M0 —| |—
행 7 M0 —| |— T6.Q —|/|— T1 TON IN Q — T2 TON IN Q — T3 TON IN Q — T4 TON IN Q
행 8 T#1S PT ET, T#5S PT ET, T#7S PT ET, T#1S PT ET
행 9
행 10
행 11 T14.Q —|/|— T10 TON IN Q — T11 TON IN Q — T12 TON IN Q — T13 TON IN Q
행 12 T#3S PT ET, T#3S PT ET, T#1S PT ET, T#1S PT ET
행 13
행 14 T13.Q —| |— T14 TON IN Q — T14 TON IN Q
행 15 T#5S PT ET, T#1S PT ET
행 16
행 17
행 18 T24.Q —|/|— T21 TON IN Q — T22 TON IN Q — T23 TON IN Q — T24 TON IN Q
행 19 T#5S PT ET, T#5S PT ET, T#1S PT ET, T#1S PT ET
행 20
행 21 T53.Q —|/|— T50 TON IN Q — T51 TON IN Q — T52 TON IN Q — T53 TON IN Q
행 22 T#7S PT ET, T#5S PT ET, T#1S PT ET, T#1S PT ET
행 23
행 24
행 25 T1.Q —|/|— —( )— PL1
행 26 T2.Q —| |— T3.Q —|/|—
행 27 T10.Q —|/|— —( )— PL2
행 28 T11.Q —| |— T12.Q —|/|—
행 29 T13.Q —| |— T14.Q —|/|—
행 30 T21.Q —|/|— —( )— PL3
행 31 T22.Q —| |— T23.Q —|/|—
행 32 T24.Q —| |— T25.Q —|/|—
행 33 T50.Q —|/|— —( )— PL4
행 34 T51.Q —| |— T52.Q —|/|—

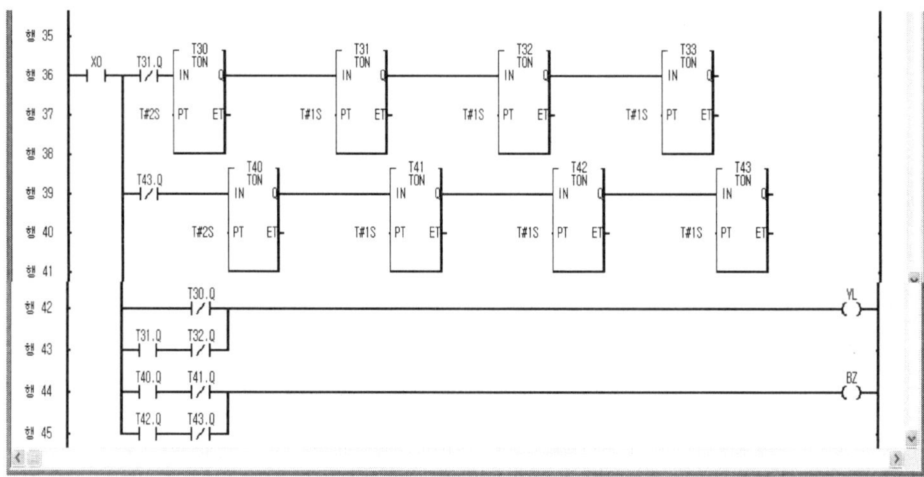

그림 9-57 램프 제어 타임차트(21) PLC 프로그램

MEMO

22. 타임차트에 의한 램프 제어(22)

1) 타임차트 동작설명

(●은 동작(점등), ○은 정지(소등)이며 원호안의 숫자는 시간(초)임)

(가) PB3을 1번 눌렀다 놓으면,

PL1은 점등과 소등(❺①❶①❶①)을

PL2는 PL1점등 1초 후부터 소등(❶①❶①❺①)을

PL3은 PL2점등 1초 후부터 점등과 소등(❶①❶①)을 반복하여 동작한다.

PB3을 3번 눌렀다 놓으면 PL4는 점등과 소등(❸①❺)을 1회만 동작한다.

(나) PB4를 누르면 동작 중이던 PL1, PL2, PL3, PL4는 모두 소등된다.

(다) 제어 회로의 X0가 동작되면, YL은 (❶①❷①)을, BZ은(①❶①❶)를 반복하여 동작한다. X0가 복귀되면 YL과 BZ는 동작을 멈춘다.

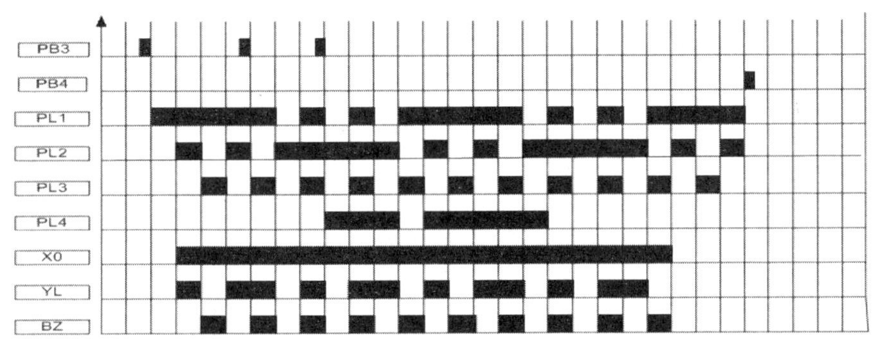

그림 9-58 램프 제어 타임차트 (22)

2) 램프 제어 타임차트 (22) PLC 입·출력 결선도

PLC 입력은 PB6, PB7, X4, PLC 출력은 PL1, PL2, PL3, YL, BZ로 설정한다.

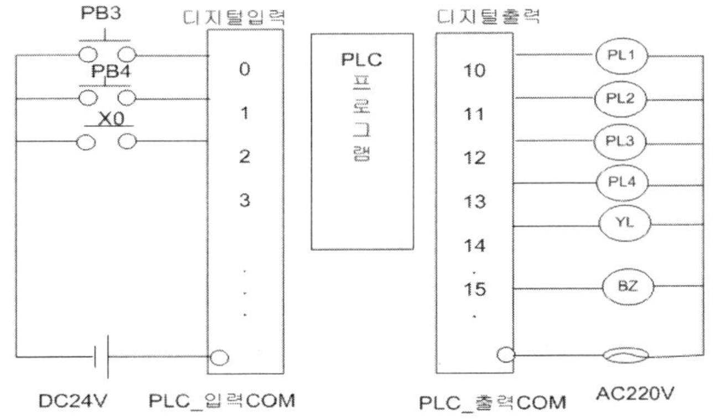

그림 9-58 램프 제어 타임차트 (22) PLC 입·출력 결선도

3) 램프 제어 타임차트(22) PLC 프로그램

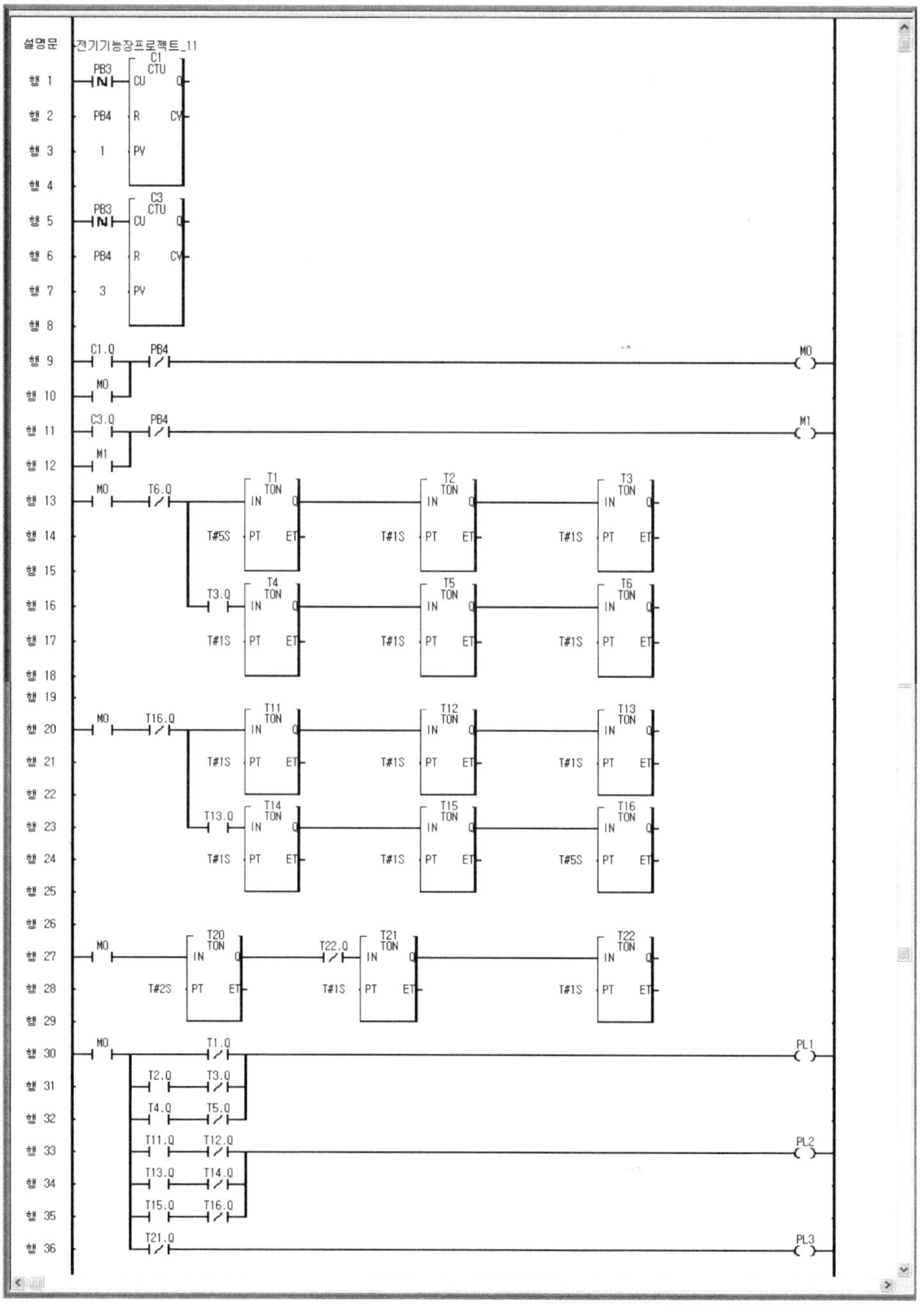

```
설명문  전기기능장프로젝트_11
행 1   PB3 -|N|- [C1 CTU] CU  Q
행 2   PB4        R   CV
행 3   1          PV
행 4
행 5   PB3 -|N|- [C3 CTU] CU  Q
행 6   PB4        R   CV
행 7   3          PV
행 8
행 9   C1.Q  PB4 -|/|-                                  (M0)
행 10  M0
행 11  C3.Q  PB4 -|/|-                                  (M1)
행 12  M1
행 13  M0  T6.Q -|/|-  [T1 TON] IN Q  [T2 TON] IN Q  [T3 TON] IN Q
행 14          T#5S PT ET   T#1S PT ET   T#1S PT ET
행 15
행 16  T3.Q  [T4 TON] IN Q  [T5 TON] IN Q  [T6 TON] IN Q
행 17          T#1S PT ET   T#1S PT ET   T#1S PT ET
행 18
행 19
행 20  M0  T16.Q -|/|-  [T11 TON] IN Q  [T12 TON] IN Q  [T13 TON] IN Q
행 21          T#1S PT ET   T#1S PT ET   T#1S PT ET
행 22
행 23  T13.Q  [T14 TON] IN Q  [T15 TON] IN Q  [T16 TON] IN Q
행 24          T#1S PT ET   T#1S PT ET   T#5S PT ET
행 25
행 26
행 27  M0  [T20 TON] IN Q  T22.Q -|/|- [T21 TON] IN Q  [T22 TON] IN Q
행 28          T#2S PT ET   T#1S PT ET   T#1S PT ET
행 29
행 30  M0  T1.Q -|/|-                                   (PL1)
행 31      T2.Q  T3.Q -|/|-
행 32      T4.Q  T5.Q -|/|-
행 33      T11.Q  T12.Q -|/|-                           (PL2)
행 34      T13.Q  T14.Q -|/|-
행 35      T15.Q  T16.Q -|/|-
행 36      T21.Q -|/|-                                  (PL3)
```

그림 9 - 59 램프 제어 타임차트(22) PLC 프로그램

23. 타임차트에 의한 램프 제어(23)

1) 타임차트 동작설명

(●은 동작(점등), ○은 정지(소등)이며 원호안의 숫자는 시간(초)임)

(가) PB3을 1번 눌렀다 놓으면 PL1은 점등과 소등(❸①❷①❷①)을
　　2번 눌렀다 놓으면 PL2는 점등과 소등(❺①❶①)을
　　3번 눌렀다 놓으면 PL3은 점등과 소등(❶①❷①❸①)을
　　4번 눌렀다 놓으면 PL4는 점등과 소등(❷①❷①)을 반복하여 동작한다.
　　5번 눌렀다 놓으면 PL1, PL2, PL3, PL4는 모두 소등된다.

(나) 또한, PB4를 누르면 동작 중이던 PL1, PL2, PL3, PL4는 모두 소등된다.

(다) 제어 회로의 X0가 동작되면, YL은 (❷①❶①)을 BZ은(❶②❶②)를 반복하여 동작한다. X0가 복귀되면 YL과 BZ는 동작을 멈춘다.

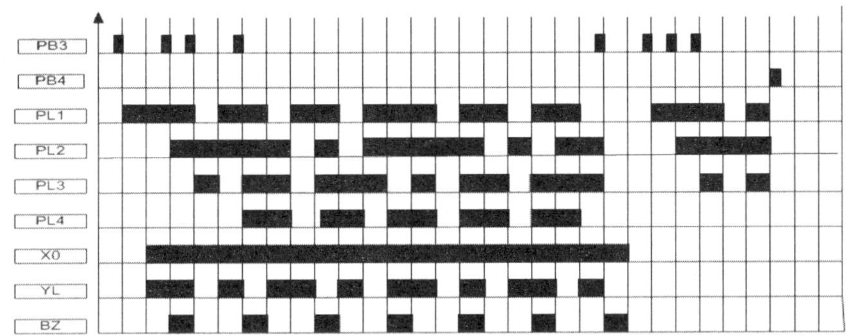

그림 9-60 램프 제어 타임차트(23)

2) 램프 제어 타임차트(23) PLC 입·출력 결선도

PLC 입력은 PB3, PB4, X0, PLC 출력은 PL1, PL2, PL3, PL4, YL, BZ로 설정한다.

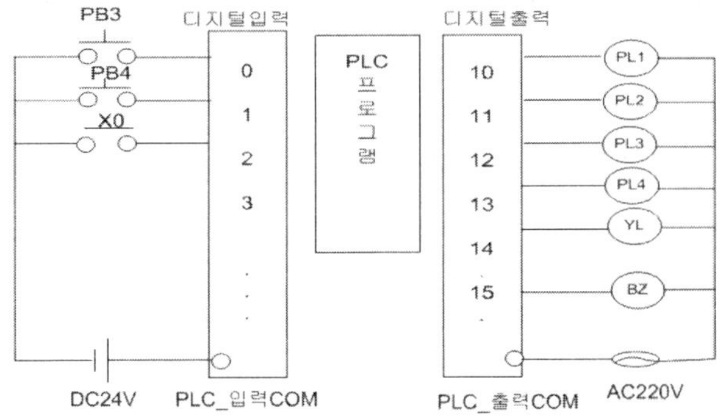

그림 9-61 램프 제어 타임차트(23) PLC 입·출력 결선도

3) 램프 제어 타임차트(23) PLC 프로그램

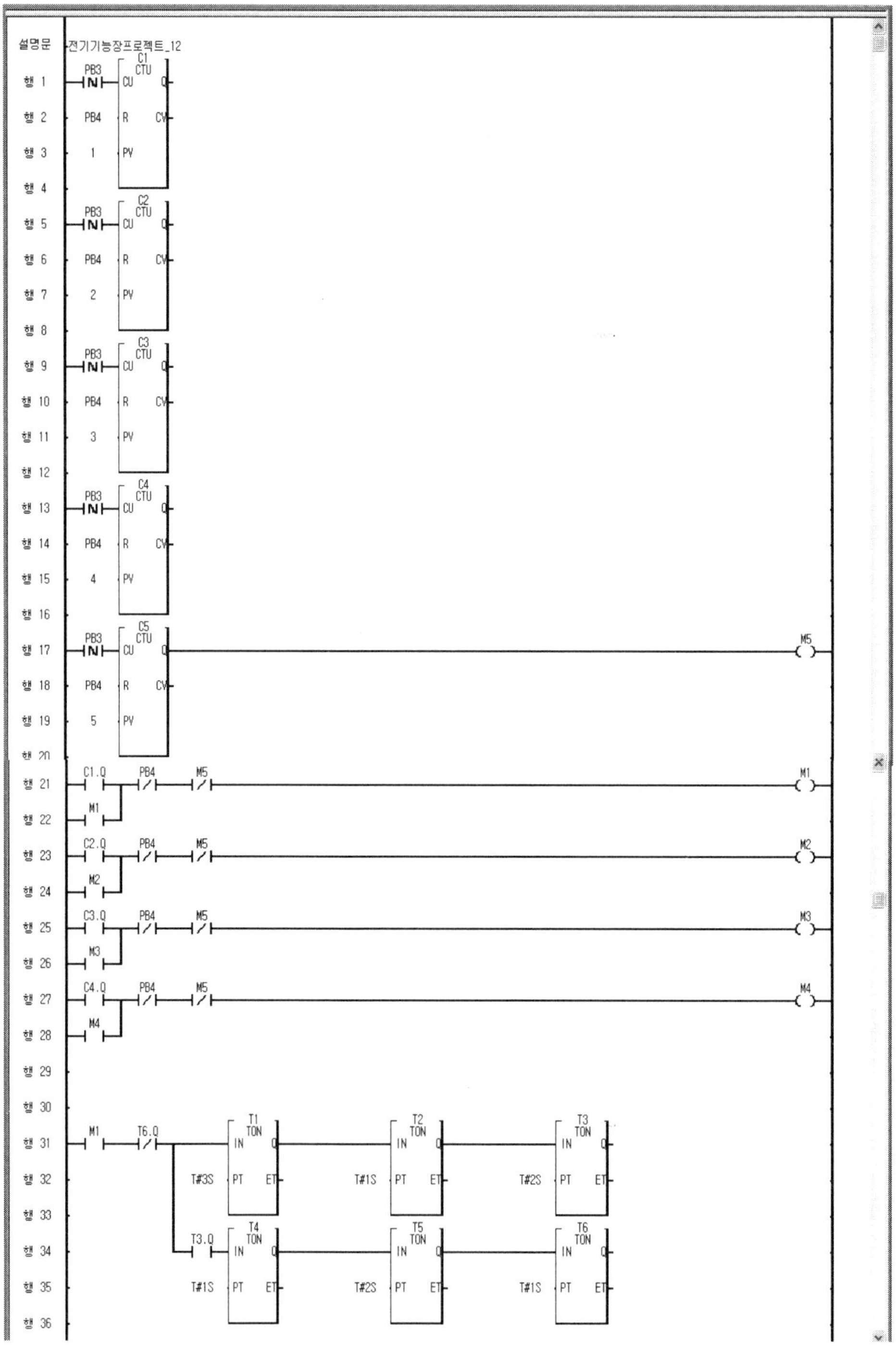

```
설명문  전기기능장프로젝트_12
행 1    PB3 -|N|-  C1 CTU  CU  Q
행 2    PB4        R   CV
행 3    1          PV
행 4
행 5    PB3 -|N|-  C2 CTU  CU  Q
행 6    PB4        R   CV
행 7    2          PV
행 8
행 9    PB3 -|N|-  C3 CTU  CU  Q
행 10   PB4        R   CV
행 11   3          PV
행 12
행 13   PB3 -|N|-  C4 CTU  CU  Q
행 14   PB4        R   CV
행 15   4          PV
행 16
행 17   PB3 -|N|-  C5 CTU  CU  Q ---------------------------- ( M5 )
행 18   PB4        R   CV
행 19   5          PV
행 20
행 21   C1.Q -| |- PB4 -|/|- M5 -|/|- ---------------------- ( M1 )
행 22   M1 -| |-
행 23   C2.Q -| |- PB4 -|/|- M5 -|/|- ---------------------- ( M2 )
행 24   M2 -| |-
행 25   C3.Q -| |- PB4 -|/|- M5 -|/|- ---------------------- ( M3 )
행 26   M3 -| |-
행 27   C4.Q -| |- PB4 -|/|- M5 -|/|- ---------------------- ( M4 )
행 28   M4 -| |-
행 29
행 30
행 31   M1 -| |- T6.Q -|/|- T1 TON IN Q -- T2 TON IN Q -- T3 TON IN Q
행 32                 T#3S PT ET     T#1S PT ET     T#2S PT ET
행 33
행 34          T3.Q -| |- T4 TON IN Q -- T5 TON IN Q -- T6 TON IN Q
행 35                 T#1S PT ET     T#2S PT ET     T#1S PT ET
행 36
```

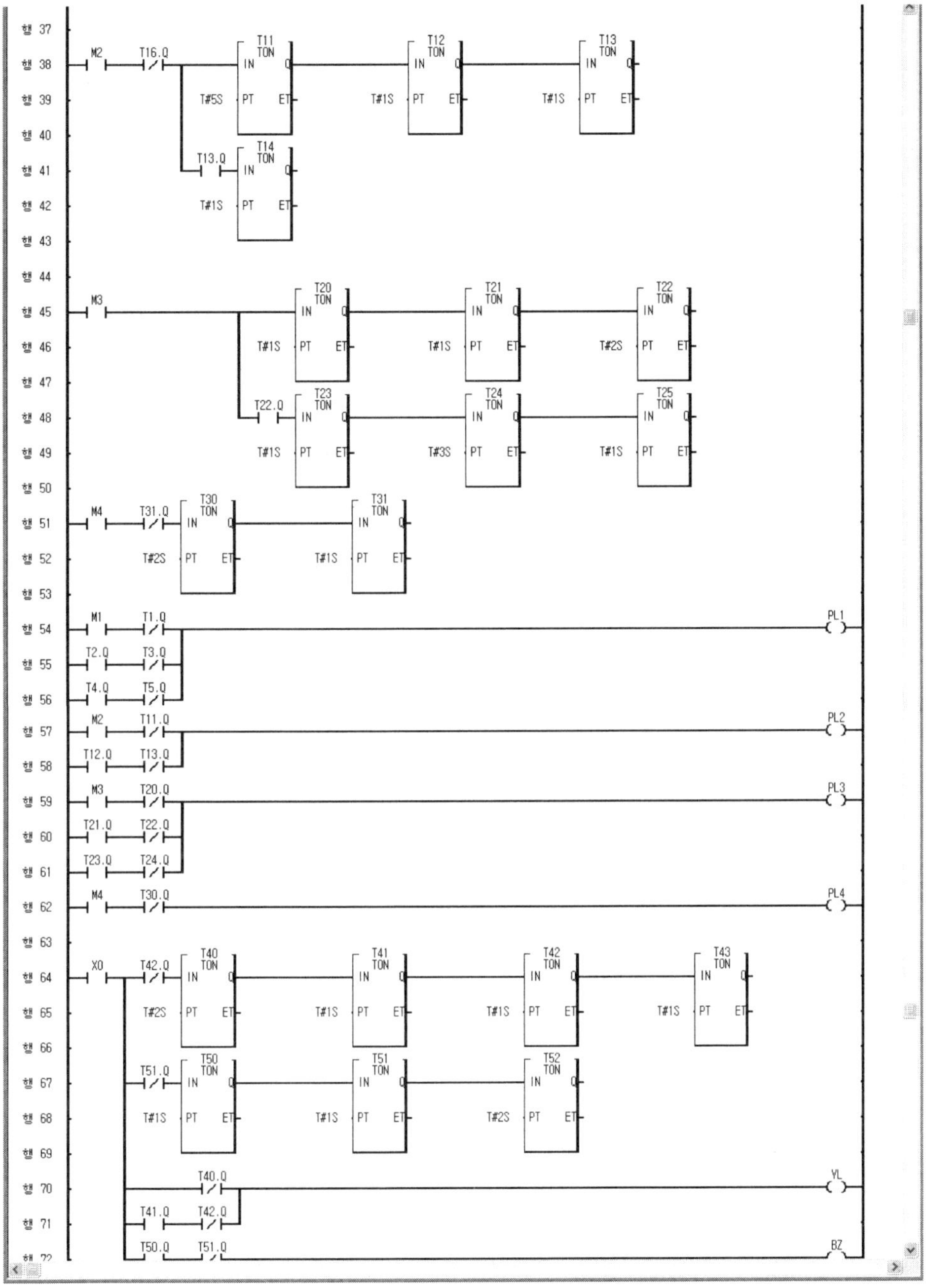

그림 9-62 램프 제어 타임차트(23) PLC 프로그램

24. 타임차트에 의한 램프 제어(24)

1) 타임차트 동작설명

(●은 동작(점등), ○은 정지(소등)이며 원호안의 숫자는 시간(초)임)

㈎ PB3을 1번 누르면,

PL1은 점등과 소등(❺③❶③)을

PL2는 PL1이 점등 된 1초 후 점등과 소등(❸③❸③)을

PL3은 PL2가 점등된 1초 후 점등과 소등(❶③❺③)을 반복 동작한다.

PB3을 5번 누르면 동작 중이던 PL1, PL2, PL3은 모두 소등된다.

㈏ PB4를 1번 눌렀다 놓으면 PL4는 점등과 소등(❸①❷①❶)을 1회 동작한다.

㈐ 제어 회로의 X0가 동작되면, BZ 동작과 정지(❸①❷①)를 반복하고, BZ은 YL점등 1초 후 동작과 정지 (❶②❶②)를 반복한다. YL과 BZ는 동작을 멈춘다.

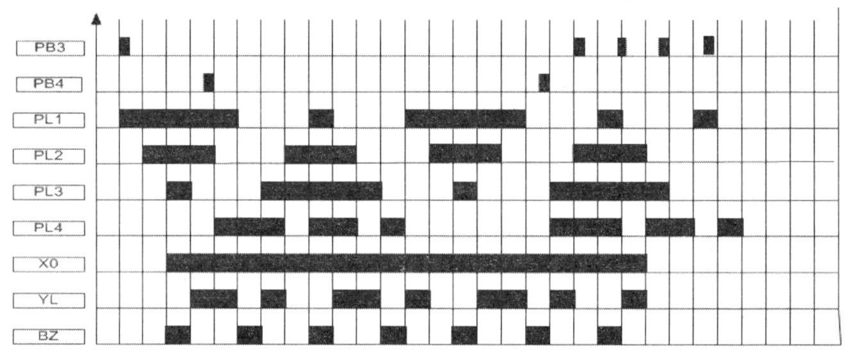

그림 9-63 램프 제어 타임차트 (24) PLC 프로그램

2) 램프 제어 타임차트 (24) PLC 입·출력 결선도

PLC 입력은 PB3, PB4, X0, PLC 출력은 PL1, PL2, PL3, PL4, YL, BZ로 설정한다.

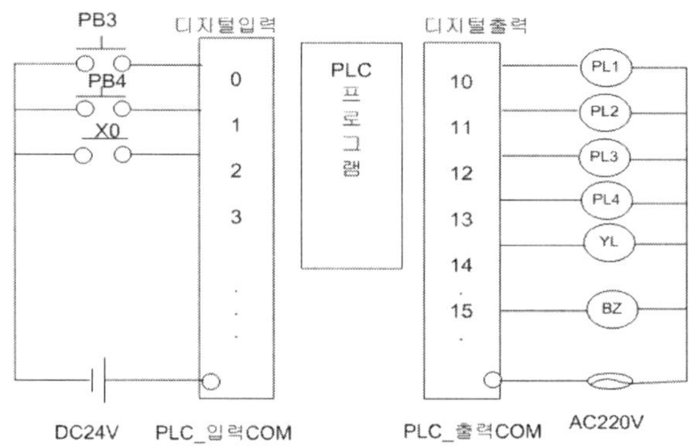

그림 9-64 램프 제어 타임차트 (24) PLC 입·출력 결선도

3) 램프 제어 타임차트(24) PLC 프로그램

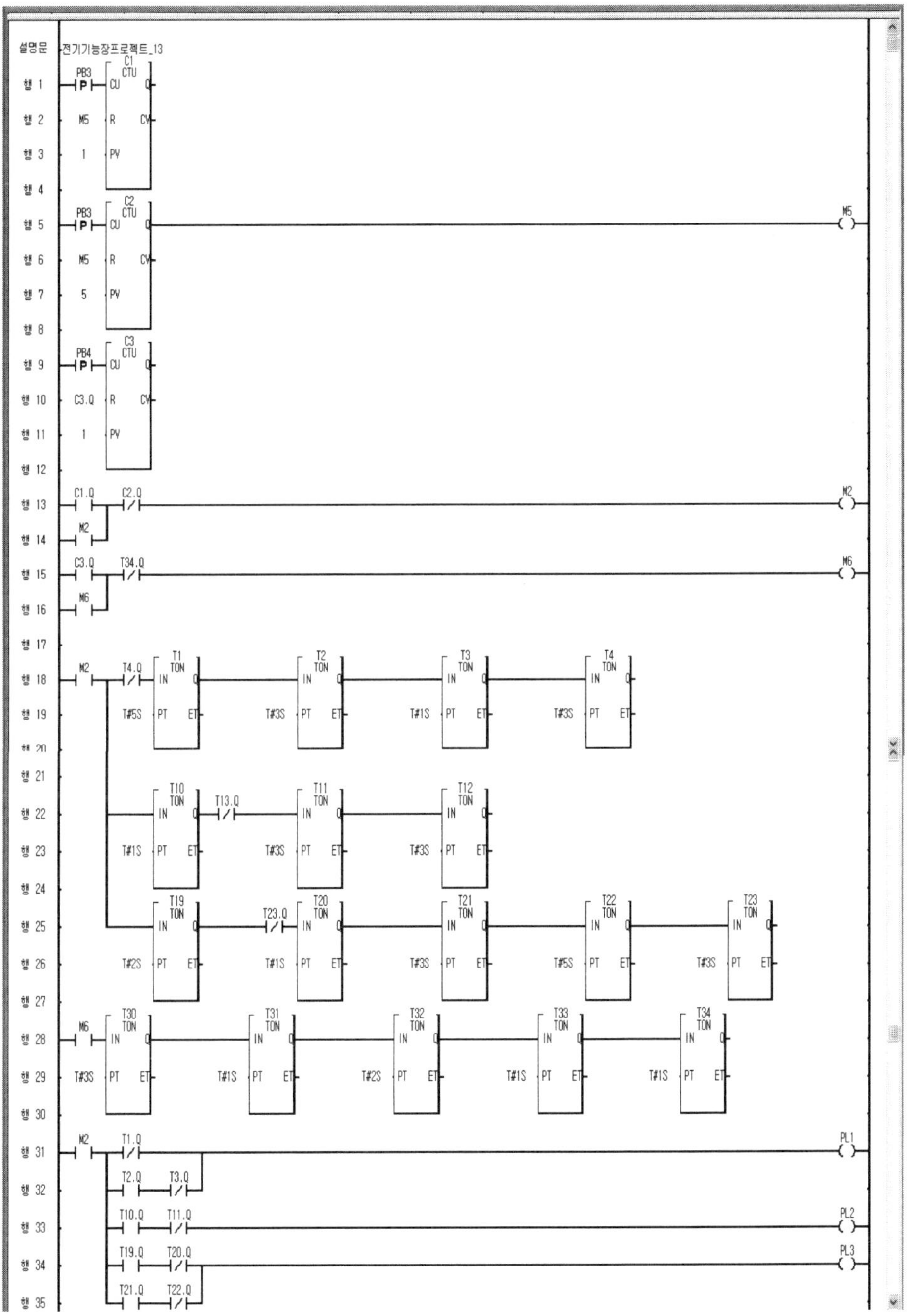

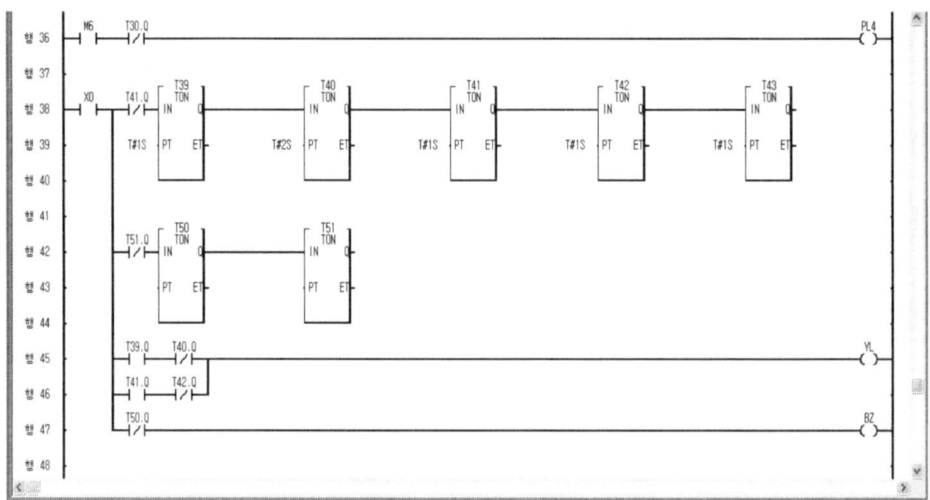

그림 9 - 65 램프 제어 타임차트 (24) PLC 프로그램

MEMO

25. 타임차트에 의한 램프 제어(25)

1) 타임차트 동작설명

(가) PB3 스위치 PB3을 2번 눌렀다 떼면 PL1(ON_7초), PL2(ON_1초 OFF_1초 ON_5초) PL3(ON_1초 ON_4초) PL4(ON_1초 OFF_3초 ON_3초)는 타임차트와 같이 동작한다. 또한 PB3 카운터 값은 RESET 된다.

(나) PB4스위치 PL1~ PL4가 동작 중일 때, PB4를 2번 누르면 (가)의 동작이 모두 정지되며, PB4 카운터 값이 RESET 된다.

(다) YL의 동작 조건 EOCR에 의해서 YR2가 동작되면 YL(ON_2초 OFF_1초)이 반복 동작하고, RY2가 소자되면, YL이 소등된다.

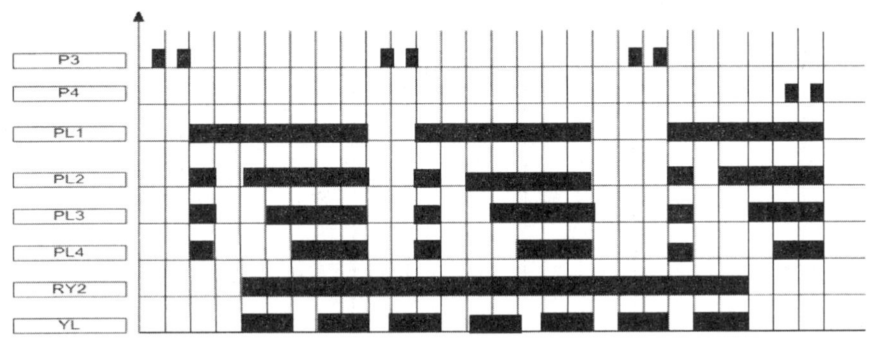

그림 9-66 램프 제어 타임차트(25)

2) 램프 제어 타임차트(24) PLC 입·출력 결선도

PLC 입력은 PB3, PB4, RY2, PLC 출력은 PL1, PL2, PL3, PL4, YL로 설정한다.

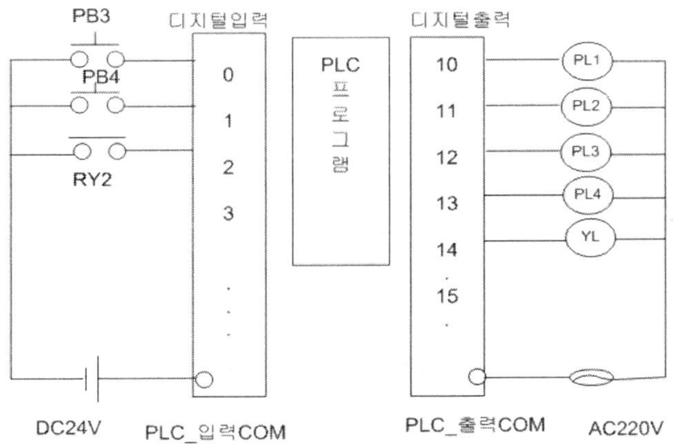

그림 9-67 램프 제어 타임차트(25) PLC 입·출력 결선도

3) 램프 제어 타임차트 (25) PLC 프로그램

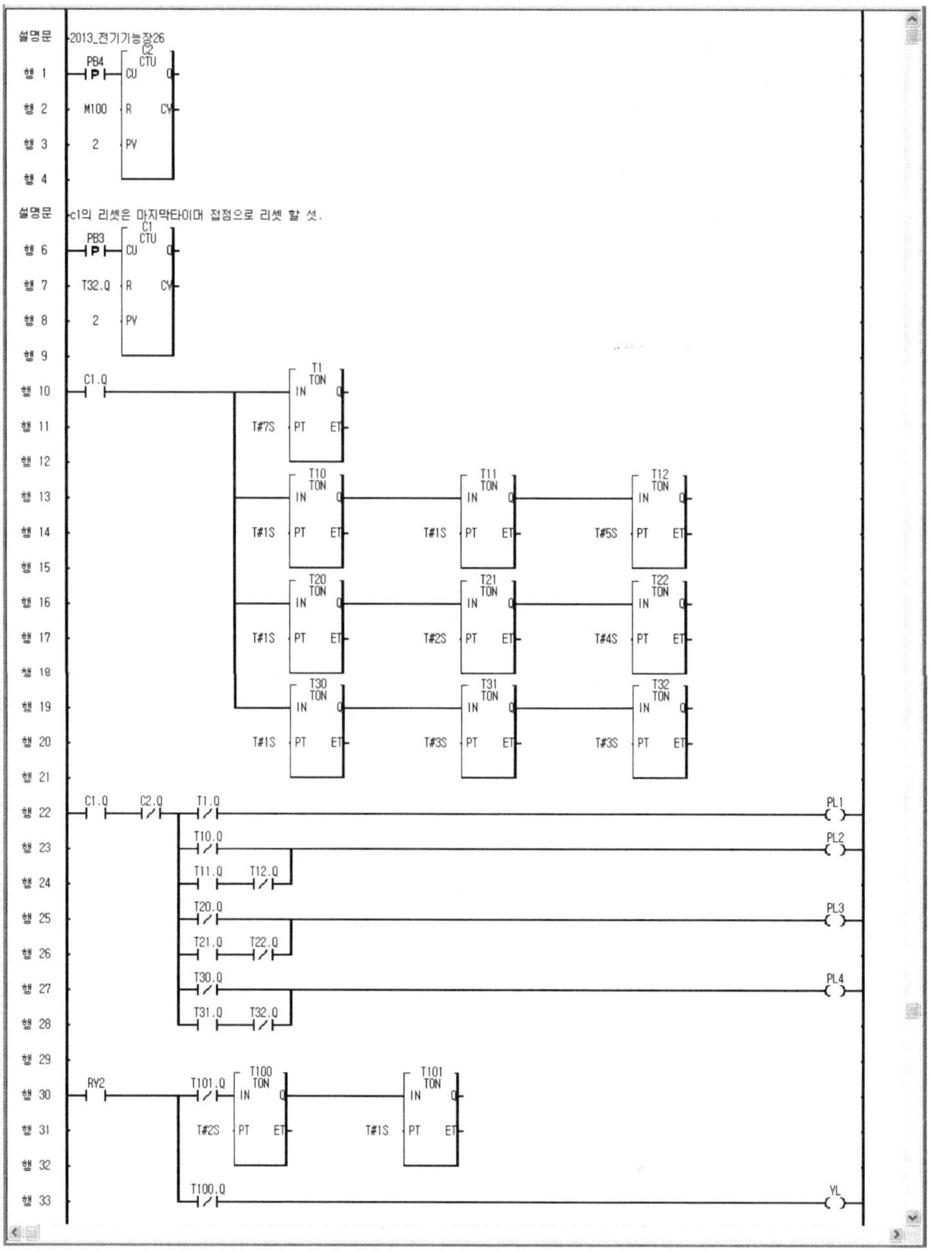

```
설명문  2013_전기기능장26
행 1    PB4 -|P|-  C2 CTU  CU  Q
행 2    M100       R   CV
행 3    2          PV
행 4
설명문  c1의 리셋은 마지막타이머 접점으로 리셋 할 것.
행 6    PB3 -|P|-  C1 CTU  CU  Q
행 7    T32.Q      R   CV
행 8    2          PV
행 9
행 10   C1.Q -| |-  T1 TON  IN  Q
행 11               T#7S  PT  ET
행 12
행 13               T10 TON IN Q  ---  T11 TON IN Q  ---  T12 TON IN Q
행 14               T#1S PT ET        T#1S PT ET          T#5S PT ET
행 15
행 16               T20 TON IN Q  ---  T21 TON IN Q  ---  T22 TON IN Q
행 17               T#1S PT ET        T#2S PT ET          T#4S PT ET
행 18
행 19               T30 TON IN Q  ---  T31 TON IN Q  ---  T32 TON IN Q
행 20               T#1S PT ET        T#3S PT ET          T#3S PT ET
행 21
행 22   C1.Q -| |-  C2.Q -|/|-  T1.Q -|/|-                 ( ) PL1
행 23               T10.Q -|/|-                            ( ) PL2
행 24               T11.Q -| |-  T12.Q -|/|-
행 25               T20.Q -|/|-                            ( ) PL3
행 26               T21.Q -| |-  T22.Q -|/|-
행 27               T30.Q -|/|-                            ( ) PL4
행 28               T31.Q -| |-  T32.Q -|/|-
행 29
행 30   RY2 -| |-   T101.Q -|/|-  T100 TON IN Q  ---  T101 TON IN Q
행 31               T#2S  PT ET         T#1S  PT ET
행 32
행 33               T100.Q -|/|-                           ( ) YL
```

그림 9 - 68 램프 제어 타임차트 (25) PLC 프로그램

26. 타임차트에 의한 램프 제어(26)

1) 타임차트 동작설명

(가) **PB3 스위치** : PB3을 1번 누르면 PL1이 점등되고, PB3을 4번 눌렀다 떼면 PB3 카운터 값이 RESET 되고 PL1이 소등된다.

(나) **PB4스위치 :** PB4를 1번 누르면 PL2, PL3, PL4가 타임차트처럼 동작되고, 두 번째 눌렀다 떼면 PB4카운터 값이 RESET 되고 PL2, PL3, PL4의 동작이 일시에 정지된다.

(다) **YL의 동작 조건** : EOCR에 의해서 YR2가 동작되면 YL(ON_2초 OFF_1초)이 반복 동작하고, RY2가 소자되면, YL이 소등된다.

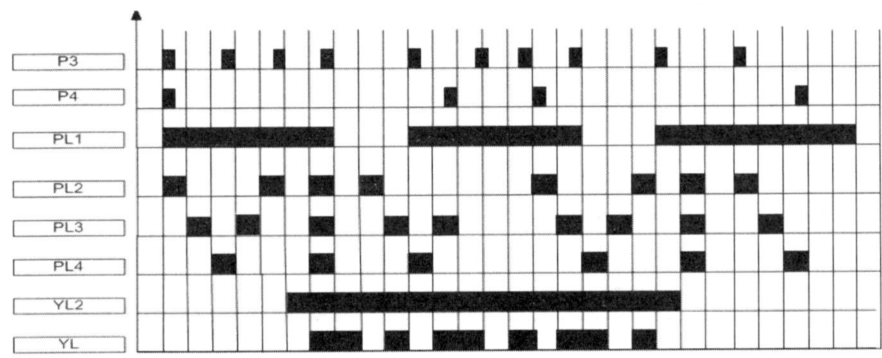

그림 9-69 램프 제어 타임차트(26)

2) 램프 제어 타임차트(26) PLC 입·출력 결선도

PLC 입력은 PB3, PB4, RY2, PLC 출력은 PL1, PL2, PL3, PL4, YL로 설정한다.

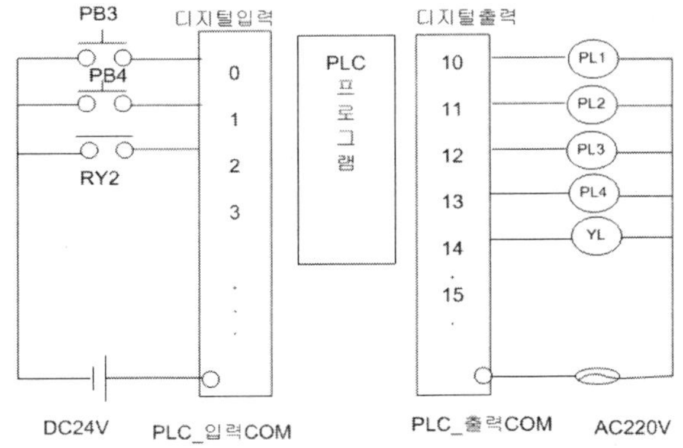

그림 9-70 램프 제어 타임차트(26) PLC 입·출력 결선도

3) 램프 제어 타임차트(26) PLC 프로그램

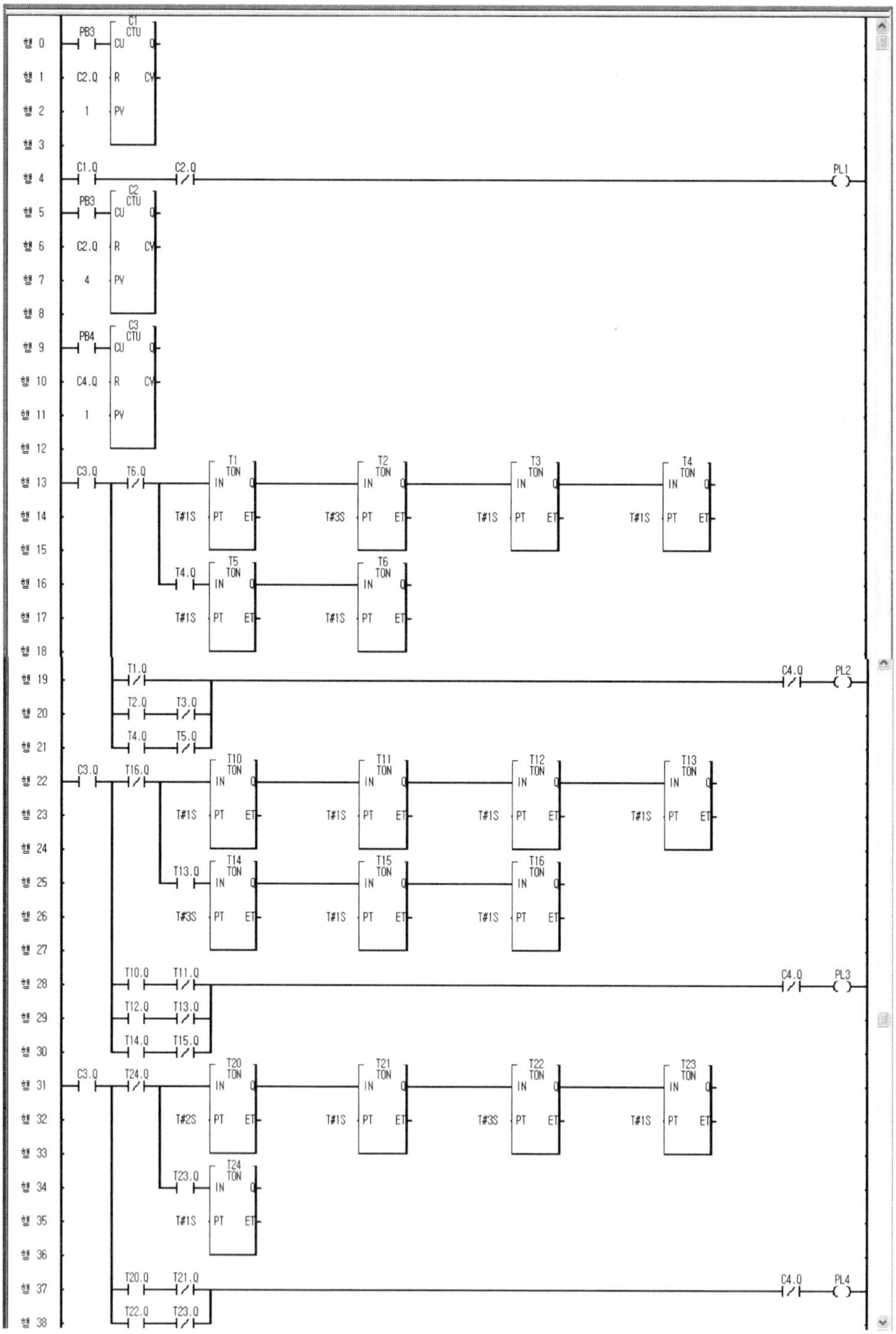

행 0 PB3 — C1 CTU CU Q
행 1 C2.Q R CV
행 2 1 PV
행 3
행 4 C1.Q C2.Q PL1
행 5 PB3 — C2 CTU CU Q
행 6 C2.Q R CV
행 7 4 PV
행 8
행 9 PB4 — C3 CTU CU Q
행 10 C4.Q R CV
행 11 1 PV
행 12
행 13 C3.Q T6.Q — T1 TON IN Q — T2 TON IN Q — T3 TON IN Q — T4 TON IN Q
행 14 T#1S PT ET T#3S PT ET T#1S PT ET T#1S PT ET
행 15
행 16 T4.Q — T5 TON IN Q — T6 TON IN Q
행 17 T#1S PT ET T#1S PT ET
행 18
행 19 T1.Q C4.Q PL2
행 20 T2.Q T3.Q
행 21 T4.Q T5.Q
행 22 C3.Q T16.Q — T10 TON IN Q — T11 TON IN Q — T12 TON IN Q — T13 TON IN Q
행 23 T#1S PT ET T#1S PT ET T#1S PT ET T#1S PT ET
행 24
행 25 T13.Q — T14 TON IN Q — T15 TON IN Q — T16 TON IN Q
행 26 T#3S PT ET T#1S PT ET T#1S PT ET
행 27
행 28 T10.Q T11.Q C4.Q PL3
행 29 T12.Q T13.Q
행 30 T14.Q T15.Q
행 31 C3.Q T24.Q — T20 TON IN Q — T21 TON IN Q — T22 TON IN Q — T23 TON IN Q
행 32 T#2S PT ET T#1S PT ET T#3S PT ET T#1S PT ET
행 33
행 34 T23.Q — T24 TON IN Q
행 35 T#1S PT ET
행 36
행 37 T20.Q T21.Q C4.Q PL4
행 38 T22.Q T23.Q

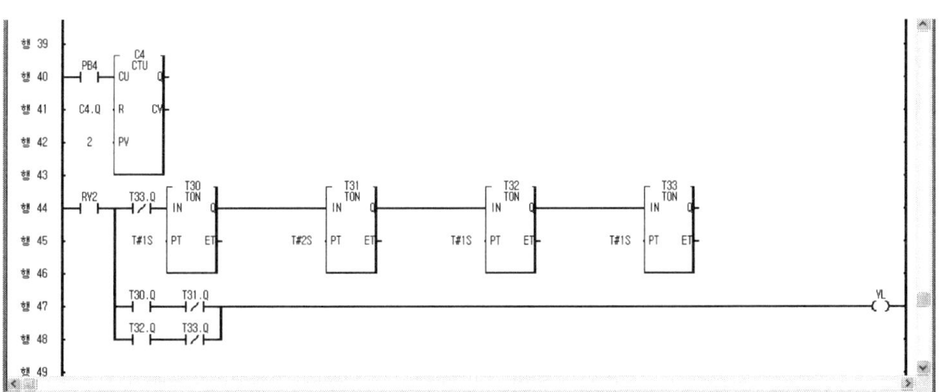

그림 9-71 램프 제어 타임차트 (26) PLC 프로그램

MEMO

27. 타임차트에 의한 램프 제어(27)

1) 타임차트 동작설명

㈎ **PB3 스위치** : PB3을 1번 누르면 PL1이 점등되고, PB3을 4번 눌렀다 떼면 PB3 카운터 값이 RESET 되고 PL1이 소등된다.

㈏ **PB4스위치** : PB4를 1번 누르면 PL2, PL3, PL4가 타임차트처럼 동작되고, 두 번째 눌렀다 떼면 PB4카운터 값이 RESET 되고 PL2, PL3, PL4의 동작이 일시에 정지된다.

㈐ **YL의 동작 조건** : EOCR에 의해서 YR2가 동작되면 YL(ON_2초 OFF_1초)이 반복 동작하고, RY2가 소자되면, YL이 소등된다.

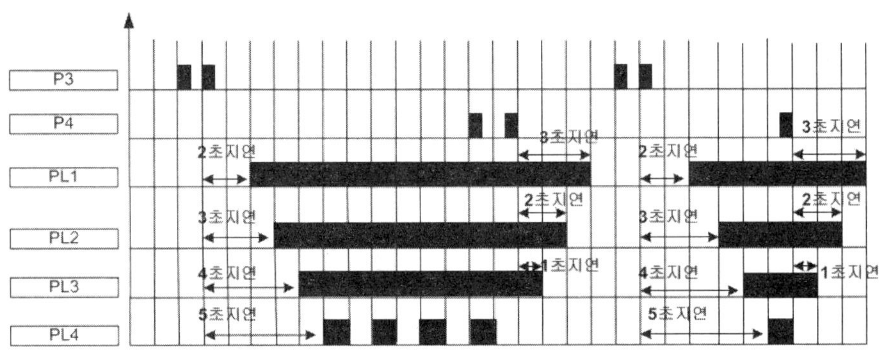

그림 9 - 72 램프 제어 타임차트 (27)

2) 램프 제어 타임차트 (27) PLC 입·출력 결선도

PLC 입력은 PB3, PB4, PLC 출력은 PL1, PL2, PL3, PL4로 설정한다.

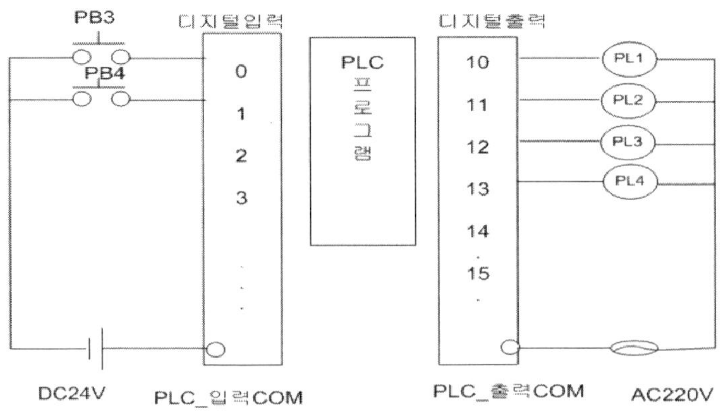

그림 9 - 73 램프 제어 타임차트 (27) PLC 입·출력 결선도

3) 램프 제어 타임차트(27) PLC 프로그램

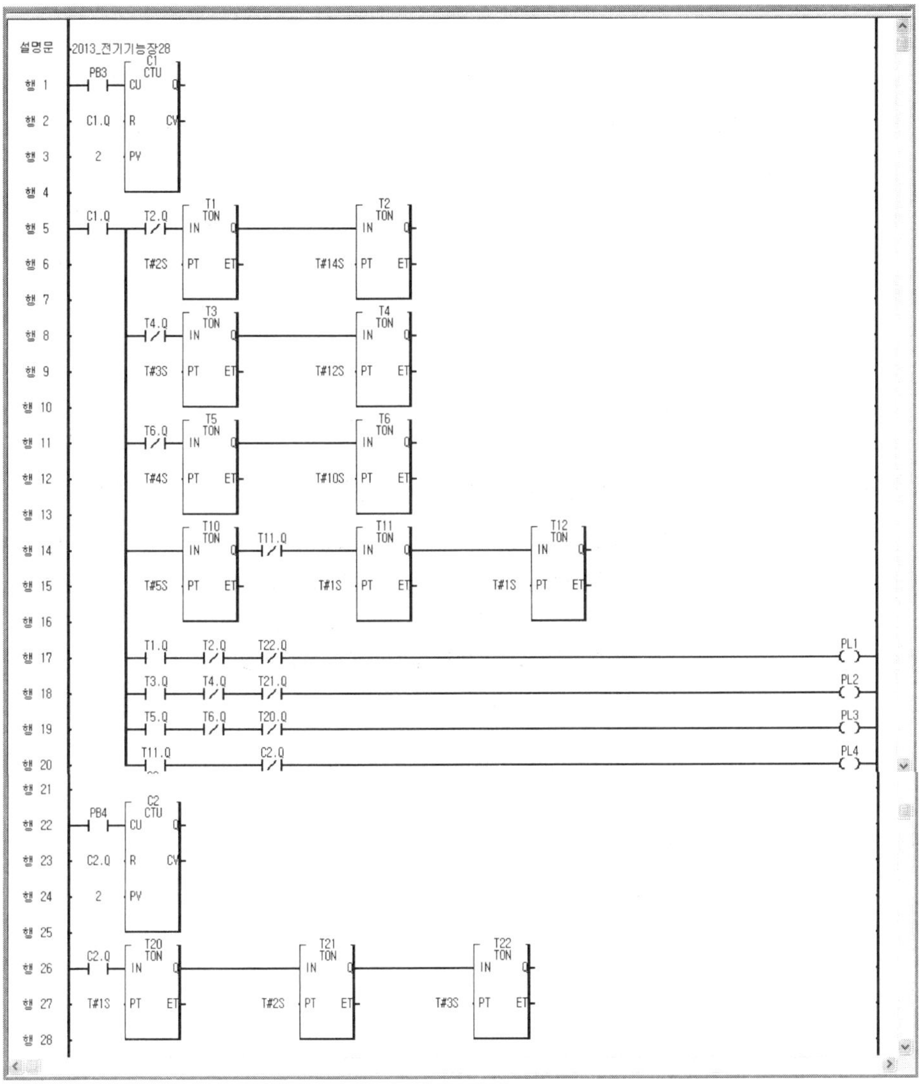

```
설명문  2013_전기기능장28
행 1    PB3  -| |-  C1 CTU  CU  Q
행 2    C1.Q        R   CV
행 3    2           PV
행 4
행 5    C1.Q -| |-  T2.Q -|/|-  T1 TON IN Q ---------- T2 TON IN Q
행 6                T#2S  PT ET                T#14S  PT ET
행 7
행 8                T4.Q -|/|-  T3 TON IN Q ---------- T4 TON IN Q
행 9                T#3S  PT ET                T#12S  PT ET
행 10
행 11               T6.Q -|/|-  T5 TON IN Q ---------- T6 TON IN Q
행 12               T#4S  PT ET                T#10S  PT ET
행 13
행 14               T10 TON IN Q -- T11.Q -|/|-- T11 TON IN Q ---------- T12 TON IN Q
행 15               T#5S  PT ET          T#1S  PT ET          T#1S  PT ET
행 16
행 17               T1.Q -| |-  T2.Q -|/|-  T22.Q -|/|- ---------- PL1 ( )
행 18               T3.Q -| |-  T4.Q -|/|-  T21.Q -|/|- ---------- PL2 ( )
행 19               T5.Q -| |-  T6.Q -|/|-  T20.Q -|/|- ---------- PL3 ( )
행 20               T11.Q -| |-             C2.Q -|/|-  ---------- PL4 ( )
행 21
행 22   PB4  -| |-  C2 CTU  CU  Q
행 23   C2.Q        R   CV
행 24   2           PV
행 25
행 26   C2.Q -| |-  T20 TON IN Q ---------- T21 TON IN Q ---------- T22 TON IN Q
행 27   T#1S        PT ET          T#2S  PT ET          T#3S  PT ET
행 28
```

그림 9-74 램프 제어 타임차트(27) PLC 프로그램

28. 타임차트에 의한 램프 제어(28)

1) 타임차트 동작설명

(가) **PB3 스위치** : PB3을 2번 누르면(PB3 카운터 값 RESET) 2초 지연 후 PL1이 동작되며, 3초 후 PL2가 동작되며, 4초 후 PL3가 동작되며, 5초 후 PL4가(ON_1초 OFF_1초)의 동작을 반복한다.

(나) **PB4 스위치** : PB4를 2번 눌렀다 떼면(PB4 카운터 값 RESET) PL4동작이 정지되며, 1초 후 PL3동작이 정지되며, 2초 후 PL2동작이 정지되며, 3초 후 PL1동작이 정지된다.

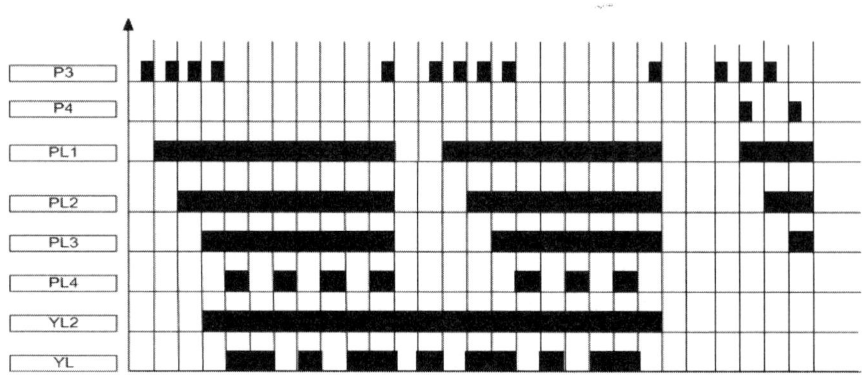

그림 9 - 75 램프 제어 타임차트 (28)

2) 램프 제어 타임차트 (24) PLC 입·출력 결선도

PLC 입력은 PB3, PB4, RY2, PLC 출력은 PL1, PL2, PL3, PL4, YL로 설정한다.

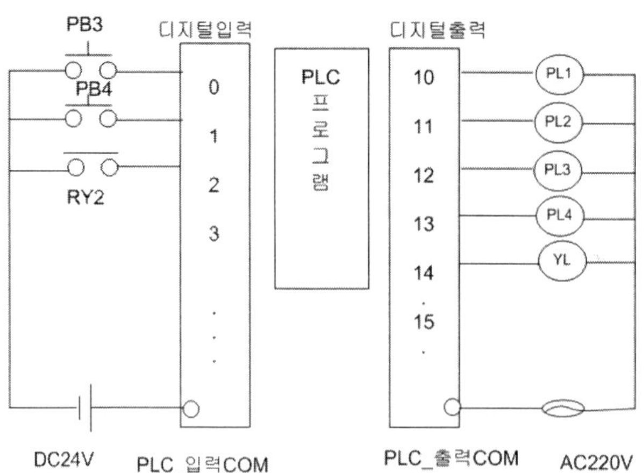

그림 9 - 76 램프 제어 타임차트 (28) PLC 입·출력 결선도

3) 램프 제어 타임차트(28) PLC 프로그램

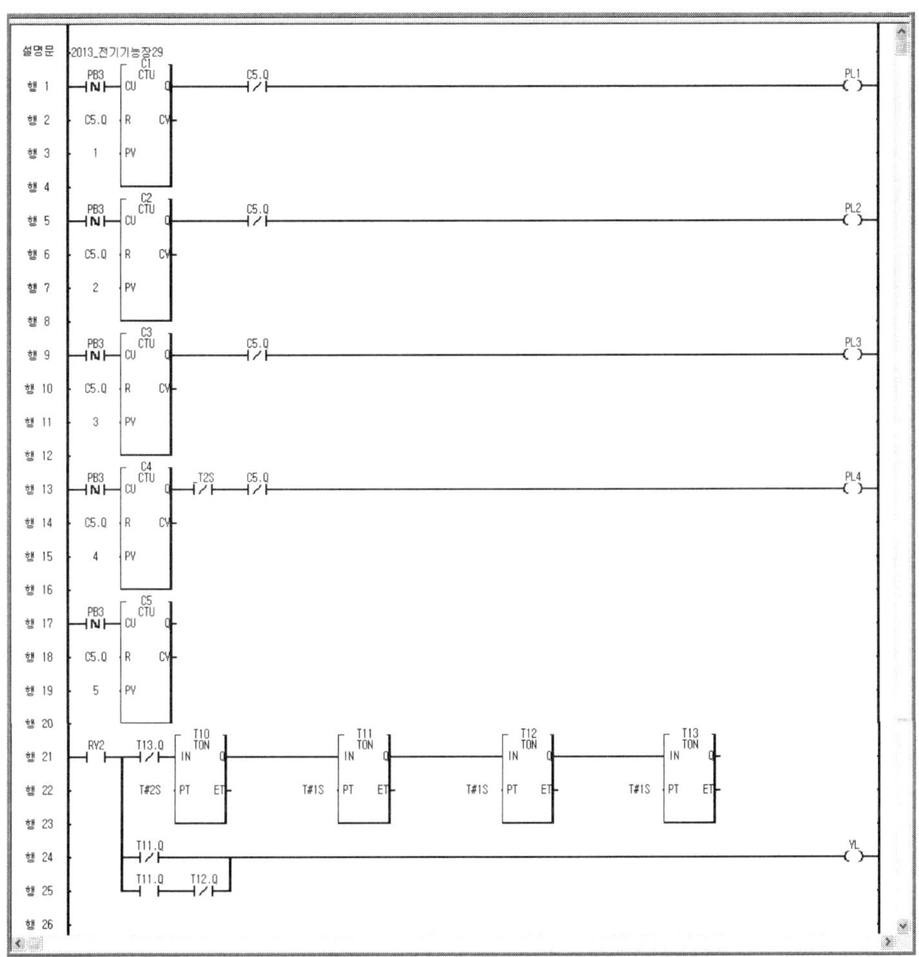

그림 9-77 램프 제어 타임차트(28) PLC 프로그램

MEMO

9-2. 모듈 형 PLC 구조

■ XGB_DR32H 구조

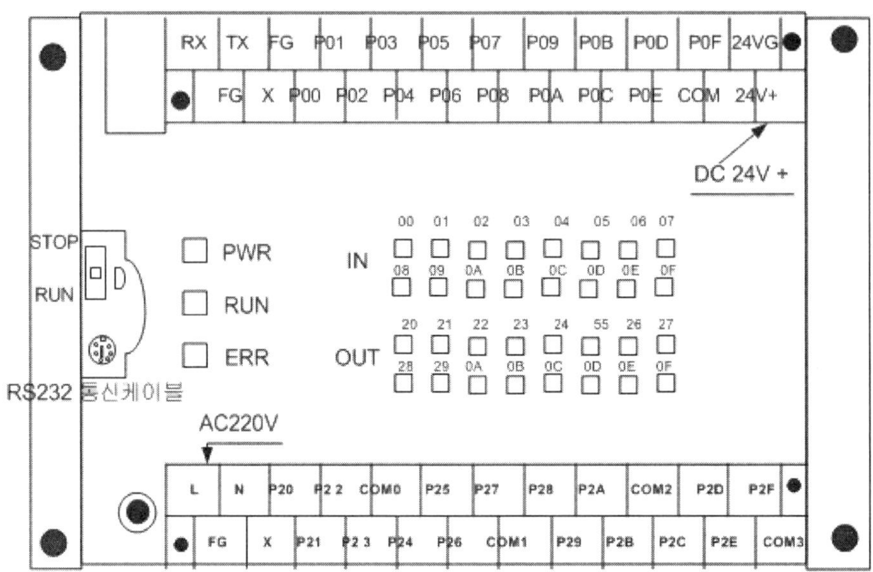

☐ **XGB_제어반**

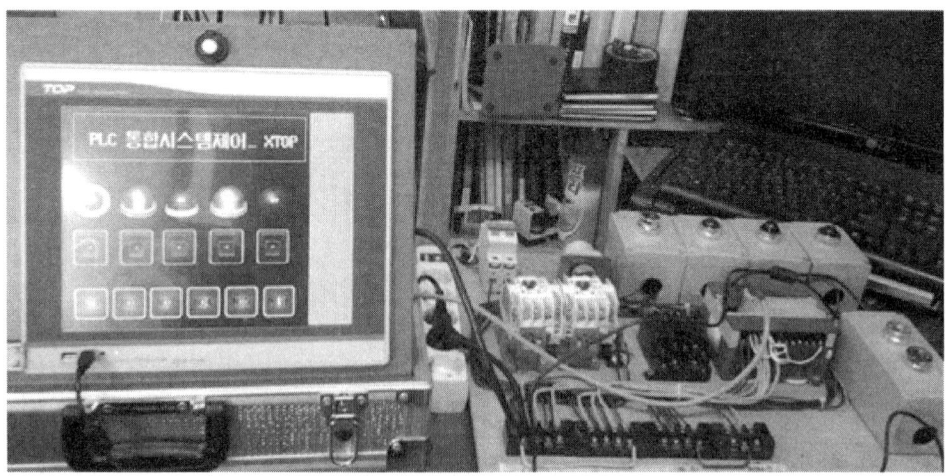

■ MITSUBISHI MELSEC FX3U 16DR 구조

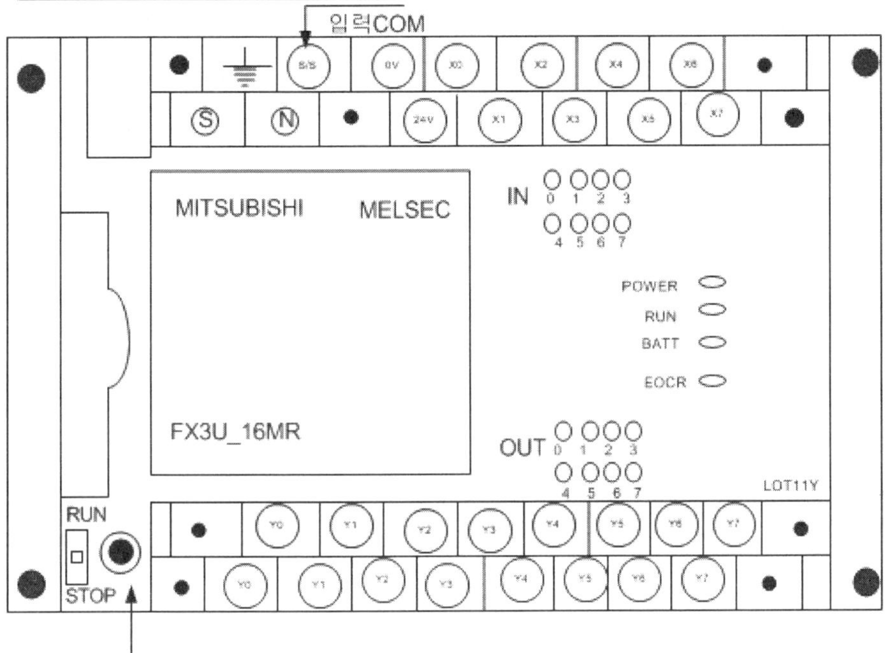

멜섹 사진

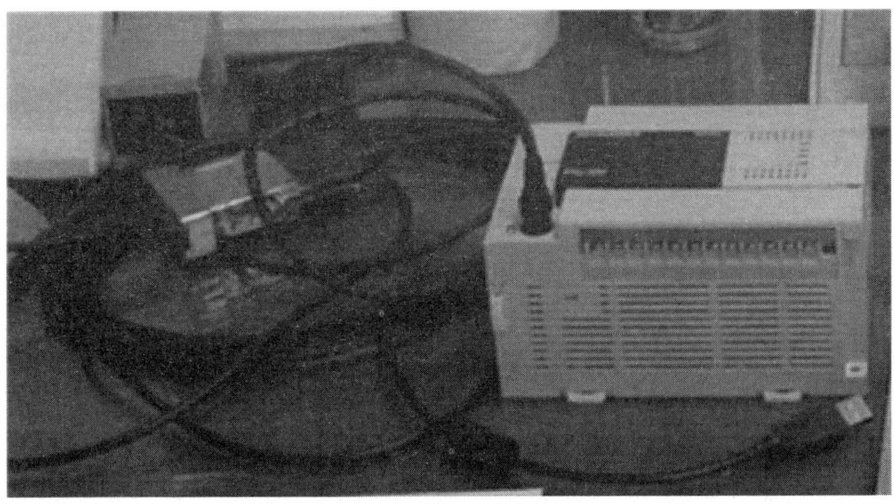

■ XGB DR 32H 구조

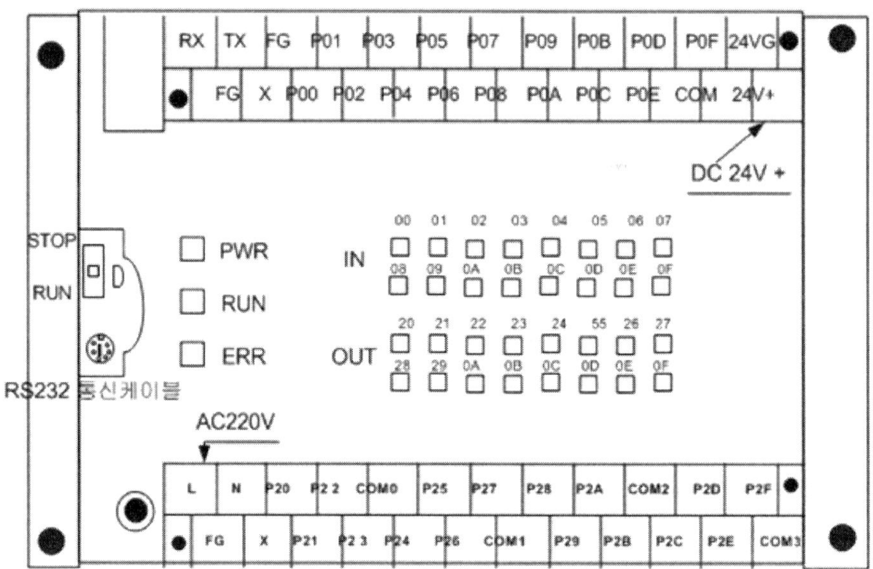

품 명	규격	가격	비 고
XGB	XBC DR32H	원	LG산전

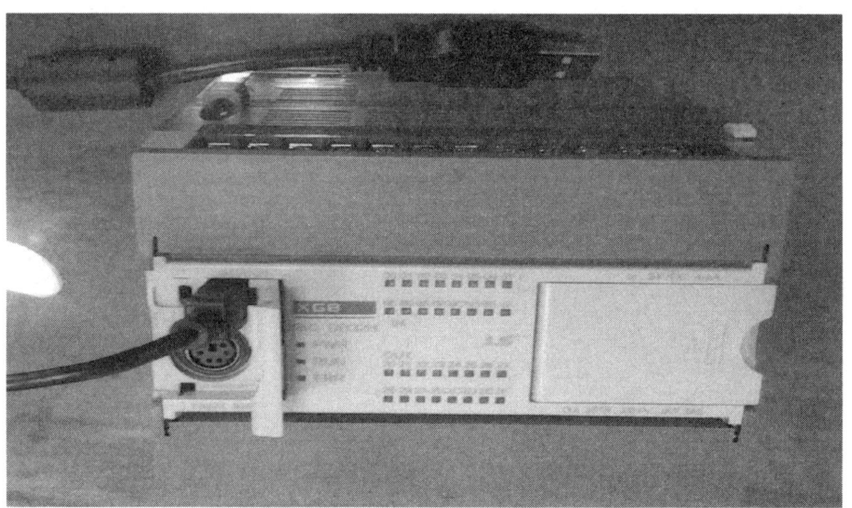

■ GLOFA GM7 구조

	PLC_GLOFA_GM7_구조

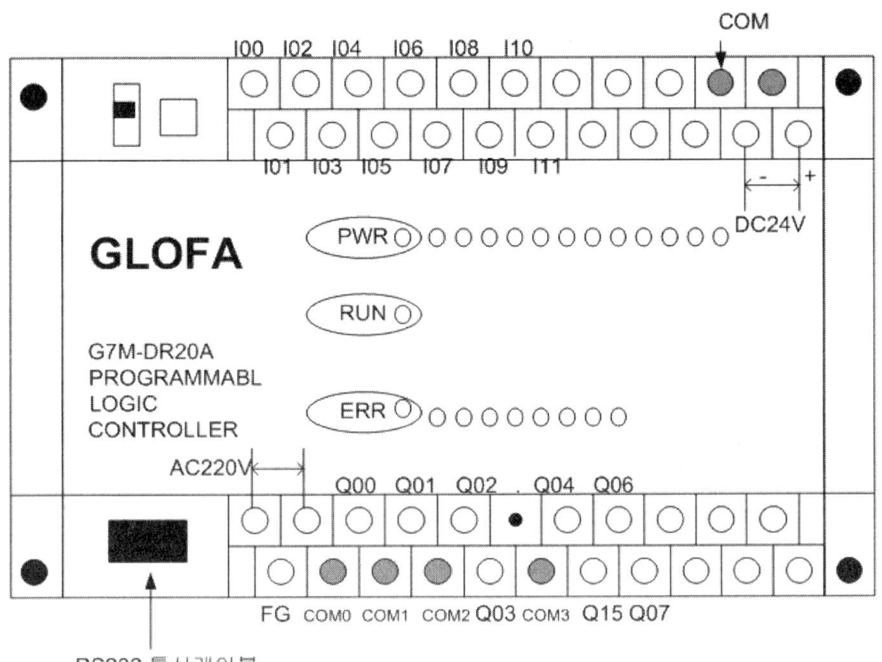

GLOFA_사진

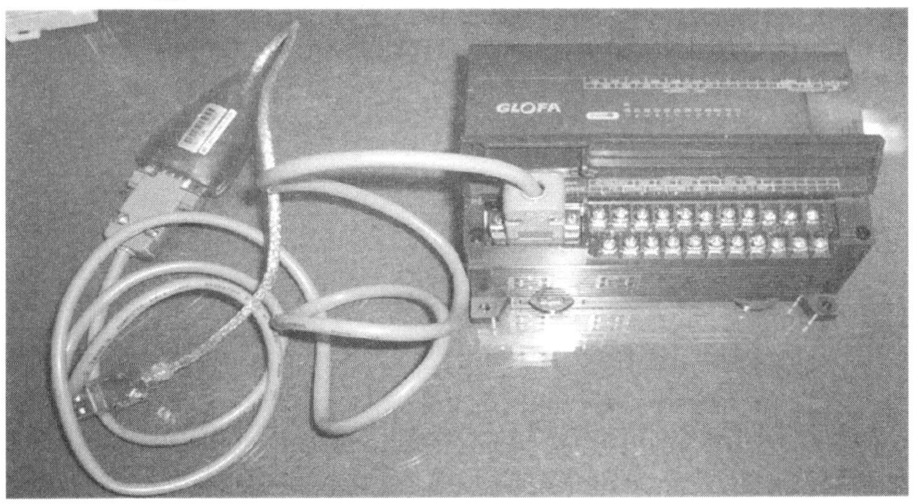

■ 계전기 구조

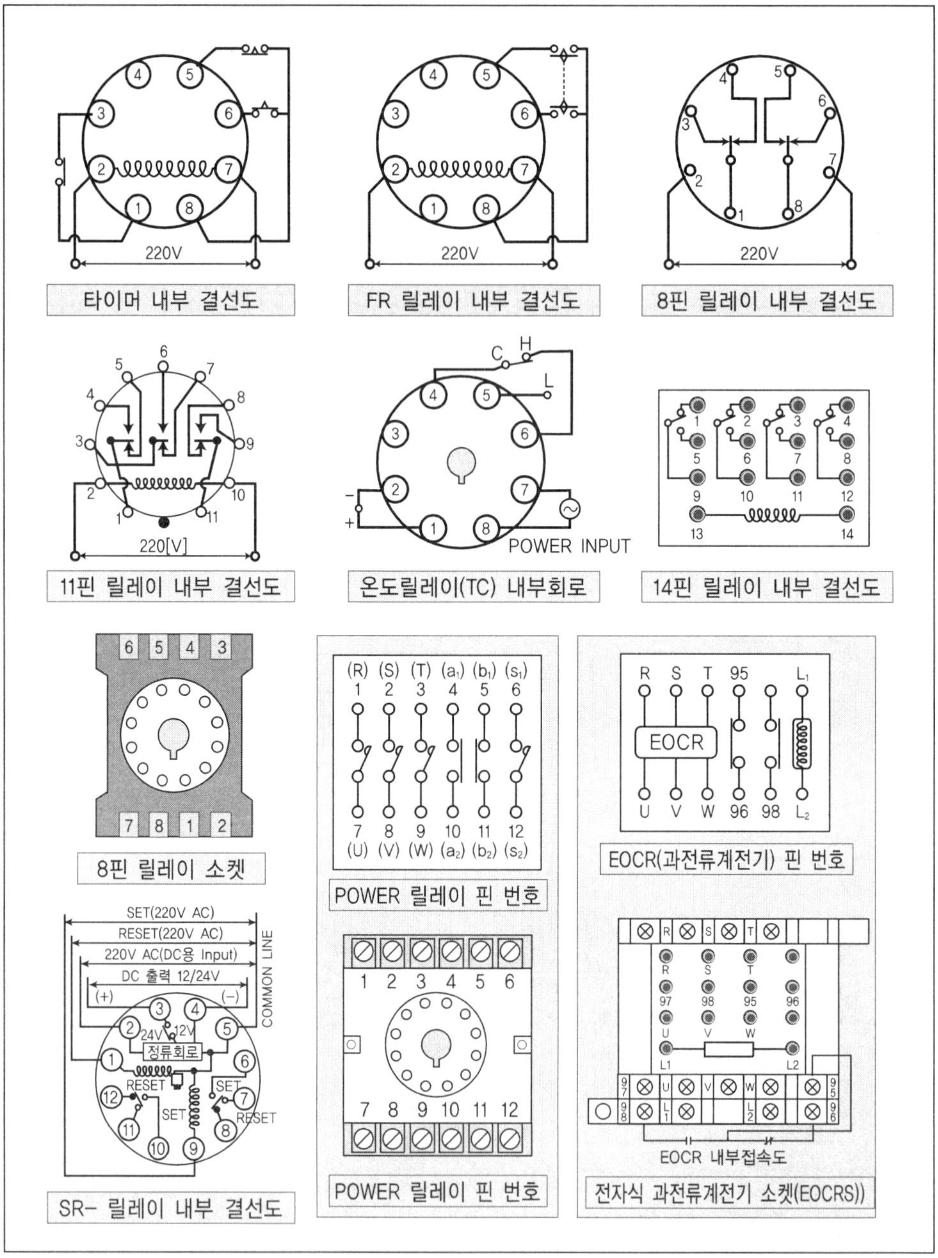

타이머 내부 결선도

FR 릴레이 내부 결선도

8핀 릴레이 내부 결선도

11핀 릴레이 내부 결선도

온도릴레이(TC) 내부회로

14핀 릴레이 내부 결선도

8핀 릴레이 소켓

POWER 릴레이 핀 번호

EOCR(과전류계전기) 핀 번호

SR- 릴레이 내부 결선도

POWER 릴레이 핀 번호

전자식 과전류계전기 소켓(EOCRS))

■ 전자 개폐기 20핀 구조

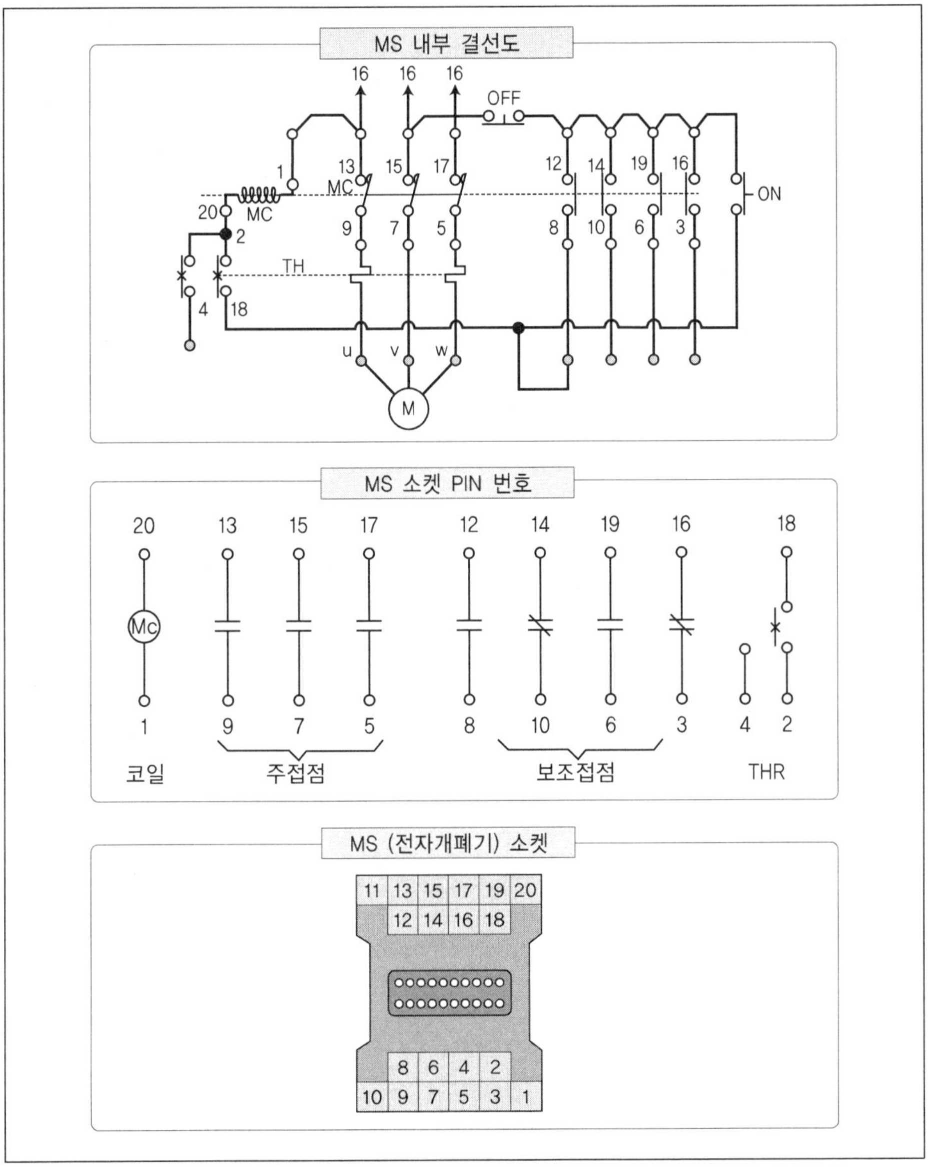

MS 내부 결선도

16 16 16
OFF
13 15 17 12 14 19 16
1 MC
20 MC ON
9 7 5 8 10 6 3
2
TH
4 18
u v w
M

MS 소켓 PIN 번호

20	13	15	17	12	14	19	16	18
Mc								
1	9	7	5	8	10	6	3	4 2
코일	주접점			보조접점				THR

MS (전자개폐기) 소켓

11	13	15	17	19	20
	12	14	16	18	
	8	6	4	2	
10	9	7	5	3	1

■ 계전기 접점

항 목		a 접점		b 접점		c 접점	
		횡 서	종 서	횡 서	종 서	횡 서	종 서
수동조작접점	수동 복귀						
	자동 복귀						
릴레이 접점	수동 복귀						
	자동 복귀						
타이머 접점	한시 동작						
	한시 복귀						
기계적 접점							

MEMO

■ MPS 제어장치 입력 출력 결선도

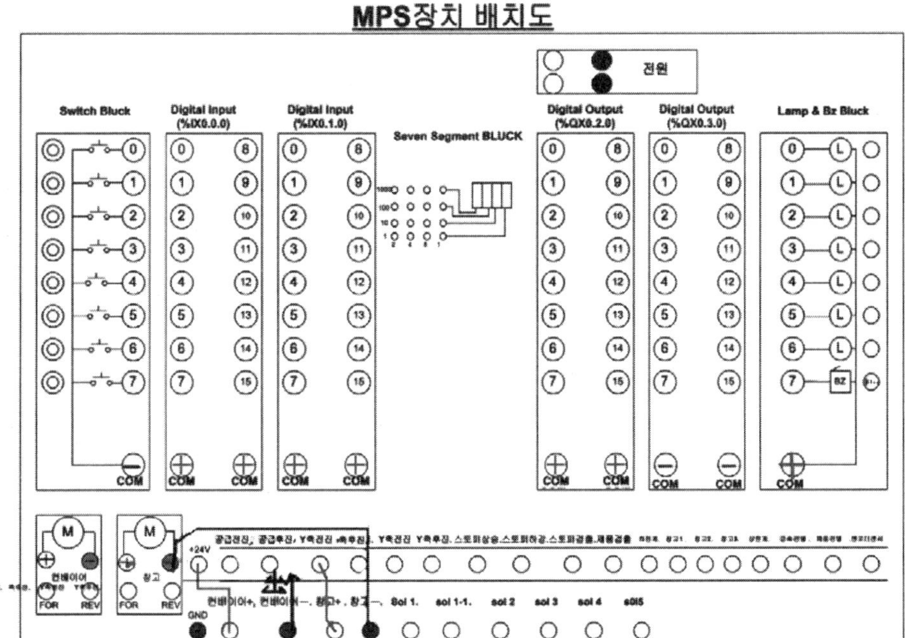

MEMO

■ MPS 제어장치 입·출력 사용자 정의

입 력				출 력			
번호	기 능	기호	입력 변수	번호	기 능	기호	출력 변수
1	정지버튼	P0	%IX0.0.0	1	공급실린더 동작	CYL1	%QX0.3.0
2	시작버튼	P1	%IX0.0.1	2	X축 실린더 동작	CYL2	%QX0.3.1
3	비상정지 스위치	P2	%IX0.0.2	3	Y축 실린더	CYL3	%QX0.3.2
4	토글스위치(1)	TG1	%IX0.0.6	4	스토퍼 실린더 전진동작	CYL1_1	%QX0.3.3
5	토글스위치(2)	TG2	%IX0.0.7	5	스토퍼 실린더 후진동작	CYL1_2	%QX0.3.4
6	공급실린더 후진센서	S1	%IX0.1.1	6	흡착 컵 동작	CYL6	%QX0.3.5
7	공급실린더 전진센서	S2	%IX0.1.2	7	컨베이어 모터(M1) 구동	R1	%QX0.3.6
8	스토퍼 실린더 후진센서	S3	%IX0.1.3	8	적치대 모터(M②정회전)	R2	%QX0.3.7
9	스토퍼 실린더 전진센서	S4	%IX0.1.4	9	적치대 모터(M②역회전)	R3	%QX0.3.8
10	상·하 이송 실린더 후진센서	S5	%IX0.1.5	10	표시램프(1)	PL1	%QX0.3.9
11	상·하 이송센서 전진센서	S6	%IX0.1.6	11	표시램프(2)	PL2	%QX0.3.10
12	전·후 이송 실린더 후진센서	S7	%IX0.1.7	12	표시램프(3)	PL3	%QX0.3.11
13	전·후 이송 실린더 전진센서	S8	%IX0.1.8	13	표시램프(4)	PL4	%QX0.3.12
14	매거진공 작물 검출센서	S9	%IX0.1.9	14	표시램프(5)	PL5	%QX0.3.13
15	금속판별센서	S10	%IX0.1.10	15	표시램프(6)	PL6	%QX0.3.14
16	제품판별센서	S11	%IX0.1.11	16	FND 1 A		%QWW0.2.0
17	스토퍼 공작물 검출센서	S12	%IX0.1.12	17	FND 1 B		
18	STAGE1 위치센서	LS1	%IX0.1.13	18	FND 1 C		
19	STAGE2 위치센서	LS2	%IX0.1.14	19	FND 1 D		
20	STAGE13 위치센서	LS3	%IX0.1.15	20	FND 2 A		
21	엔코더센서	S16	%IX0.1.0	21	FND 2 B		
				22	FND 2 C		
				23	FND 2 D		
				24	FND 3 A		
				25	FND 3 B		
				26	FND 3 C		
				27	FND 3 D		

■ PLC 실무제어 기구 배치도

	프로젝트	과제명	PLC 실무제어	척도	NS

NFB F TB1(전원) L1 L2 L3 L4 BZ

MC1 MC2 EOCR PLC HMI 인버터

M TB PB1 PB2 PB3

■ PLC 실무제어 제어반

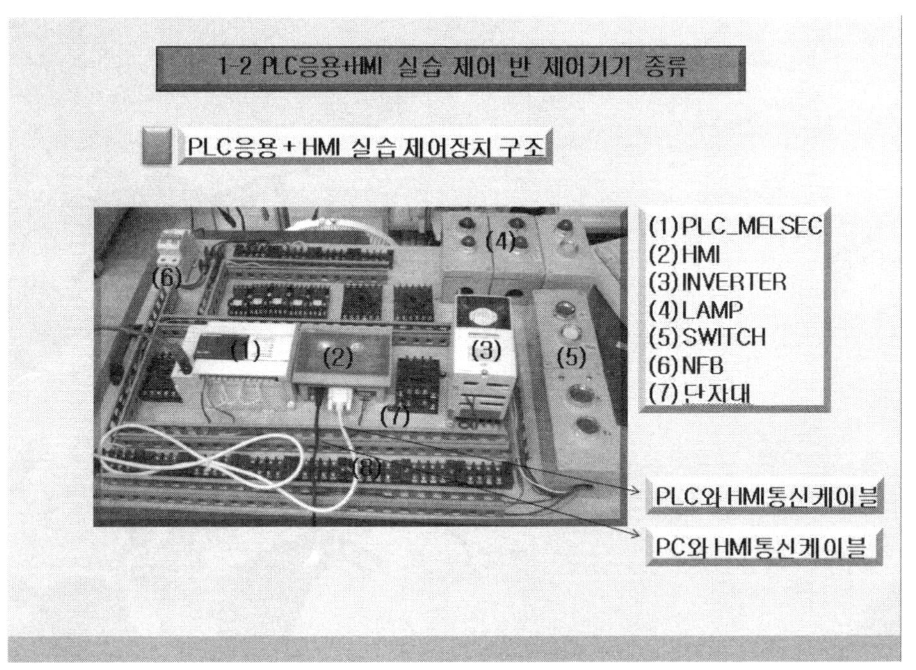

PLC 기반 제어실습 생산자동화

정가 ‖ 18,000원

저 자 ‖ 김 일 호
펴낸이 ‖ 차 승 녀
펴낸곳 ‖ 도서출판 건기원

2013년 8월 16일 제1판 제1인쇄
2013년 8월 21일 제1판 제1발행

주소 ‖ 서울특별시 강서구 방화대로6나길 25 (공항동 1343-3)
전화 ‖ (02)2662-1874~5
팩스 ‖ (02)2665-8281
등록 ‖ 제11-162호, 1998. 11. 24

ISBN 978-89-5843-883-0 13560